新一代信息软件技术丛书
成都中慧科技有限公司校企合作系列教材

陈运军 李洪建◉主 编
高伟锋 陈静 赵林◉副主编

PHP 程序设计

PHP Programming

人 民 邮 电 出 版 社
北 京

图书在版编目（CIP）数据

PHP程序设计 / 陈运军，李洪建主编. -- 北京 : 人民邮电出版社，2021.7（2022.1重印）
（新一代信息软件技术丛书）
ISBN 978-7-115-56124-4

Ⅰ. ①P… Ⅱ. ①陈… ②李… Ⅲ. ①PHP语言一程序设计 Ⅳ. ①TP312.8

中国版本图书馆CIP数据核字(2021)第043166号

内 容 提 要

PHP 是一种运行于服务器端并完全跨平台的嵌入式脚本编程语言，是目前开发各类 Web 应用的主流语言之一。本书站在初学者的角度，以通俗易懂的语言、丰富的图表、实用的案例详细介绍了 PHP 语言。全书共分 11 章，第 1～7 章主要介绍了 Web 开发概念和 PHP 入门、PHP 基本语法、PHP 流程控制和数组、PHP 函数及应用、PHP 与网页交互、PHP 访问 MySQL 数据库、会话控制；第 8～11 章则围绕 PHP 进阶、PHP 中的面向对象编程、PHP 与 MVC 开发模式及课程案例等进行了介绍。

本书适用于计算机相关专业基于 PHP 的 Web 开发课程的教学，也可作为基于 PHP 的 Web 应用项目开发爱好者的参考用书。可以根据学习者层次不同选择相关能力指标、知识点进行教学和学习。

◆ 主　　编　陈运军　李洪建
副 主 编　高伟锋　陈　静　赵　林
责任编辑　李　强
责任印制　陈　犇

◆ 人民邮电出版社出版发行　　北京市丰台区成寿寺路 11 号
邮编　100164　　电子邮件　315@ptpress.com.cn
网址　https://www.ptpress.com.cn
北京市艺辉印刷有限公司印刷

◆ 开本：787×1092　1/16
印张：21　　　　　　2021 年 7 月第 1 版
字数：582 千字　　　2022 年 1 月北京第 2 次印刷

定价：69.80 元

读者服务热线：(010)81055493　印装质量热线：(010)81055316
反盗版热线：(010)81055315
广告经营许可证：京东市监广登字 20170147 号

编写委员会

主　编：陈运军　李洪建

副主编：高伟锋　陈　静　赵　林

编写组成员：周海波　宋晓慧　吴颜冰　鲁向前　侯仕平

前言 FOREWORD

PHP 是一种在服务器端执行的、嵌入 HTML 文档的脚本语言，可以用于中小型的网站开发、微信小程序开发、手机 App 及硬件设备等的接口开发。与其他 Web 开发语言相比，PHP 具有入门快、简单易学等特点。

本书共 11 章，遵循“学中做、做中学”的教学指导原则，内容涵盖 Web 基本工作原理、HTML 语言、MySQL 数据库设计、PHP 基础语法、PHP 与网页交互、PHP 访问 MySQL 数据库、会话控制、Bootstrap 技术、PHP 进阶技术以及 PHP 面向对象编程等。本书贯穿一个 Web 应用项目——动漫信息管理系统，从它的静态页面设计→PHP 与网页交互→MySQL 数据库设计和搭建→PHP 与数据库交互完成相应功能→会话控制→页面美化→项目的部署和运行，一步步向读者介绍基于 PHP 的 Web 应用项目开发过程中用到的相关知识，循序渐进地引导读者完成项目的开发，以提高读者 Web 应用项目开发能力。

本书以项目为载体，将一个课程项目贯穿始终，基于构思、设计、实施和运行循序渐进培养读者动态网页设计与开发的基本技能，使读者能够熟练地利用 PHP 进行中等难度的动态网页编程。

本书是讲授 PHP 的一线教师多年的授课及项目开发经验的结晶。本书配备了丰富的教学资源，包括教学课件、教学大纲、习题答案和源代码，读者可通过访问链接 box.ptpress.com.cn/y/56124，或扫描下方二维码免费获取相关资源。

本书还配套了相关教学视频，读者可访问链接 https://exl.ptpress.cn:8442/ex/l/91a6f41f，或扫描下方二维码进入中慧教学实训平台在线观看。

由于作者水平有限，以及编写时间仓促，书中出现的错误或不妥之处在所难免，敬请读者批评指正。

成都中慧科技有限公司
2020 年 12 月

目录 CONTENTS

第 1 章

Web 开发概念和 PHP 入门 1
1.1 体系结构选择 1
1.2 网站开发中常用概念介绍 2
1.3 Web 工作原理 4
1.4 动态网站开发所需的 Web 构件 5
1.5 初识 PHP 10
1.5.1 什么是 PHP 10
1.5.2 第一个 PHP 文件 10
1.6 搭建 PHP 开发运行环境 11
1.6.1 XAMPP 安装 12
1.6.2 XAMPP 配置和使用 15
1.6.3 WampServer 的安装使用 16
1.7 代码编辑工具 Sublime 18
1.7.1 Sublime 的常用操作 18
1.7.2 在 Sublime 中安装 Emmet 20
1.7.3 设置文档的自动提示与补全 25
1.8 本章习题 25

第 2 章

PHP 基本语法 26
2.1 将 PHP 嵌入 HTML 代码 26
2.2 PHP 程序中的注释 27
2.3 PHP 中的输出方法 28
2.4 变量 29
2.4.1 变量的命名 30
2.4.2 变量的数据类型 30
2.4.3 变量类型的转换 35
2.4.4 PHP 对变量的操作 37
2.5 常量 39
2.5.1 常量定义 39

2.5.2 使用PHP 预定义常量......40
2.6 PHP 中的运算符和表达式......41
2.6.1 算术运算符......41
2.6.2 字符串运算符......41
2.6.3 赋值运算符......41
2.6.4 比较运算符......42
2.6.5 逻辑运算符......42
2.6.6 位运算符......42
2.6.7 其他运算符......43
2.6.8 表达式......43
2.7 本章小结......45
2.8 本章习题......45

第3章

PHP 流程控制和数组......47
3.1 PHP 中的分支结构......47
3.1.1 单分支结构......47
3.1.2 双分支结构......49
3.1.3 多分支结构......50
3.2 PHP 中的循环结构......53
3.2.1 while 语句......53
3.2.2 do...while 语句......54
3.2.3 for 循环语句......55
3.2.4 foreach 语句......56
3.3 特殊的流程控制语句......57
3.4 PHP 中的数组......59
3.4.1 数组的分类......59
3.4.2 数组的定义和遍历......60
3.5 本章小结......67
3.6 本章习题......67

第4章

PHP 函数及应用......69
4.1 PHP 函数语法......69

4.1.1 定义函数和调用函数......69
4.1.2 函数参数和返回值......71
4.1.3 使用文件包含函数组织代码......75
4.2 PHP 变量范围......77
4.3 PHP 对字符串的处理......79
4.3.1 对字符串进行分割与合并......79
4.3.2 获取字符串子串......81
4.3.3 字符串查找......82
4.3.4 字符串替换......83
4.3.5 HTML 字符串处理函数......84
4.4 用 PHP 获取日期和时间......85
4.4.1 更改时区......85
4.4.2 UNIX 时间戳......85
4.4.3 生成日期和时间的函数......86
4.4.4 获取日期和时间的信息......88
4.5 PHP 操作文件和目录......90
4.5.1 打开和关闭文件......90
4.5.2 读取文件......91
4.5.3 写入文件......94
4.5.4 目录操作函数......95
4.5.5 获取路径中的文件名和目录名......95
4.5.6 判断文件和目录是否存在......96
4.5.7 删除和复制文件......96
4.6 本章习题......96

第 5 章

PHP 与网页交互......97
5.1 PHP 的预定义数组......97
5.1.1 预定义数组$_POST......98
5.1.2 预定义数组$_GET......101
5.1.3 其他的预定义数组......102
5.2 应用实践：获取用户注册表单信息并输出......104
5.3 文件上传......107
5.3.1 浏览器端文件上传设置......107
5.3.2 在服务器端通过 PHP 处理上传文件......108

5.4 应用实践：注册用户上传头像 112
5.5 文件下载 113
5.6 本章小结 115
5.7 本章习题 115

第 6 章

PHP 访问 MySQL 数据库 117
6.1 MySQL 数据库基础知识 117
6.1.1 MySQL 数据库的存储引擎 117
6.1.2 MySQL 数据库的数据类型 118
6.1.3 MySQL 字符集与字符序 120
6.1.4 MySQL 数据库的 SQL 语法基础 121
6.1.5 数据库用户权限管理 123
6.2 认识 Navicat 124
6.3 应用实践：设计动漫电影信息网站的数据库 132
6.4 PHP 访问 MySQL 数据库的流程 138
6.5 PHP 访问 MySQL 数据库的函数 139
6.5.1 连接 MySQL 数据库服务器的函数 139
6.5.2 获取 MySQL 错误信息的函数 141
6.5.3 执行 SQL 语句的函数 142
6.5.4 处理结果集的函数 143
6.5.5 关闭数据库连接的函数 147
6.6 应用实践：注册用户信息管理 148
6.7 应用实践：分页 164
6.8 应用实践：抽取系统公共文件 168
6.9 本章小结 170
6.10 本章习题 170

第 7 章

会话控制 173
7.1 Session 工作原理 173
7.2 Session 的生命周期 174
7.3 操作 Session 的函数 175
7.4 Session 配置 176

7.5 应用实践：保存用户登录信息 177
7.6 应用实践：登录权限验证 179
7.7 Cookie 的使用 181
7.8 应用实践：自动登录 186
7.9 Header 函数和输出缓存 188

第 8 章

PHP 进阶 191
8.1 PHP 与 Ajax 191
8.1.1 Ajax 概述 191
8.1.2 XMLHttpRequest 对象 192
8.1.3 应用实践：验证用户名是否可用 195
8.1.4 jQuery 中的 Ajax 198
8.2 PHP 中富文本的应用 199
8.2.1 什么是富文本 199
8.2.2 应用实践：使用 UEditor 进行新闻发布 199
8.2.3 UEditor 中的上传路径配置 202
8.3 用 PHP 发送邮件 203
8.3.1 PHPMailer 203
8.3.2 应用实践：使用邮件找回密码 207
8.4 用 PHP 生成图表 211
8.4.1 什么是 ECharts 211
8.4.2 应用实践：使用 ECharts 统计用户信息 214
8.5 Excel 导入导出 218
8.5.1 PHPExcel 介绍 218
8.5.2 应用实践：使用 PHPExcel 进行用户信息导入导出 219
8.5.3 使用 PHPExcel 的常见问题 222
8.6 本章习题 223

第 9 章

PHP 中的面向对象编程 224
9.1 面向对象编程介绍 224
9.1.1 什么是类 225
9.1.2 什么是对象 225

9.2 如何抽象一个类......225
9.2.1 类的声明......226
9.2.2 成员属性......226
9.2.3 成员方法......227
9.3 通过类实例化对象......228
9.3.1 实例化对象......228
9.3.2 对象中成员的访问......229
9.3.3 特殊对象引用$this......230
9.3.4 构造方法和析构方法......232
9.4 封装性......234
9.4.1 设置私有成员......234
9.4.2 私有成员的访问......235
9.5 继承性......237
9.5.1 类继承的应用......238
9.5.2 访问类型控制......239
9.5.3 子类中重载父类的方法......241
9.6 本章小结......243
9.7 本章习题......243

第10章

PHP与MVC开发模式......244
10.1 MVC模式的工作原理......244
10.2 MVC模式在项目中的应用......244
10.2.1 阶段一：构建MVC结构......244
10.2.2 阶段二：抽取模型层业务逻辑......248
10.2.3 阶段三：提取访问网站的入口文件......252
10.2.4 阶段四：抽取视图层功能......252
10.3 本章小结......256
10.4 本章习题......257

第11章

课程案例......258
11.1 使用Bootstrap美化网页......258
11.1.1 用户注册表单页面......260

11.1.2 用户登录表单页面 262
11.1.3 管理员登录表单页面 264
11.1.4 用户列表页面 266
11.1.5 修改用户信息页面 267
11.2 系统总体项目描述 269
11.3 地区管理子系统的实现 273
11.3.1 添加地区功能 273
11.3.2 显示地区列表功能 275
11.3.3 修改地区功能 276
11.3.4 删除地区功能 277
11.4 动漫电影信息管理子系统的实现 279
11.4.1 添加动漫电影功能 279
11.4.2 显示动漫电影信息列表功能 283
11.4.3 修改动漫电影信息功能 286
11.4.4 删除动漫电影信息功能 291
11.5 前台首页的实现 291
11.5.1 网页导航条的实现 291
11.5.2 用户登录功能 296
11.5.3 首页主体部分的实现 298
11.6 前台栏目列表页的实现 301
11.7 前台动漫电影详细内容页的实现 304
11.8 留言管理子系统的实现 318
11.9 本章小结 321

第1章 Web开发概念和PHP入门

内容导学

本章介绍了Web开发的一些通用概念，无论读者使用什么动态网页编程技术，这些概念都是必须要掌握的。本章通过详细的环境安装介绍及一个简单的PHP实例快速地带领读者认识PHP的特点。PHP的开发环境多种多样，本章推荐的是Sublime。

学习目标

① 掌握Web开发基础概念。
② 掌握XAMPP的安装配置和使用。
③ 理解Web开发的工作原理。
④ 了解PHP的特点。

1.1 体系结构选择

基于Web的应用系统开发可以采用两种体系结构：一种是C/S架构，另一种是B/S架构。

1. C/S架构

C/S架构，即Client/Server（客户机/服务器）架构，通过将任务合理分配到Client端和Server端，降低了系统的通信开销，可以充分利用两端硬件环境的优势。应用C/S架构需要为客户端和服务器分别编写不同的软件。例如，常用的通信软件QQ，用户在使用QQ的时候需要下载客户端的QQ程序，安装到自己的计算机上，然后通过这个客户端程序与腾讯的服务器交换数据。

2. B/S架构

B/S架构，即Browser/Server（浏览器/服务器）架构，是随着Internet的兴起，对C/S架构的一种变化或者改进的架构。在这种架构下，用户界面完全通过WWW浏览器实现，极少部分业务逻辑在前端（Browser）实现，但是主要业务逻辑在服务器端（Server）实现，这样就大大简化了客户端计算机的负荷，减少了系统维护与升级成本和工作量，降低了用户的总体成本。

用户通过浏览器查看网页，网页（包括静态网页、动态网页）存放在Web服务器上。用户通过URL（统一资源定位符）访问服务器上的网页，服务器接到请求，通过HTTP（超文本传输协议）将网页传送给客户机，本地的浏览器将网页代码以一种美观、直观的形式展现在用户面前。文字与图片是构成网页的最基本元素，网页中还可以包括Flash动画、音乐和流媒体等。

一般来说，Web服务器是一台或多台性能比较高的计算机，在计算机上安装WWW服务器软件，硬件和软件相结合，通过网络向用户提供服务。

当用户通过浏览器单击网页上的一个链接，或者在地址栏中输入一个网址时，其实是对Web服务器提出了访问请求，Web服务器经过确认，会直接把用户请求的HTML（超文本标记语言）文件传回给浏览器，浏览器对传回的HTML代码进行解释，这样用户就会在浏览器中看到请求的页面，这个过程就是 HTML 页面的执行过程，如图 1-1 所示。

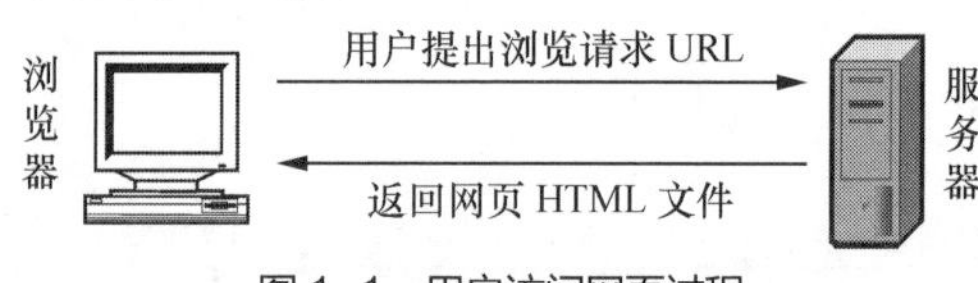

图 1-1　用户访问网页过程

总的来说，B/S 架构与传统的 C/S 架构相比，其优点有如下几个。

（1）B/S 架构是一种瘦客户端模式，客户端软件只需安装浏览器，且对客户端硬件配置要求较低。

（2）标准统一，维护相对简单。HTML 是 Web 信息的组织方式，所有 Web 服务器和浏览器都遵循 W3C 标准。开发人员可以集中在服务器端开发和维护应用程序，而服务器上的应用程序可通过网络浏览器在客户端上执行，从而充分发挥开发人员的群体优势，应用软件的维护也相对简单。

（3）无须开发客户端软件。浏览器软件可以从 Internet 上免费得到。

（4）跨平台支持。由于采用统一的通信协议，并且浏览器及服务器软件可以支持多平台，因此，方便企业异构平台运行。

（5）浏览器界面易学易用。

1.2 网站开发中常用概念介绍

1. 万维网

万维网（WWW，World Wide Web），可以简称为 Web、3W 等。它是存储在 Internet（因特网）中数量巨大的文档的集合。这些文档彼此关联，内含文本、图形、视频、音频等，通过 HTML 把这些信息组织在一起，称为超文本，再利用超级链接从一个站点跳到其他站点，使信息获取变得更加便利。

2. 统一资源定位符

统一资源定位符（URL，Uniform Resource Locator）是一种地址，指定协议（如 HTTP 或 FTP）及对象、文档、WWW 网页或其他目标在 Internet 或 Intranet（内部网）上的位置。

正如每家每户有一个门牌地址，每个网页也有一个 URL。在浏览器的地址框中输入一个 URL 或单击一个超级链接时，就确定了要浏览的地址。

URL 有以下常见形式。

```
ftp://10.206.0.6
https://www.ptpress.com.cn
```

3. 超文本传输协议

Internet 的基本协议是 TCP/IP，在 TCP/IP 模型最上层的是应用层，它包含所有高层协议。高层协议有文件传输协议（FTP）、电子邮件传输协议（SMTP）和超文本传输协议（HTTP）等。

HTTP 是用于从 WWW 服务器传输超文本到本地浏览器的传送协议，它保证计算机正确、快速地在网络上传输超文本文档。HTTP 即在 Internet 上传输网页的协议，可以屏蔽传输的细节，对用户是透明的，网页编写者只需要将精力集中在网页设计与制作上就可以了。

4. 静态网页与动态网页

静态网页就是纯粹的 HTML 页面，网页的内容是固定的、不变的。网页一经编写完成，显示效果就确定了。

动态网页是内容随具体情况变化的网页，它一般随网页的输入参数和数据库中内容的变化而变化。

如果要实现以下操作：在某个用户登录网页后，网页显示“你好，用户”，即张三登录后可以看到网页显示“你好，张三”，而李四登录后见到的内容是“你好，李四”，则需要做两个静态网页，但如果有 1 万个用户或 10 万个用户，显然不可能提前做好那么多的页面，这就需要应用动态网页技术来实现这样的功能。

常用的动态网页技术有 JSP（Java 服务器页面）、ASP（动态服务器页面）、PHP（超文本预处理器）、CGI（公共网关接口）等。我们可以从文件的扩展名来看一个网页文件是动态网页还是静态网页。静态网页的 URL 后缀是 htm、html、shtml、xml 等；动态网页的 URL 后缀是 asp、aspx、jsp、php、perl、cgi 等。

5. 网站前台和后台

网站开发的前台和后台有两种解释，第一种解释是从开发网站分工角度来划分的，前台负责完成网站美工、布局设计、UI 元素设计等；后台负责业务逻辑处理及对数据库的操作。第二种解释是从用户角度来划分的，前台指的是网站的普通用户可见的功能和界面；后台指的是后台管理员对数据的管理功能。本书提到的网站前台和后台按照第二种解释来理解。

6. 请求

请求是由用户发起的，可以通过浏览器地址栏的形式发起，也可以通过单击超链接的方式发起，还可以通过提交表单的方式发起。在网页中请求的方式有两种，一种是 get 方式，另一种是 post 方式。get 方式提交的请求数据会附加在浏览器地址栏中，比如搜索功能、收藏功能，购物网站中常用此方式；post 方式的数据以请求包的形式发送，当表单里有密码（登录、注册）、表单提交的数据量特别大（比如发表的文章），具有文件上传功能时，就必须使用 post 方式。

7. 字符集和字符编码

在各个国家和地区所制定的不同的 ANSI 编码（各种外文字符延伸编码方式）标准中，都只规定了各自语言所需的“字符”。比如，汉字标准（《信息交换用汉字编码字符集》）中没有规定韩文字符怎样存储。这些 ANSI 编码标准所规定的内容包含如下两层含义。

其一，使用哪些字符，即哪些汉字、字母和符号会被收入标准中，所包含“字符”的集合叫作“字符集”。

其二，规定每个“字符”分别用一个字节还是多个字节存储，用哪些字节来存储，这个规定叫作“编码”。

各个国家和地区在制定编码标准的时候，“字符集”和“编码”一般都是同时制定的。因此，平常我们所说的“字符集”，比如 GB2312、GBK、JIS 等，除了有“字符的集合”这层含义外，还包含了“编码”的含义。

“UNICODE 字符集”包含了各种语言中使用到的所有“字符”。用来给 UNICODE 字符集编码的标准有很多种，比如 UTF-8、UTF-7、UTF-16、UnicodeLittle、UnicodeBig 等。实际上，没有必要去深究每一种编码具体把某一个字符编码成了哪几个字节，只需要知道“编码”的概念就是把“字符”转化成“字节”就可以了。

在使用 PHP 编写网页的过程中，遇到乱码问题时可以从如下几个方面入手解决。

（1）HTML 页面转 UTF-8 编码问题。

在 head 标签后、title 标签前加入一行代码

```
<meta http-equiv='Content-Type' content='text/html; charset=utf-8' />
```

HTML 文件编码问题。

单击编辑器的菜单：“文件”→“另存为”，可以看到当前文件的编码，确保文件编码为 UTF-8，如果是 ANSI，则需要将编码改成 UTF-8。

（2）PHP 页面转 UTF-8 编码问题

在 php 代码开始处加入一行代码。

```
header("Content-Type: text/html;charset=utf-8");
```

PHP 文件编码问题。

单击编辑器的菜单：“文件”→“另存为”，可以看到当前文件的编码，确保文件编码为 UTF-8，如果是 ANSI，则需要将编码改成 UTF-8。

（3）MySQL 数据库使用 UTF-8 编码的问题

在使用 phpmyadmin 创建数据库时，请将“整理”设置为“utf8_general_ci”，或执行语句。

```
CREATE DATABASE `dbname` DEFAULT CHARACTER SET utf8 COLLATE utf8_
general_ci;
```

在创建数据表时，如果该字段存放中文，则需要将“整理”设置为 “utf8_general_ci”，如果该字段存放英文或数字，则默认就可以了。

（4）用 PHP 读写数据库

在连接数据库之后：$connection = mysql_connect($host_name, $host_user, $host_pass); 加入一行代码，即可以正常地读写 MySQL 数据库。

```
mysql_query("set names 'utf8'");
```

1.3 Web 工作原理

网站是客户端/服务器之间的会话，是由客户端向服务器发起的连接 ，并发送 HTTP 请求，而服务器并不会主动联系客户端或要求与客户端建立连接，需要客户端主动向服务器发送请求，建立连接。在 WWW 中，“客户”与“服务器”是一个相对的概念，只存在于一个特定的连接期间。

当用户在客户端使用浏览器，并通过 URL 请求 Web 服务器管理下的 HTML 网页文件时，Web 服务器软件会在其有权限管理的目录中寻找用户请求的 HTML 网页文件。如果用户请求的文件存在，则直接把网页中的内容代码返回给客户端请求的浏览器。浏览器在收到服务器返回的代码后，逐条解释成网页，显示给用户查看，这就是常说的静态网页。

如果用户向服务器请求的是一个脚本程序，如 PHP 文件、JSP 文件或 ASP 文件，服务器会调用相应的引擎把 PHP 等代码转换成模板代码（HTML/CSS/JavaScript），再将结果返回给用户。因为 Web 服务器本身是不能解析脚本程序的，所以服务器除了要安装 Web 服务器 Apache 之外，还要安装可以解析脚本程序的应用程序服务器软件（如 PHP 应用服务器），并在 Apache 服务器中配置来自客户端的 PHP 文件的请求，即可以在服务器端使用 PHP 应用服务器来解析 PHP 程序。因为

PHP应用服务器会理解并解释PHP代码的含义，这样就可以根据用户的不同请求进行操作，即通过PHP程序的动态处理，解释成不同的HTML静态代码返回给用户。当然，返回给客户端浏览器的只是一个很单纯的静态HTML网页，在用户端是看不到PHP程序源代码的，在一定程度上起到了代码保护的作用。

下面举例来说明用户请求一个页面的流程，请求过程可以包括下面几个步骤。

（1）打开浏览器，键入网址https://www.ptpress.com.cn，按<Enter>键。

（2）该请求被送入Web服务器上。

（3）Web服务器解析请求，从硬盘中获取index.php。

（4）PHP引擎解析运行index.php文件，生成HTML文件。

（5）Web服务器将该HTML文件发往客户端浏览器。

（6）浏览器收到文件，用户可以看到显示的页面效果。

如果网站的内容是保存在服务器端的数据库中，则还需要为服务器安装数据库管理系统（如MySQL），用来存储和管理网站中的数据。MySQL服务器和Apache服务器可以安装在同一台计算机上，也可以分开安装，通过网络相联即可。由于Apache服务器无法连接或者操作MySQL服务器，因此，也要安装PHP应用服务器。这样Apache服务器就可以委托PHP应用服务器，通过解释PHP脚本程序去连接或操作数据库，完成用户的请求。

1.4 动态网站开发所需的Web构件

动态网站的开发需要多种开发技术结合在一起使用，每种技术的功能各自独立而又相互配合才能完成一个动态网站的建立，其中每一种技术称为一个Web构件，一个动态网站开发过程中必须用到的Web构件包括客户端IE/Firefox/Chrome等多种浏览器、超文本标记语言（HTML）、层叠样式表（CSS）、客户端脚本编程语言JavaScript/VBScript/Applet等其中的一种、Web服务器Apache/Tomcat/IIS/Nginx等其中的一种、服务器端编程语言PHP/JSP/ASP等其中的一种、数据库管理系统MySQL/Oracle/SQL Server/DB2等其中的一种。

1. 客户端浏览器

客户端浏览器是用户在客户端浏览网页时使用的软件设备。因为浏览器能够解析HTML、CSS和JavaScript等语言来显示网页，所以它是Web开发中不可缺少的构件之一。对B/S架构的软件来说，浏览器就相当于用户端的操作界面，只要在浏览器地址栏输入不同的地址，访问不同的Web服务器，就可以形成不同的用户操作界面。用户计算机都已经默认安装好浏览器，所以这种图形用户界面不但不用安装专用的客户端软件，而且只要在Web服务器上有一些改变，所有访问这个Web服务器的客户端界面通过刷新就会实时更新。Web服务器还可以根据用户不同的请求，为用户返回定制的界面。所以，动态网站都是通过浏览器中的图形用户界面来实现与Web服务器和数据库交互。但是不同的浏览器对网页的解析可能产生不同的界面效果，因此，在开发Web应用时通常都需要用多种浏览器进行测试。常用的客户端浏览器主要有以下种类。

（1）Internet Explorer浏览器

微软的Internet Explorer（IE）是Windows操作系统中默认安装的浏览器，是使用最广泛的浏览器。

（2）Safari浏览器

苹果（Apple）公司的Safari浏览器是最快、最便于操作的网页浏览器，也是使用比较广泛的浏览器之一。Safari具有简洁的外观、雅致的用户界面，其速度比IE浏览器的速度高1.9倍，是Apple操作系统中的专属浏览器。现在其他的操作系统也能安装Safari。

（3）Mozilla 浏览器

Mozilla 浏览器是在 Netscape 的基础上发展起来的。它是 Linux 操作系统中的默认浏览器。

（4）Firefox 浏览器

Firefox（火狐）浏览器是一个开源的浏览器，是由 Mozilla 基金会和开源开发者一起开发的。由于是开源的，因此，它集成了很多小插件，开源拓展很多功能，它也是世界上使用率排名前五的浏览器。

（5）Chrome 浏览器

Chrome 浏览器由谷歌公司开发，测试版本在 2008 年发布。它虽然是比较“年轻”的浏览器，但是以良好的稳定性、安全性和高效的浏览速度获得使用者的青睐。

（6）Opera 浏览器

Opera 浏览器是由挪威一家软件公司开发的，它以快速小巧、符合工业标准、适合于多种操作系统等特性而闻名于世。对于一系列小型设备，诸如移动电话和掌上电脑来说，Opera 无疑是首选的浏览器。

2. HTML

HTML，即超级文本标记语言或超文本链接标记语言，是构成网页文档的主要语言，也是一种规范，一种标准，是网站软件开发必不可少的 Web 构件之一。每一个 Web 开发者都需要熟练掌握它。

HTML 文档是一个放置了标记（tags）的 ASCII 文本文件，通常它的文件扩展名是.html 或.htm。生成一个 HTML 文档主要有以下 3 种途径：第 1 种，手工直接编写（例如，文本编辑器记事本或其他 HTML 的编辑工具 Dreamweaver、Editplus 等）；第 2 种，通过某些格式转换工具将现有的其他格式文档（如 Word 文档）转换为 HTML 文档；第 3 种，由 Web 服务器在用户访问时动态地生成。

HTML 通过利用各种“标记”来标识文档的结构和超链接、图片、文字、段落、表单等信息，再通过浏览器读取 HTML 文档中这些不同的标签来显示页面，形成用户的操作界面。虽然 HTML 描述了文档的结构格式，但并不能精确地定义文档信息必须如何显示和排列，所以用户端最终的界面效果取决于 Web 浏览器本身的显示风格及其对标记的解释能力。这就是同一文档在不同的浏览器中展示的效果会不一样的原因。

图 1-2 是一段简单的 HTML 代码运行在浏览器中所呈现的网页效果。

Document Heading

This is the first paragraph. HTML 不是一种编程语言，而是一种超文本标记语言。 标记语言是使用一套标记标签描述网页。

This is the second paragraph.

图 1-2　网页效果

代码如下。

```
<!DOCTYPE html>
<html lang="en">
<head>
    <meta charset="UTF-8">
    <title>My Document</title>
</head>
<body>
    <h1>Document Heading</h1>
    <p>This is the first paragraph.
    <a href="http://www.w3.org/html/">HTML</a>
    不是一种编程语言，
    而是一种超文本标记语言。
```

```
        标记语言使用一套标记标签描述网页。
        </p>
        <p>This is the second paragraph.</p>
</body>
</html>
```

3. CSS

层叠样式表（CSS，Cascading Style Sheets）也称级联样式表，是一种为网站添加布局效果的工具，可定义 HTML 元素如何被显示，有效地对页面进行布局和美化，通过设置字体、颜色、背景和其他效果等来实现更加精确的样式控制。CSS 不能离开 HTML 独立工作。

CSS 是由 W3C 的 CSS 工作组创建和维护的，和 HTML 一样，也算是一种标记语言，因此也不需要编译，直接由浏览器解释执行。所以在不同的浏览器中展示的效果也会不一样，开发者同样要遵守 W3C 制定的标准。

CSS 包含了一些 CSS 标记，可以直接在 HTML 文件中使用，也可以写到扩展名是.css 的文本文件中，只要对相应的代码做一些简单的修改，就可以改变同一页面的不同部分，或者改变网页的整体表现形式，或者改变多个不同页面的外观和布局。

图 1-3 是给图 1-2 中的网页增加了 CSS 样式后的效果。

Document Heading

This is the first paragraph. HTML 不是一种编程语言， 而是一种超文本标记语言。 标记语言是使用一套标记标签描述网页。

This is the second paragraph.class="ex"

图 1-3　加 CSS 样式后的网页效果

添加了 CSS 代码的 HTML 文档如下。

```
<!DOCTYPE html>
<html lang="en">
<head>
        <meta charset="UTF-8">
        <title>My Document</title>
        <style type="text/css">
        h1 {color: #00ff00; text-decoration: underline;text-align: center;}
        body{color: red;}
        p{text-indent: 30px;}
        p.ex{color: rgb(0,0,255);font:italic bold 15px/30px Times;}
        a{font-family: Times; text-decoration: none;}
        </style>
</head>
<body>
        <h1>Document Heading</h1>
        <p>This is the first paragraph.
        <a href="https://www.ptpress.com.cn/">HTML</a>
        不是一种编程语言，
        而是一种超文本标记语言。
```

```
        标记语言是使用一套标记标签描述网页。
        </p>
        <p class="ex">This is the second paragraph.class="ex" </p>
</body>
</html>
```

4. 客户端脚本编程语言 JavaScript

HTML 用来在页面中显示数据，而 CSS 用来对页面进行布局与美化，客户端脚本语言 JavaScript 则是一种有关浏览器行为的编程，是用来编写网页功能特效的，能够实现用户和浏览器之间的互动，这样才能传递更多的动态网站内容。客户端脚本编程语言有许多种，如 JavaScript、VBScript、Jscript、Applet 等，都可以开发同样的交互式 Web 网页，而 Web 开发中使用最多、浏览器最支持、案例最丰富的是 JavaScript 脚本语言，并且 Ajax 和 jQuery 框架等技术也都是基于 JavaScript 开发的产品。

JavaScript 是为网页设计者提供的一种编程语言，可以在 HTML 页面中放入动态的文本，能够对事件进行反应（如鼠标单击、移动等事件操作），可读取并修改 HTML 元素、元素属性和元素中的内容，并被用来验证数据。

CSS 和客户端脚本语言结合使用，能够使 HTML 文档与用户具有交互性和动态变换性，通常称为动态 HTML（DHTML，Dynamic HTML）。层叠样式表和客户端脚本都是直接由浏览器解释执行的，所以同一文档在不同的浏览器中展示的效果也会不一样，编写 JavaScript 代码时也要遵循 W3C 标准。JavaScript 程序可以直接嵌入 HTML 页面文档中，也可以写在一个扩展名为.js 的文本文件中，然后再链接到 HTML 页面。

下面的代码使用 JavaScript 脚本代码对某一用户注册页面中的用户名是否为空进行验证。如果用户在提交页面表单内容时未填写用户名，则将出现图 1-4 所示的提示对话框。

```
<script>
function check()
{
        var uname=document.fm.username.value;
        if(uname==null || uname=="")
        {
                alert("用户名不能为空！");
                return false;
        }
        return true;
}
</script>
```

在上述代码中，fm 是表单的名字，form 中需要添加 name 属性，取值为 fm，同时还要添加 onSubmit 事件，当单击提交按钮时，将执行函数 check()，如果 check()函数返回 false，则表单不会被提交到处理页面；如果 check()函数返回 true，则表单被提交到处理页面。

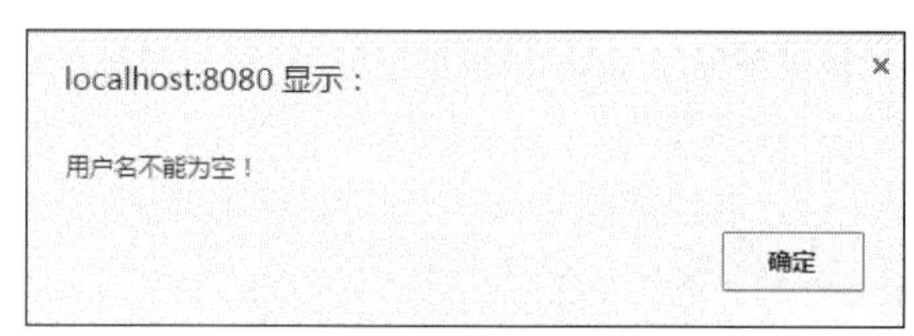

图 1-4　用户名输入空值时的验证

5. Web 服务器

Web 服务器的主要功能是提供网上信息

浏览服务，传送网页给浏览器浏览。确切地说，Web 服务器专门处理 HTTP 请求，解析 HTTP 报文。当 Web 服务器接收到一个 HTTP 请求时，会返回一个 HTTP 响应，例如，返回一个 HTML 页面。为了处理一个请求，Web 服务器可以响应一个静态页面或图片，进行页面跳转，或者把动态响应的产生委托给其他程序，如 PHP 脚本、CGI（公共网关接口）、JSP（Java 服务器页面）脚本、Servlets（小服务程序）、ASP（动态服务器页面）脚本或者其他服务器端技术。无论它们的目的是什么，这些服务器端的程序通常产生一个 HTML 的响应来浏览浏览器。

在 Internet 中，Web 服务器和浏览器通常位于两台不同的机器上，也许它们之间相隔千万里之外。但在开发阶段，一般都会将个人计算机作为 Web 服务器，即本地服务器。访问远程或本地的 Web 服务器没有什么差别，工作原理是不变的。目前可用的 Web 服务器有 Apache、NGINX、IIS、Tomcat、Weblogic 等。在 WAMP（Windows 下的 Apache+MySQL/MariaDB+Perl/PHP/Python）中使用的 Apache 服务器，是世界上使用排名第一的 Web 服务器，它可以运行在几乎所有的计算机平台上。它是开源软件，不断有人来为它开发新的功能、新的特性，修改原来的缺陷。Apache 的特点是简单、速度快、性能稳定。

6. 服务器端编程语言

服务器端编程语言是提供访问商业逻辑的途径以供客户端应用的程序，是需要安装应用服务器来解析的，而应用服务器又是 Web 服务器的一个功能模块，需要和 Web 服务器安装在同一个系统中。所以服务器端编程语言是用来协助 Web 服务器工作的编程语言，也可以说是对 Web 服务器功能的扩展，并外挂在 Web 服务器上一起工作，用在服务器端执行并完成服务器端的业务处理功能。当 Web 服务器收到一个 HTTP 请求时，就会将服务器中这个用户请求的文件原型返回给客户端浏览器，如果是 HTML 或是图片等浏览器可以解释的文件，浏览器将直接解释，并将结果显示给用户。如果是浏览器不能识别的文件格式，则浏览器将解释成下载的形式，提示用户下载或打开。如果用户想得到动态响应的结果，就要委托服务器端编程语言来完成了。例如，网页中的用户注册、信息查询等功能，都需要对服务器端的数据库中的数据进行操作。而 Web 服务器本身不具有对数据库操作的功能，所以就要委托服务器端程序来完成对数据库的添加和查询的工作，并将处理后的结果生成 HTML 等浏览器可以解释的内容，再通过 Web 服务器发送给客户端浏览器。

服务器端脚本编程语言的种类有很多，常用的有 JSP、ASP 和 PHP，本书主要介绍 PHP 后台脚本编程语言。PHP 是一种创建动态交互性站点的强有力的服务器端脚本语言，它是免费的，并且使用非常广泛。PHP 极其适合网站开发，其代码可以直接嵌入 HTML 代码中。PHP 的语法类似于 Perl 语言和 C 语言，简单、灵活、高效。

7. 数据库管理系统

如果需要快速、安全地处理大量数据，必须使用数据库管理系统。现在的动态网站都是基于数据库进行编程的，任何程序的业务逻辑实质上都是对数据的处理操作。数据库通过优化的方式，可以很容易地建立、更新和维护数据。数据库管理系统是 Web 开发中比较重要的构件之一，网页上的内容几乎都来自于数据库。数据库管理系统也是一种软件，可以和 Web 服务器安装在同一台机器上，也可以安装在不同机器上，但都需要通过网络相连接。数据库管理系统负责存储和管理网站所需的内容数据，例如，文字、图片及声音等数据。当用户通过浏览器请求数据时，在服务器端程序中接收到用户的请求后，在程序中使用通用标准的结构化查询语言（SQL）对数据库进行添加、删除、修改及查询等操作，并将结果整理成 HTML 返回到浏览器上显示。

数据库管理系统也有多种，都是使用标准的 SQL 访问和处理数据库中的数据，如 Oracle、DB2、SQL Server、MySQL、Sybase、SQLite、Access 等。本书主要介绍 MySQL 数据库管理系统，MySQL 是一个关系型数据库管理系统，是一个真正多用户、多线程的关系数据库，和 PHP 一样都是开源免费的软件。它的主要特点是执行效率与稳定性高、操作简单、易用，所以有众多用户，同时MySQL 也提供网页形式的 PhpMyAdmin 管理界面和多种图形管理界面，简单易学，管理方便。MySQL 和 PHP 是真正的黄金组合，是网站开发的首选。

1.5 初识 PHP

1.5.1 什么是 PHP

开发 Web 应用系统的技术有很多，目前流行的 Web 开发技术包括 PHP、ASP、.NET 和 JSP等。PHP（Professional Hypertext Preprocessor）是一种运行于服务器端的 HTML 嵌入式脚本描述语言。PHP 借鉴了 C、Java、Perl 等传统计算机语言的特性和优点，并结合自身的特性，使 Web 开发者能够快速地编写出动态页面。PHP 是完全免费的开源产品，并且易学易用。PHP 可以很好地支持Internet 协议和多种数据库的操作，经常和 MySQL 数据库搭配使用。

使用 PHP 进行 Web 应用程序开发有以下优势。

1. 易学易用

PHP 可以内嵌到 HTML 中，以脚本语言为主，内置丰富的函数，语法简单，是一个弱类型语言，学习方便。有 C、Java 等基础的开发者很容易理解 PHP 的语法，相对于 JSP 等更容易入门。集成开发环境容易搭建配置，开发软件也非常多样。

2. 成本低、应用广泛

PHP 是开源软件，PHP 的运行环境 LAMP（Linux、Apache、MySQL 和 PHP）平台也是免费的，这种框架结构可以为网站经营者节省很大开支，所以很多中小型企业的网站会采用 PHP 进行开发。

3. 执行速度快

占用资源少，速度快，内嵌 zend 加速引擎，性能稳定。

4. 支持面向对象

支持面向过程和面向对象两种开发模式，用户可以自行选择。

5. 支持广泛的数据库

可操作多种主流与非主流数据库，如 MySQL、Access、SQL Server、Oracle、DB2 等，其中，PHP 与 MySQL 是目前最佳的组合，它们的组合可以跨平台运行。

6. 跨平台性

PHP 几乎支持所有操作系统，并且支持 Apache、IIS、Nginx 等多种 Web 服务器。

综上，PHP 的应用领域非常广阔，比较常见的应用有中小型网站的开发、大型网站的业务逻辑结果展示、Web 办公管理系统、硬件设备的数据获取、电子商务应用、企业级应用开发，以及微信公众号和小程序等。

1.5.2 第一个 PHP 文件

PHP 是嵌入 HTML 中的语言，HTML 负责呈现网页内容，PHP 负责业务逻辑，下面来看一个简单的 PHP 文件，代码如下。

first.php

```
<!DOCTYPE html>
<html>
<head>
    <meta charset="utf-8">
    <title>我的第一个 PHP 文件</title>
</head>
<body>
    <?php
    echo "<font color='blue'>你好世界！ </font>";
    ?>
    <br>
    <?php
    for($i=1;$i<=6;$i++){
        echo "<h$i>";
        echo "你好世界！ ";
        echo "</h$i>";
    }
    ?>
</body>
</html>
```

运行效果如图 1-5 所示。第 1 行显示的是灰色的“你好世界！”，我们看到了 PHP 代码中混有 HTML 代码，对于 PHP 来说，HTML 代码只是字符串。第 2～7 行使用 HTML 的标题元素从大到小显示了“你好世界！”，从代码中可以看到，复杂的业务逻辑需要 PHP 的参与，这样能够简化代码，其中，“$”是 PHP 中变量的标识，“echo”是 PHP 中用来进行输出的语句。

图 1-5　第一个 PHP 文件运行界面

1.6　搭建 PHP 开发运行环境

1.5.2 节中的实例需要部署到 Web 服务器中才能通过浏览器访问，看到正确的结果。PHP 的 Web 开发环境需要以下几部分：Web 服务器，如 Apache、IIS、Nginx 等；数据库，如 MySQL；进行 PHP 语言转换的 PHP 引擎。

（1）Apache HTTP Server（简称“Apache”），是最流行的 Web 服务器端软件之一，是 Apache 软件基金会的一个开放源码的网页服务器，它可以在大多数计算机操作系统中运行。Web 系统是客户端/服务器模式的，所以应该有服务器程序和客户端程序两部分。常用的服务器程序是 Apache，常用的客户端程序是浏览器（如 IE、chrome 等）。Apache 主要用来接收 Web 客户端用户发来的请求，收到请求后将客户端要求的页面内容返回给客户端，如果出现错误，就返回错误代码。但 Apache 只能处理 HTML 请求，诸如 JSP、PHP 和 ASP 的请求需要配置其他相应的服务器才能解析处理。

（2）互联网信息服务（IIS，Internet Information Services），是由微软公司提供的基于 Microsoft Windows 的互联网基本服务。IIS 支持超文本传输协议（HTTP）、文件传输协议（FTP，File Transfer Protocol）以及 SMTP，通过使用 CGI 和 ISAPI，IIS 可以得到高度的扩展。IIS 的一个重要特性是支持 ASP，但也可以通过简单的安装配置支持 PHP 的运行。

（3）Nginx（engine x），是一个免费、开源、高性能的 HTTP 服务器和反向代理，因其高性能、稳定、丰富的功能、简单的配置和低资源消耗而闻名。Nginx 是由伊戈尔·赛索耶夫开发的，第一个公开版本 Nginx0.1.0 发布于 2004 年 10 月 4 日，其将源代码以类 BSD（伯克利软件套件）许可证的形式发布，GitHub 网站就使用了该服务器。

（4）MySQL，是一个跨平台的开源关系型数据库管理系统，由瑞典 MySQL AB 公司开发，属于 Oracle 旗下产品。目前，MySQL 被广泛地应用在 Internet 上的中小型网站中。由于其体积小、速度快，尤其是开放源代码的特点，许多中小型网站都选择 MySQL 作为网站的数据库。

（5）PHP，既是一门编程语言，又是将 PHP 语言转换为 HTML 等模板代码的软件名称，任何 PHP 开发环境都离不开 PHP 软件。

作为初学者，进行 PHP 开发不需要单独下载这些软件进行安装配置，集成版开发环境是更好的选择，如 PHPstudy、WampServer、XAMPP、AppServ 等，本书选择 XAMPP 作为开发环境，WampServer 也非常受欢迎，本书也将介绍该软件的安装。

1.6.1 XAMPP 安装

XAMPP（Apache+MySQL+PHP+Perl）是一个功能强大的建站集成软件包，还包含了管理 MySQL 的工具 phpMyAdmin，可以对 MySQL 进行可视化操作。采用这种紧密的集成，XAMPP 可以运行任何 PHP 程序：从个人主页到功能全面的产品站点。

XAMPP 是免费的，目前最新的版本是 XAMPP 7.4.3，可以分别适用于 Linux、Windows、Mac OS X 操作系统。本书提供的是 XAMPP 7.3.6 版，适用于 Windows 系统。

下载 XAMPP 的安装文件后单击鼠标右键，以管理员身份运行，尽量不要安装到 C 盘下。安装欢迎页面如图 1-6 所示。

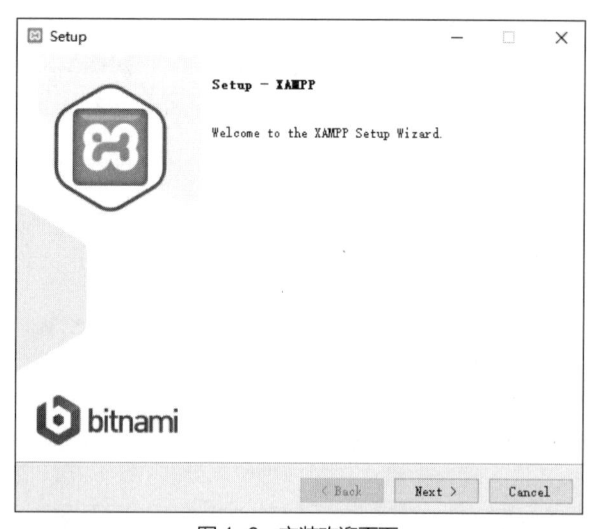

图 1-6　安装欢迎页面

图 1-7 列举了 XAMPP 内包含的工具，对于 PHP 开发，Apache、MySQL、PHP、phpMyAdmin

是必选的，其他选项可以根据自己的情况选择。

（1）FileZilla FTP Server：FTP 服务器软件。

（2）Mercury Mail Server：邮件服务器。

（3）Tomcat：Java Web 服务器。

（4）Perl：Perl 引擎。

（5）Webalizer：Web 服务器日志分析程序。

（6）Fake SendMail：邮件服务器。

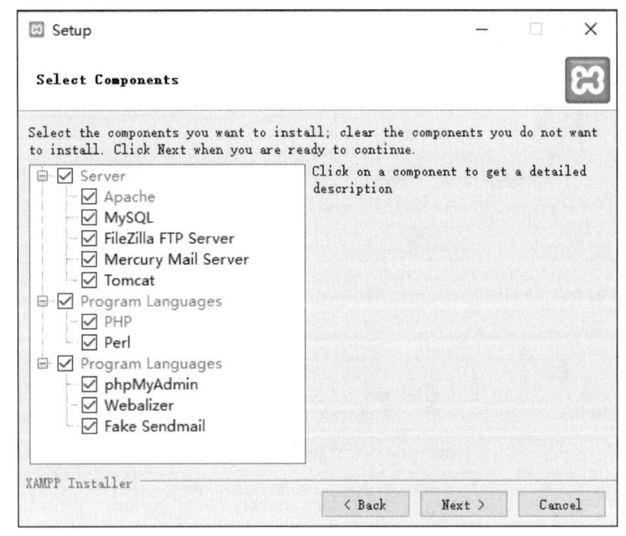

图 1-7　XAMPP 包含的工具

图 1-8 显示选择安装目录页面，建议选择非 C 盘目录，目录中不要包含中文。

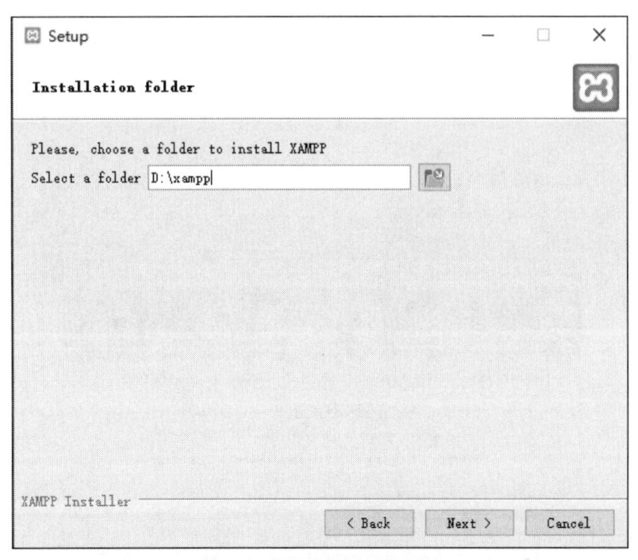

图 1-8　选择安装目录页面

图 1-9 是介绍 BitNami 的信息页。BitNami 是一个开源项目，该项目产生的开源软件包括安装 Web 应用程序和解决方案堆栈，以及虚拟设备。BitNami 提供开源 PHP 程序傻瓜集成安装包可选环境，目的是简化软件安装、简化 Web 应用程序部署等。

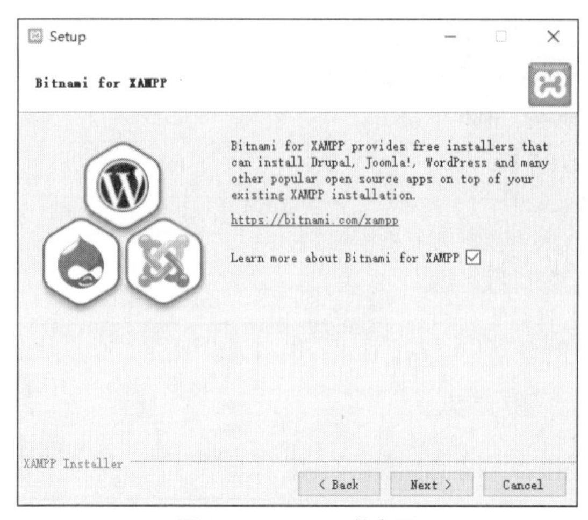

图 1-9　BitNami 信息页

图 1-10 为安装页面，图 1-11 为防火墙提示页面，选择“允许访问”即可。图 1-12 为 XAMPP 启动后的操作面板。Apache 启动后，打开任意浏览器，输入 http://localhost 后按<Enter>键，如果看到图 1-13 所示界面，证明安装成功；否则代表出现端口冲突等问题。

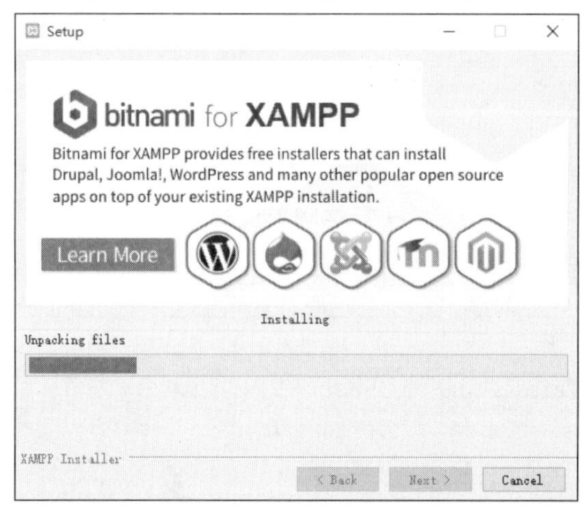

图 1-10　安装页面

图 1-11　防火墙提示页面

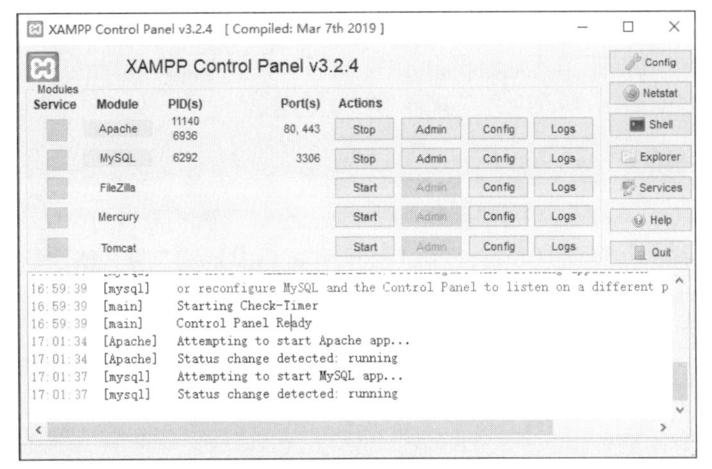

图 1-12 XAMPP 操作面板

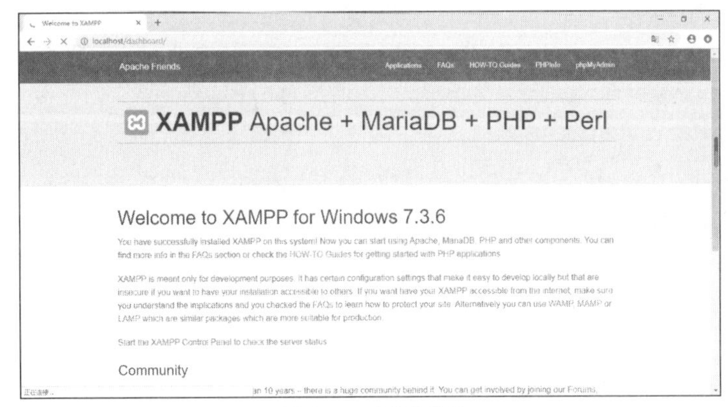

图 1-13 测试页面

1.6.2 XAMPP 配置和使用

PHP 开发需要的服务器主要是 Apache 和 MySQL。打开 XAMPP 面板后，可以看到 Apache 和 MySQL 是启动状态，占用的默认端口号分别是 80、443 和 3306。我们开发的代码和网站如何部署呢？单击面板右侧的 Explorer 图标，进入 XAMPP 安装的根目录，找到 htdocs 文件夹，这就是服务器默认的网站路径，现在可以把编写的 first.php 复制到这里，然后打开任意浏览器，输入 http://localhost/first.php 后按<Enter>键就能够看到执行结果。接下来介绍 XAMPP 面板上的图标的使用方法和如何配置 XAMPP。

1. 更改默认端口

XAMPP 中 Apache 服务器的默认端口为 80，如果 80 端口被占用，如 IIS、SQL Server 等，需要将端口修改为其他未使用端口。计算机可用端口为整数，范围为 0~65535，但有部分端口已经被一些常用软件占用，如 DHCP 端口 67 和 68，邮件发送和接收使用端口 25 和 110、FTP 端口 20 和 21、Telnet 端口 23、QQ 端口 4000 和 8000、1024 端口（一般不固定分配给某个服务）、1080 端口（Socks 代理服务使用的端口）等。

（1）单击 Apache 所在行的 Config 按钮，打开 Apache 的配置文件 httpd.conf。

（2）使用组合键<Ctrl+F>查找 80，将 Listen 80 替换为想要的端口即可，如 Listen 88。

（3）更改之后保存，重启 Apache，注意：只要配置文件修改都要重启服务。

（4）更改端口后，访问服务器需要添加端口号，打开浏览器使用网址 http://localhost:88/，编程中用到的功能标点都是英文的，所以这里只能使用英文的冒号。

2. 更改服务器根目录

默认服务器的根目录为XAMPP安装目录下的htdocs目录，可通过更改httpd.conf文件来更改根目录。

（1）单击 Apache 所在行的 Config 按钮，打开 Apache 的配置文件 httpd.conf。

（2）使用组合键<Ctrl+F>查找 htdocs，替换为想要的文件夹绝对路径即可。

（3）更改之后保存，重启 Apache 服务。

3. 更改 PHP 缓存

在项目开发过程中，在处理上传容量大的图片或导入大量数据时，有时候会提示"Allowed memory size of 33554432 bytes exhausted (tried to allocate 43148176 bytes) in php"，即提示"内存太小"，解决办法就是加大内存容量。

（1）单击 Apache 所在行的 Config 按钮，打开 PHP 的配置文件 php.ini。

（2）找到 memory_limit，此项默认为 8M，可以调整为 128M 或更大，如 memory_limit =128M。

（3）修改后，重新启动 Apache 服务。

（4）如果不喜欢修改配置文件，也可以在 PHP 代码中增加以下命令行。

```
ini_set('memory_limit', '128M');
```

memory_limit 设置并不是越大越好，要根据应用程序的需要来设置，原则是 memory_limit * 进程数不超过机器总内存，否则会导致启用磁盘资源耗尽，最后死机。

4. 隐藏 NOTICE 和 DEPRECATED

在开发过程中，警告信息能帮助我们了解程序可能存在的各种问题，但在程序发布时，要对用户隐藏这些信息，这可以通过修改 PHP 配置文件来完成。

（1）单击 Apache 所在行的 Config 按钮，打开 PHP 的配置文件 php.ini。

（2）查找 error_reporting，找到如下代码。

```
error_reporting = E_ALL
```

该代码的含义是显示所有的报告信息，包括 NOTICE、WARNING 和 DEPRECATED。

（3）如果想隐藏以上提示信息，可将上述代码修改为

```
error_reporting = E_ALL & ~E_NOTICE & ~E_DEPRECATED & ~E_WARNING
```

至此 PHP 环境配置已完成，可以在地址栏中输入 http://localhost（如果修改端口请添加端口号）来测试 Apache 服务。

1.6.3 WampServer 的安装使用

WampServer 是另一种常用的 PHP 集成安装环境，是在 Windows 系统下的 Apache、PHP 和 MySQL 的服务器软件。下面我们介绍 WampServer 3.1.9 的安装过程。

安装首页主要是版本信息，如图 1-14 所示，直接单击"Next"按钮进行下一步操作。第二个界面

是安装准备页面，如图 1-15 所示，单击“Install Now”按钮。

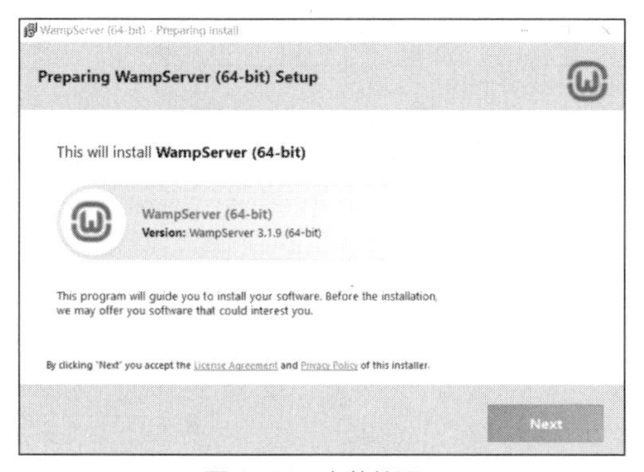

图 1-14　安装首页

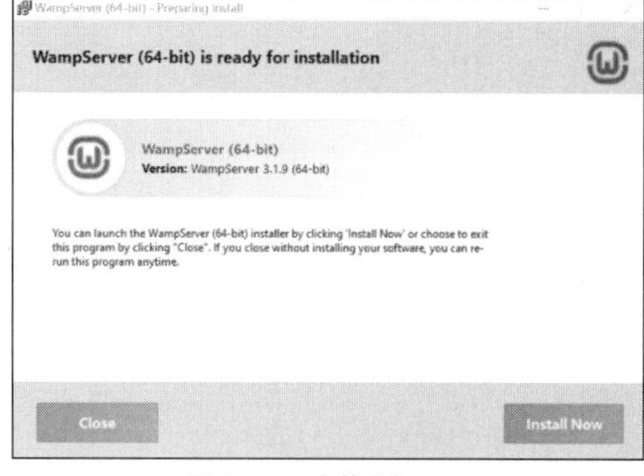

图 1-15　安装准备页面

图 1-16 和图 1-17 分别是选择安装语言和询问是否接受协议页面。如果接受协议页面，则继续单击“Next”按钮。

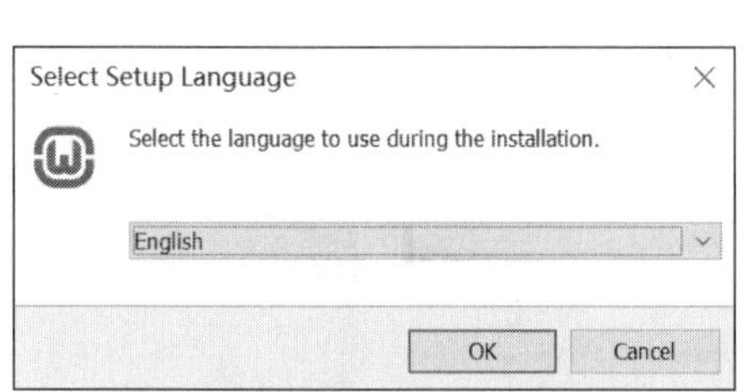

图 1-16　选择安装语言页面

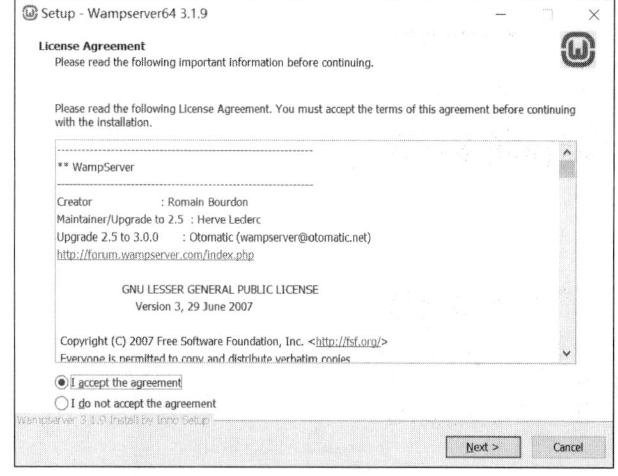

图 1-17　协议页面

图 1-18 所示是选择安装路径页面，可以根据自己的情况，填写安装位置。注意不要安装到中文路径中。图 1-19 所示为设置该程序在启动菜单中的文件夹名称。

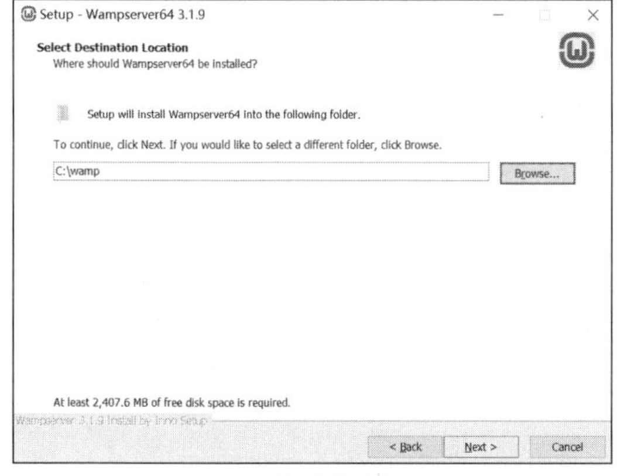

图 1-18　选择安装路径页面

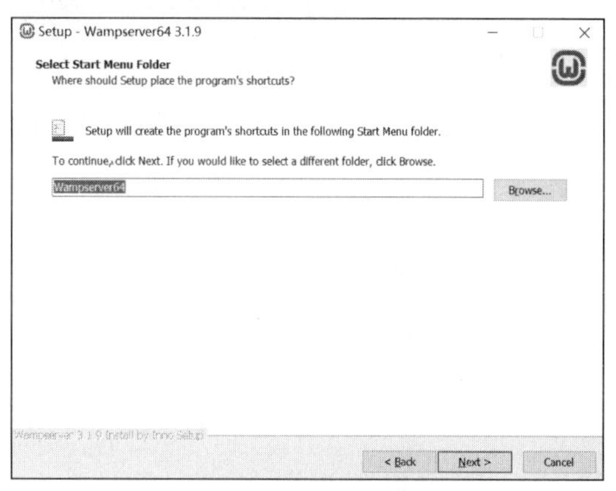

图 1-19　设置启动菜单文件夹名页面

图 1-20 所示为选择 PHP 文件的默认打开程序页面，建议选择 1.7 节介绍的代码编辑工具 Sublime，也可以暂时先使用记事本，以后再进行修改。图 1-21 所示为安装成功页面。

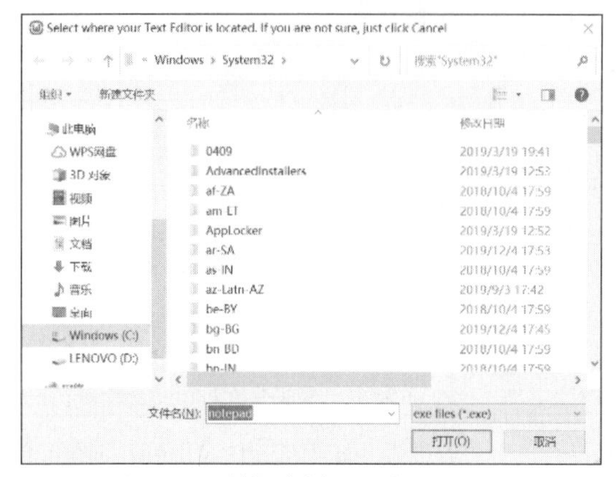

图 1-20　选择默认打开程序页面

图 1-21　安装成功页面

1.7 代码编辑工具 Sublime

编辑网页可以选择很多工具软件，如记事本、EditPlus、Dreamweaver、PHPStorm、HBuilder、Sublime 等，本书的编辑环境采用 Sublime。使用较多的 Sublime 版本是 Text 2 和 Text 3，本书使用的是 Text 3 英文版，打开 Sublime Text 3 安装程序，按照默认方式安装即可。成功安装后打开 Sublime，会看到 Sublime 的使用界面，包括常用的命令菜单和编辑区域，如图 1-22 所示。

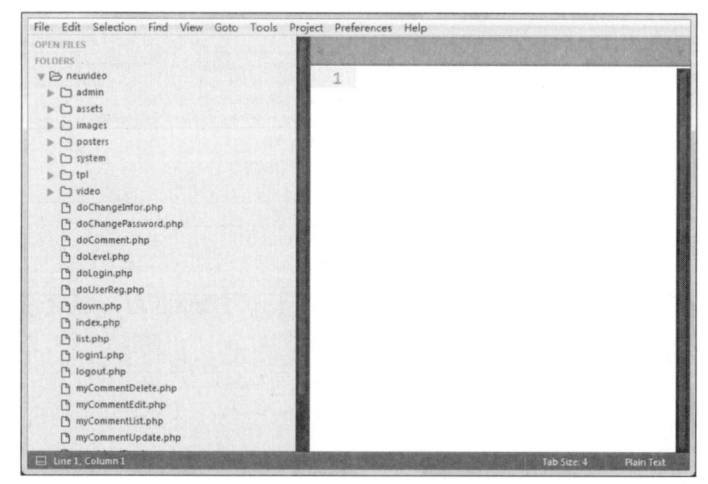

图 1-22　Sublime 使用界面

1.7.1 Sublime 的常用操作

1. 快速使用 Sublime 打开已有文档

安装好 Sublime 后，右键单击想要打开的各种文件格式（html、js、xml、txt 等）都可以快速打开文件，如图 1-23 所示。

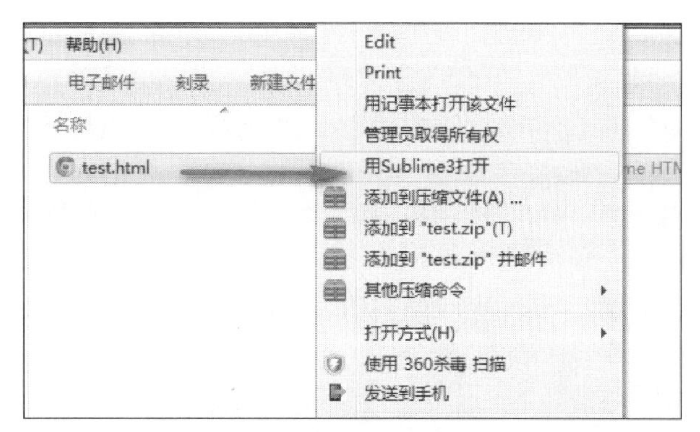

图 1-23　使用 Sublime 打开文档

2. 创建新文件并选择文件类型

单击“文件”→“新建文件”菜单可以创建一个新文件，默认文件名为 untitled，注意此时文件是没有扩展名的，即没有指定文件类型，在保存此文件之前，需要给出该文件的扩展名，在 Sublime 编辑环境的右下角可以对文件类型进行选择，如图 1-24 所示，默认类型为 Plain Text。选择文件类型后就可以将文件保存到指定路径下了。

3. 打开整个工程

一个网站即为 www 目录下的一个文件夹，比如我们的课程项目要求完成一个视频信息管理系统的网站，可以在 www 目录下创建一个目录作为网站的根目录，目录命名为 neuvideo，后面编写的所有页面都将存放于该目录下。建议在编辑网页的过程中打开 neuvideo 目录，这样就可见该目录下所有子目录及文件列表，编辑和维护都比较方便。单击“文件”→“打开文件夹”→“选择自己的工程”菜单，可以打开整个工程，这样就可以在整个工程里查看所有文件了，如图 1-25 所示。

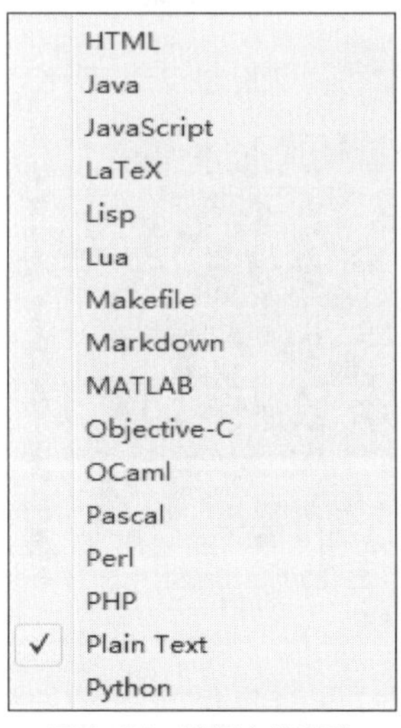

图 1-24　选择文件类型

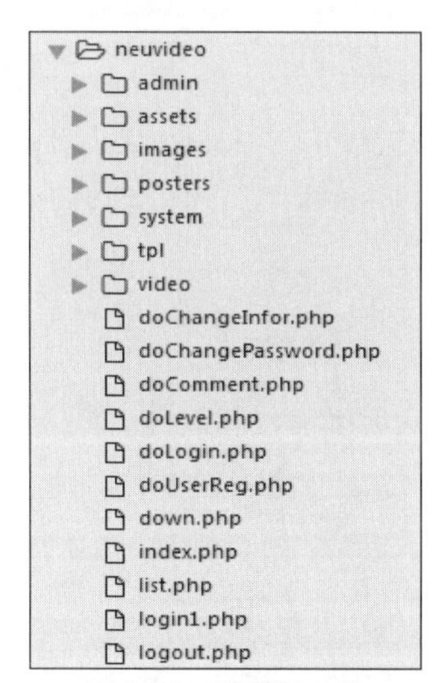

图 1-25　打开整个工程

4. 快速注释

选择需要注释的代码，多行或单行都可以，然后使用<Ctrl+/>组合键，或者使用<Ctrl+Shft+/>组合键即可快速注释。再次按一下组合键即可取消注释。

5. 快速查找

按住<Ctrl+F>组合键，即可进行快速搜索，在搜索框下面输入要找的变量名称或方法名等，定位很迅速，如图 1-26 所示。

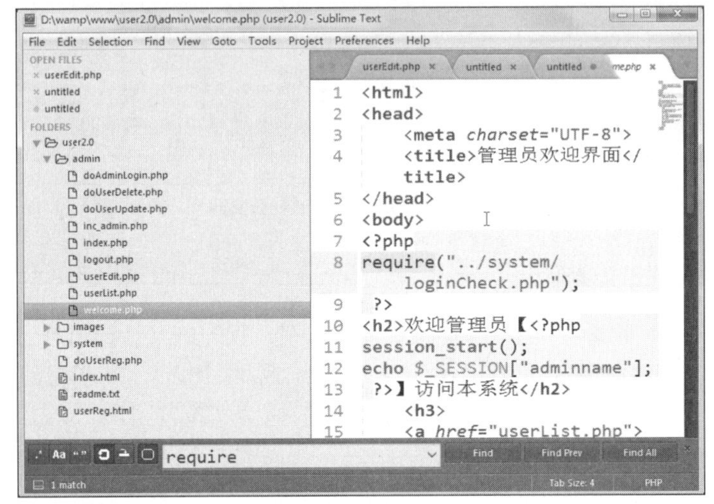

图 1-26　快速查找

6. 快速打开文件

使用<Ctrl+P>组合键可以快速打开文件，输入文件名称即可切换文件，我们一次打开的窗口可能比较多，<Ctrl+P>组合键可以快速地切换到相应的文件，如图 1-27 所示。

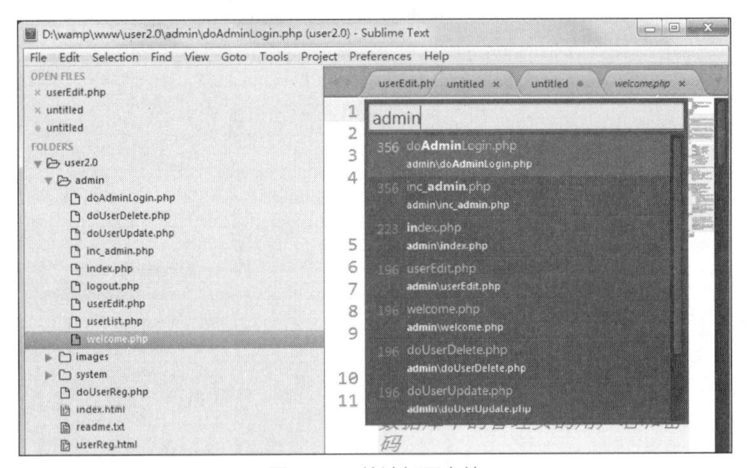

图 1-27　快速打开文件

1.7.2　在 Sublime 中安装 Emmet

Emmet 可以快速地编写 HTML、CSS，以及实现其他的功能。在前端开发的过程中，一个最烦琐的工作就是写 HTML、CSS 代码，比如数量繁多的标签、属性、尖括号、标签闭合等。Emmet 提供了一套非常简单的语法规则，书写起来非常快，只需要敲一个快捷键就立刻生成对应的 HTML 或 CSS 代码，极大提高了代码书写效率。Emmet 的前身是 Zen coding，它是一个编辑器插件，需要基于指定的编辑器使用，官方网站提供多编辑器支持，本书使用 Sublime Text 3，下面就以 Sublime Text 3 插件为例，讲解 Emmet 的安装及基础语法。

1. 安装 Package Control 组件

目前，Emmet 已经可以通过 Package Control 安装了。如果你的 Sublime Text 3 还没有安装 Package Control 组件，请参照以下方法安装，如果已安装请自行跳过本步骤。

使用<Ctrl+`>组合键打开控制台或通过"View"→"Show Console"菜单打开命令行，粘贴以下代码到底部命令行并按<Enter>键。

```
import urllib.request,os; pf = 'Package Control.sublime-package'; ipp = sublime.installed_
packages_path();
urllib.request.install_opener(urllib.request.build_opener(urllib.request.Proxy Handler())); open
(os.path.join(ipp,pf),'wb').write(urllib.request.urlopen('http://sublime.wbond. net/'+ pf.replace
(' ', '%20')).read())
```

重启 Sublime Text 3，如果在"Perferences"→"Package Settings"中看到 Package Control，则表示安装成功。

2. 使用 Package Control 安装 Emmet 插件

在"Package Control"中选择"Install package"或按<Ctrl+Shift+P>组合键，打开命令板，输入"pci"，然后选择"Install Package"，输入 Emmet 的搜索，找到 Emmet Css Snippets，单击即可自动完成安装。

3. 快速体验 Emmet

举个例子，如果编写下面这个 HTML 结构，你需要多长时间?

```
<div id="page">
    <div class="logo"></div>
    <ul id="navigation">
        <li><a href=""></a></li>
        <li><a href=""></a></li>
        <li><a href=""></a></li>
        <li><a href=""></a></li>
        <li><a href=""></a></li>
    </ul>
</div>
```

其实，这一切你只需要编写下面这条按照 Emmet 语法写出来的语句，然后用 Emmet 编译一下（按下<TAB>键），就可以生成了！

```
#page>div.logo+ul#navigation>li*5>a
```

把上述代码复制到 Sublime Text 3 中已经打开的 HTML 文件中，这时候紧跟着敲击一下<TAB>键，仅仅写一行代码，就可以生成这个复杂的 HTML 结构，而且还可以生成对应的 class、id 和有序号的内容。

又如，快速编写 HTML 代码，HTML 文档需要包含一些固定的标签，如 doctype、html、head、

body 及 meta 等，现在你只需要 1 s 就可以输入这些标签。比如输入“!”或“html:5”，然后按<TAB>键，就可以得到如下代码。

```
<!doctype html>
<html lang="en">
<head>
    <meta charset="UTF-8">
    < title>Document</title>
</head>
<body>

</body>
</html>
```

这就是一个 HTML5 的标准结构，也是默认的 HTML 结构。

4. Emmet 的基础语法

（1）生成带有 id、class 的 HTML 标签

Emmet 默认的标签为 div，如果不给出标签名称，则默认生成 div 标签。如果要生成 id 为 page 的 div 标签，则只需要编写以下指令。

```
div#page->tab 键
```

或者使用默认标签的方式：

```
#page
```

如果编写一个 class 为 content 的 p 标签，只需要编写以下指令。

```
p.content->tab 键
```

同时指定标签的 id 和 class，如生成 id 为 navigation、class 为 nav 的 ul 标签，代码如下。

```
ul#navigation.nav
```

指定多个 class，如上面还需要给 ul 指定一个 class 为 dropdown。

```
ul#navigation.nav.dropdown->tab 键
```

生成的 HTML 结构如下。

```
<ul id="navigation" class="nav dropdown">

</ul>
```

（2）兄弟标签：+

生成标签的兄弟标签，即平级元素，使用指令“+”，如下。

```
div+ul+bq->tab 键
```

生成的 HTML 结构如下。

```
<div></div>
<ul></ul>
<blockquote></blockquote>
```

（3）后代：>

“>”表示后面要生成的内容是当前标签的后代。例如，要生成一个无序列表，而且被 class 为 nav 的 div 包裹，那么可以使用以下指令。

```
div.nav>ul>li->tab 键
```

生成的 HTML 结构如下。

```
<div class="nav">
    <ul>
        <li></li>
    </ul>
</div>
```

（4）上级元素：^

上级（Climb-up）元素是什么意思呢？前面介绍了生成下级元素的符号“>”，在使用 div>ul>li 指令之后，再继续写下去，那么后续内容都是在 li 下级的。如果想编写一个与 ul 平级的 span 标签，那么需要先用“^”提升层次，如下。

```
div.nav>ul>li^span
```

生成的结构如下。

```
<div  class="nav">
    <ul>
        <li></li>
    </ul>
    <span></span>
</div>
```

如果想相对于 div 生成一个平级元素，那么再上升一个层次，多用一个“^”符号。

```
div.nav>ul>li^^span
```

结果如下。

```
<div  class="nav">
    <ul>
        <li></li>
    </ul>
</div>
```

```
<span></span>
```

（5）重复多份：*

针对一个无序列表，ul 下面的 li 必然不只是一份，通常要生成很多个 li 标签。那么可以直接在 li 后面的“*”之后加一些数字。

```
ul>li*5->tab 键
```

这样就直接生成 5 个项目的无序列表了。如果想要生成多份其他结构，方法类似。

又如，要生成一个 1 行 3 列的表格，可以使用如下指令。

```
table>tr>td*3->tab 键
```

生成的 HTML 结构如下。

```
<table>
    <tr>
        <td></td>
        <td></td>
        <td></td>
    </tr>
</table>
```

（6）编号：$

例如，无序列表，想为 5 个 li 增加一个 class 属性值 item1，然后依次递增从 1 到 5，那么需要使用“$”符号。

```
ul>li.item$*5->tab 键
```

结构如下。

```
<ul>
 <li class="item1"></li>
 <li class="item2"></li>
 <li class="item3"></li>
 <li class="item4"></li>
 <li class="item5"></li>
</ul>
```

“$”表示一位数字，如果只出现一个，就从 1 开始；如果出现多个，就从 0 开始。

如果要想生成 3 位数的序号，那么要写 3 个“$”。

```
ul>li.item$$$*5->tab 键
```

输出如下。

```
<ul>
    <li class="item001"></li>
    <li class="item002"></li>
```

```
        <li class="item003"></li>
        <li class="item004"></li>
        <li class="item005"></li>
    </ul>
```

1.7.3 设置文档的自动提示与补全

单击菜单栏的首选项菜单“Preferences”，选择“Setting-User”项，然后在大括号内输入以下内容，设置完成后保存，再重启 Sublime。

```
{
    "auto_complete": true,
    "auto_match_enabled": true,
    "color_scheme": "Packages/Color Scheme - Default/Monokai.tmTheme",
    "font_size": 21,
    "ignored_packages":
    [
        "Vintage"
    ]
}
```

例如，在 PHP 文件中输入 php+Tab 键，会自动补全 PHP 标签，如图 1-28 所示。在 PHP 标签中输入 if，就可以自动加载 if(){}；在 PHP 标签中输入 foreach，就可以自动加载 for 循环的结构 foreach(){}，如图 1-29 所示，可见，这种方式可以加快程序的开发速度。

```
1  <?php
2
3   ?>
4
```

图 1-28　补全 php 标签

```
1  <?php
2  if (condition) {
3      # code...
4  }
5  foreach ($variable as $key => $value) {
6      # code...
7  }
8   ?>
```

图 1-29　补全流程结构

1.8 本章习题

1. 参照 1.6 节的内容独立安装和配置 XAMPP，并运行 PHP 文件。
2. 总结访问本机 PHP 文件的多种方法并测试。

第 2 章 PHP基本语法

02

内容导学

本章主要介绍 PHP 的基础知识，这部分内容是 PHP 的核心内容，为动态网页制作和应用程序开发打下坚实的基础。PHP 的最大优点是对于初学者来说非常简单，他们可以很快入门，只需要几小时就可以写出简单的小功能。本章将针对 PHP 如何嵌入 HTML 代码、PHP 中的输出方法、PHP 中的注释、PHP 中的变量和常量、PHP 中的运算符和表达式等基础语法内容进行详细的介绍。

学习目标

① 掌握变量和常量的定义和操作。
② 掌握 PHP 表达式的操作和运算符优先级。
③ 掌握 PHP 中的输出方法。
④ 掌握各种数据类型之间的转换原则。

2.1 将 PHP 嵌入 HTML 代码

在 HTML 代码中可以通过一些特殊的标识符号将各式各样的语言嵌入进来。例如，CSS 和 JavaScript 都可以嵌入 HTML 中，配合 HTML 一起实现一些 HTML 无法实现的功能，或者可以说是对 HTML 语言的扩展。PHP 程序虽然也是通过特殊的标识符号嵌入 HTML 代码中的，但和 CSS、JavaScript 不同的是，在 HTML 中嵌入的 PHP 代码需要在服务器中先运行完成，如果执行后有输出，则输出的结果字符串会嵌入原来的 PHP 代码中，再和 HTML 代码一起返回给客户端浏览器去解析。

作为嵌入式脚本语言，需要将 PHP 代码和 HTML 的内容区分开来，这里会用到 PHP 分隔符，也叫作 PHP 标记，PHP 脚本以“<?php”开头，以“?>”结尾，使用这样的一对标记将 PHP 代码包含在其中，也可以说，只要是 PHP 代码就应该写在“<?php”和“?>”之间。

PHP 文件的默认扩展名是“php”。PHP 文件通常包含 HTML 标签及一些 PHP 脚本代码。

ex2-1.php 是一个简单的 PHP 文件，其中包含了使用内建 PHP 函数“echo”在网页上输出文本“Hello World!”的一段 PHP 脚本。

ex2-1.php

```
<html>
<head>
<meta charset="UTF-8">
<title>第一个 PHP 程序</title>
</head>
<body>
<h2>我的第一个 PHP 页面</h2>
```

```
<?php
echo "Hello World!";
?>
</body>
</html>
```

程序的执行结果如图 2-1 所示。查看该网页源代码，发现在浏览器中已经没有 PHP 标记了，这是经 PHP 服务器解析之后的 HTML 结果，如图 2-2 所示。

图 2-1　ex2-1.php 执行结果

图 2-2　查看源代码结果

说明　**（1）PHP 标记“<?php”和“?>”内部的代码会被 PHP 服务器解析并执行，对标记之外的内容将不做解释。**

（2）PHP 语句以分号（;）结尾。PHP 代码块的关闭标签也会自动标明分号（因此，在 PHP 代码块的最后一行不必使用分号）。

2.2 PHP 程序中的注释

与其他编程语言一样，PHP 程序中的注释也是在程序文件中对一个代码块或一条程序语句做出文字说明，PHP 代码中的注释不会被作为程序来读取和执行，它唯一的作用是供代码编辑者阅读。

PHP 支持 3 种注释，实例如下。

```
<html>
<body>
<?php
// 这是单行注释

# 这也是单行注释

/*
这是多行注释块
它横跨了多行
*/
echo "Hello World!";
?>
</body>
</html>
```

在开发实践中，有时为了调试一个程序，或者保留目前不需要执行的某些代码，经常会将一条语句或整个代码块注释掉。如 ex2-2.php 所示，如果在程序中给一些代码添加注释，计算机就不会执行这些代码。

ex2-2.php

```
<?php
echo "test string1"."<br>";
//echo "test string2"."<br>";
//echo "test string3"."<br>";
echo "test string4"."<br>";
?>
```

ex2-2.php 中使用“//”注释了两行 PHP 语句，因此，只输出了“test string1”和“test string4”，而字符串“test string2”和“test string3”都未输出，程序的执行结果如图 2-3 所示。

图 2-3　ex2-2.php 执行结果

2.3 PHP 中的输出方法

在 PHP 中，可以使用 echo、print 输出信息，它们的区别如下。

（1）echo 能够输出一个以上的字符串，用逗号隔开即可；print 只能输出一个字符串。

（2）echo 输出信息的速度比 print 稍快，因为它不返回任何值。

1. echo

echo 是一个语言结构，有无括号（echo 或 echo()）均可使用。下面的代码使用 echo 命令来显示不同的字符串。

```
<?php
echo "<h2>PHP is fun!</h2>";
echo "Hello world!<br>";
echo "I'm about to learn PHP!<br>";
echo "This", " string", " was", " made", " with multiple parameters.";
?>
```

注意

字符串中可以包含 HTML 标记。

2. print

print 也是语言结构，有无括号（print 或 print()）均可使用。

下面的代码使用 print 命令来显示不同的字符串，有的字符串中包含了 HTML 标记。

```
<?php
```

```
print "<h2>PHP is fun!</h2>";
print "Hello world!<br>";
print "I'm about to learn PHP!";
?>
```

3. var_dump()函数

var_dump()函数不仅输出变量的数值，还输出变量的数据类型和长度，可以显示关于一个或多个表达式的结构信息，包括表达式的类型与值。该函数可用于输出任何类型的变量，当用于数组时，数组将递归展开值，通过缩进显示其结构。ex2-3.php 中使用 var_dump()函数输出了多个变量的相关信息。

ex2-3.php

```
<?php
  $boolVar = TRUE;
  $strVar = "apple";
  $intVar = 1;
$cars=array("Volvo","BMW","SAAB");
  var_dump($boolVar);
  var_dump($strVar);
  var_dump($intVar);
  var_dump($cars);
?>
```

ex2-3.php 中定义了 4 种变量，分别是布尔型、字符串、整型及数组。关于变量及其类型将在 2.4 节详细讨论。ex2-3.php 运行的结果如图 2-4 所示。

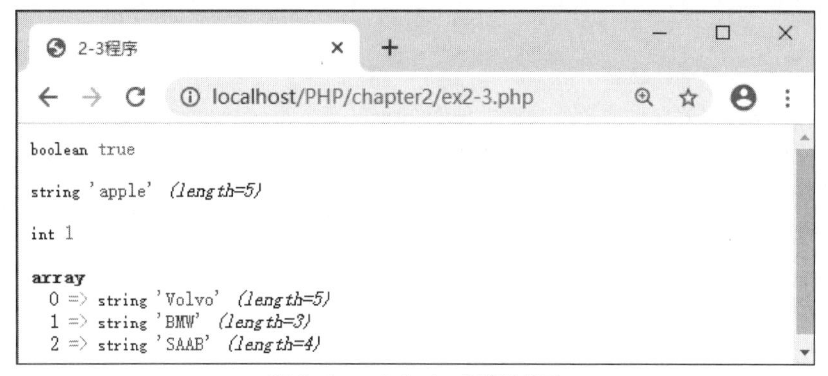

图 2-4　ex2-3.php 运行的结果

2.4 变量

变量是任何程序设计语言中一个基本而重要的概念。在程序中可以改变的数据量叫作变量，变量必须有一个名字，用来代表和存放变量的值。

2.4.1 变量的命名

在 PHP 中，变量不需要声明就可以直接使用。变量以美元符号“$”开始，后面加变量名来表示一个变量，如$var 就是一个变量。在 PHP 中，变量名是区分大小写的，因此，$var 和$Var 表示两个不同的变量。

变量名要以英文字母或下划线开头，后面可以加任意数量的英文字母、数字、下划线或其组合，如$abc、$_ab_c、$a1_b2 都是合法的变量名，$3xy 就是非法的变量名，因为它以数字开头。下面依次定义了 4 个变量：$name、$Name、$i 和$I。

```
<?php
$name = "apple";
$Name = "banana";
$i = 1;
$I = 10;
?>
```

注意

（1）在 PHP 中，变量名可以是关键字，但是这样容易混淆，最好不要以关键字作为变量名。
（2）习惯上，变量的命名采用第一个单词小写，后面的每个单词首字母大写的风格。如$userName、$myVar。

2.4.2 变量的数据类型

PHP 是一种弱类型语言，也就是说，变量的数据类型一般无须开发人员指定，PHP 会在程序执行的过程中根据变量存储的数据来决定变量的数据类型，可以使用函数 var_dump()查看某个变量的类型和值。

PHP 支持以下 3 类原始类型。

（1）4 种标量类型：布尔型（Boolean）、整型（Int）、浮点型（Float、Double）、字符串（String）。
（2）2 种复合类型：数组（Array）、对象（Object）。
（3）2 种特殊类型：资源（Resource）、NULL。

下面对各种数据类型进行简单介绍。

1. 布尔型（Boolean）

在 PHP 中，布尔型是最简单的数据类型，它只有两个取值：TRUE（或 1）和 FALSE（或 0），这两个值都不区分大小写。TRUE 表示“真”，FALSE 表示“假”，在 PHP 进行关系运算或逻辑运算时，会返回一个布尔值。不同类型的变量作为布尔值时取值如下。

（1）整型值：0 为 FALSE，其他值为 TRUE。
（2）浮点值：0.0 为 FALSE，其他值为 TRUE。
（3）字符串：空字符串和“0”为 FALSE，其他值为 TRUE。
（4）数组：无成员变量的数组为 FALSE，其他为 TRUE。
（5）特殊类型：NULL 为 FALSE，包括尚未设定的变量。

2. 整型（Integer）

在 PHP 中，整数包括十进制、八进制和十六进制。八进制数需要在数字前面加上“0”，十六进制数需要在数字前面加上“0x”，如下。

```
<?php
  $intVar = 123;   //指定一个十进制整数
  $intVar = -123;   //指定一个负数
  $intVar = 0123;   //指定一个八进制数
  $intVar = 0x1A;   //指定一个十六进制数
  ?>
```

在 PHP 中，整数的字长与平台有关。在 32 位操作系统中，整型的取值范围为-2147483648~2147483647。如果给一个变量赋值超过这个范围，则会被解释为 Float。

3. 浮点型（Float 或 Double）

在 PHP 中，浮点数的表示形式有两种：十进制形式和指数形式。浮点数由数字和小数点组成，如 0.1234、1.234 等。下面是指定浮点型变量的示例代码。

```
<?php
  $floatVar = 1.234;            //指定变量$floatVar 的值为 1.234
  $floatVar = 1.2e3;            //以指数形式表示的浮点数
?>
```

4. 字符串（String）

在 PHP 中，一串字符组成一个字符串，如 abc 就是一个字符串。字符串可以由任意多个字符组成。在 PHP 中，字符串常使用双引号（“”）或单引号（‘’）来定义。

（1）双引号字符串

下面使用双引号指定了一个字符串“PHP World”。

```
<?php
  $str="PHP World";
?>
```

在双引号字符串中，如果字符串中含有变量，那么这个变量将会被解析（变量会被其实际的变量值替换），如下面的代码所示。

```
<?php
  $v="string";
  $s="PHP$v";
?>
```

其中，由双引号指定的字符串“PHP$v”中含有变量$v，因此，变量$s 的最终结果是 PHPstring。如果希望输出的是$v 本身而不是其变量的值，就需要对特殊符号“$”进行转义。在“$”前加上反斜线“\”就可以输出符号“$”本身，如下面的代码所示。

```
<?php
   $v="string";
   $s="PHP\$v";
?>
```

此时，变量$s 最终结果将会是：PHP$v。在 PHP 中使用反斜线（\）指定特殊的字符，即为字符转义。表 2-1 列举了 PHP 主要的转义字符。

表 2-1　　双引号字符串中常用的转义字符

转义字符	含义
\n	换行符，生成新的一行
\r	回车符
\t	水平制表符
\\	反斜线
\$	美元符号
\"	双引号

ex2-4.php 使用了双引号的字符串中常用的转义字符。

ex2-4.php

```
<?php
   echo "I am \ta student!<br/>";
   echo "I'm a student!\n";
   echo "C:\\wamp\\www\\";
?>
```

注意

**在 PHP 中输出的回车符、换行符、制表符等，在浏览器中是不会显示的，只会显示一个空格，查看网页源代码是可以看到的。要想在浏览器显示的结果中换行，需要输出“
”。ex2-4.php 的运行结果如图 2-5 所示。**

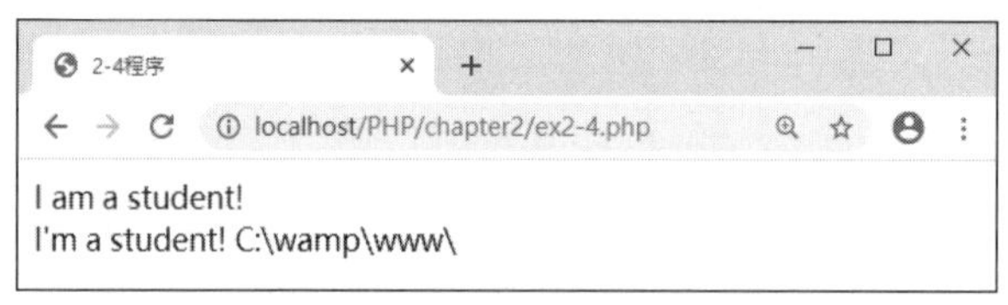

图 2-5　ex2-4.php 的运行结果

（2）定界符

当用双引号指定字符串时，其中的变量会被解析。但是，如果是数组变量、对象属性等复杂的语法结构，在解析时容易产生错误，用花括号将变量名括起来就可以防止错误发生。下面程序给出了示例。

```
<?php
 //定义了一个变量名为$f 的变量
 $f="apple";
```

```
    //可以解析$f 变量，因为（'）在变量名中是无效的
    echo "$f's taste is great!";
    //解析$f 变量失败，因为（s）在变量名中是有效的，没有$fs 这个变量
    echo "Tom ate some $fs";
    //使用{}括起来，就可以将$f 变量分离出来并成功解析
    echo "Tom ate some ${f}s";
    //可以解析变量，{}的另一种用法
    echo "Tom ate some {$f}s";
?>
```

（3）单引号字符串

在 PHP 中，也可以使用单引号指定字符串。与双引号不同的是，单引号指定的字符串，不会对其中的变量使用变量的值进行替换，也不会对除“\”和“'”之外的字符进行转义。ex2-5.php 使用了单引号的字符串中的转义字符。

ex2-5.php

```
<?php
  $v='string';
  $s1='PHP$v';
  $s2='PHP\$v';
  echo $s1."<br>";
  echo $s2."<br>";
  echo 'I am a student!\n';
  echo 'I\'m a student!\n';
  echo 'C:\\wamp\\www\\';
?>
```

在单引号字符串中，如果想要出现单引号（'），则需要使用反斜线（\）进行转义；如果想要出现反斜线，则需要使用两个反斜线。其他字符不进行转义处理，其运行结果如图 2-6 所示。

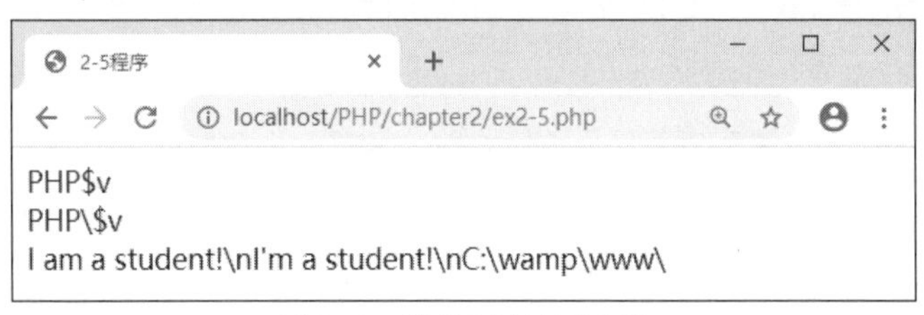

图 2-6　单引号中的转义字符

5. 数组（Array）

前面讲述的都是标量变量，标量变量的含义是一个被命名空间，这个空间只存储一个数值，而数组是一个被命名的存放一组数值的空间。这里的数值可以是整数、浮点数、字符串，甚至可以是数组、对象等。在 PHP 中，数组既可以存放同类型的数据，又可以存放不同类型的数据。数组的索引可以是数值，也可以是字符串。ex2-6.php 定义了两个数组$hobby 和$user，并用 var_dump()函数输出了这些数组元素的信息，运行结果如图 2-7 所示。

ex2-6.php

```
<?php
  $hobby = array("登山","健身","游泳");
  var_dump($hobby);
  $user = array("name" => "Tom", "age" => 20);
  var_dump($user);
?>
```

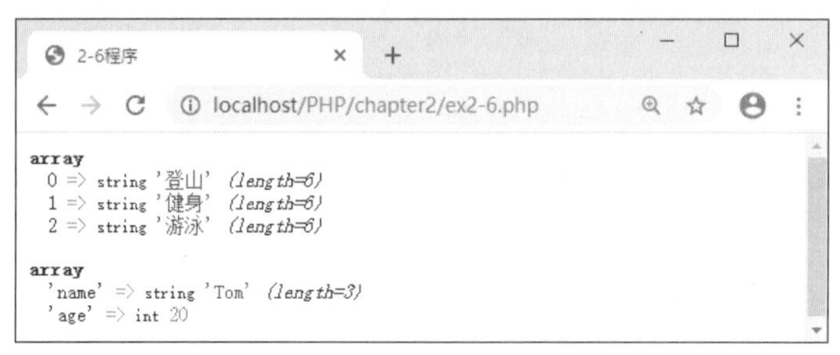

图 2-7　ex2-6.php 运行结果

在 PHP 中使用 array()函数建立一个数组。上面代码中定义了名为$hobby 的数组，它包含 3 个值：登山、健身、游泳。数组中的值叫作“元素”，每个元素和一个“索引”（或者称为“键”或“下标”）相关联，可以通过索引来访问数组元素。例如，要输出$hobby 的“登山”元素，可以使用输出变量$hobby[0]的值来实现。

PHP 的数组索引一般从 0 开始计数，要访问$hobby 的“游泳”元素，就可以使用$hobby[2]。PHP 数组除了支持数字索引外，还支持字符串索引，即关联数组，这种数组通过字符串索引和元素关联，如$user 数组就是一个关联数组。其中，“name” => “Tom” 是$user 数组的一个元素，“name” 称为关联数组$user 第一个元素的下标，“Tom” 称为关联数组$user 第一个元素的值，“=>” 称为数组值指定符。

注意　**（1）如果查看数组中所有元素的索引和值，可以使用 print_r()或 var_dump()函数。**
（2）如果查看数组中某个索引对应的值，可以使用“数组名[索引名]”。

关于数组更详细的介绍，请参阅本书第 3.4 节。

6. 对象（Object）

对象是类类型的变量，类似于 C++或 Java 语言中的类。类由一组属性和一组方法构成。举例如下。

```
<?php
  class Student{
      var $name;
      var $age;
      function printStudent(){
          echo '姓名: '.$this->name.', 年龄: '.$this->age;
      }
```

```
    }
    $s = new Student;
    $s->name = '小明';
    $s->age = 19;
    $s->printStudent();
?>
```

上面的程序中定义了一个名为 Student 的类，声明了一个 Student 类的对象$s。继而可以访问$s 的两个成员属性 name 和 age，以及$s 的成员方法 printStudent()。

7. 资源（Resource）

资源是一种特殊类型的变量，保存了到外部资源的一个引用。资源常用来保存打开文库、数据库连接、图形画布等的句柄。举例如下。

```
<?php
    $link = mysql_connect("localhost","root","1");
    var_dump($link);
?>
```

在上面的代码中，如果连接成功，则会输出“resource(3, mysql link)”；如果连接失败，则会输出“boolean false”。

8. NULL 类型

在以下情形中，一个变量被认为是 NULL。

（1）通过变量赋值明确指定为变量的值为 NULL。

（2）使用的变量未被赋值。

（3）被 unset()函数销毁的变量。

2.4.3 变量类型的转换

1. 自动类型转换

PHP 定义变量时，不需要明确指定变量的类型。也就是说，如果把一个整数指定给变量$a，那么$a 就是一个整型变量。如果把一个字符串指定给变量$a，则$a 就是一个字符串变量。在 PHP 中，自动类型转换通常发生在不同数据类型变量进行混合运算时，如果参与运算的变量类型不同，则先转换成同一类型，然后进行计算。通常只有 4 种标量类型（整型、浮点型、字符串型和布尔型）使用自动转换。注意，这并没有改变这些运算数本身的类型，改变的仅是这些运算数如何被求值。自动类型转换虽然是由系统自动完成的，但在混合运算时，要按照数据长度增加的方向进行自动转换，以保证不降低精度。

（1）当有布尔型值参与运算时，TRUE 将转化为整型 1，FALSE 将转化为整型 0 后再参与运算。

（2）当有 NULL 值参与运算时，NULL 值转化为整型 0 再进行运算。

（3）当有整型和浮点型参与运算时，先把整型变量转成浮点型后再进行运算。

（4）当有字符串和数字型数据参与运算时，字符串先转为数字，再参与运算。例如，字符串“123abc”转换为整数 123、字符串“123.4abc”转换为浮点 123.4、字符串“abc”转换为整数。

ex2-7.php 是 PHP 自动类型转换的一个例子。

ex2-7.php

```
<?php
 $v="100abc";
 var_dump($v);
 $v+=2;
 var_dump($v);
 $v+=1.3;
 var_dump($v);
 $v=null+"10page";
 var_dump($v);
 $v=5+"10.05page";
 var_dump($v);
 ?>
```

ex2-7.php 中使用了“+”运算，如果任何一个运算数是浮点数，则所有的运算数都被当成浮点数，结果也是浮点数；否则运算数会被解释为整数，结果也是整数，运行结果如图 2-8 所示。

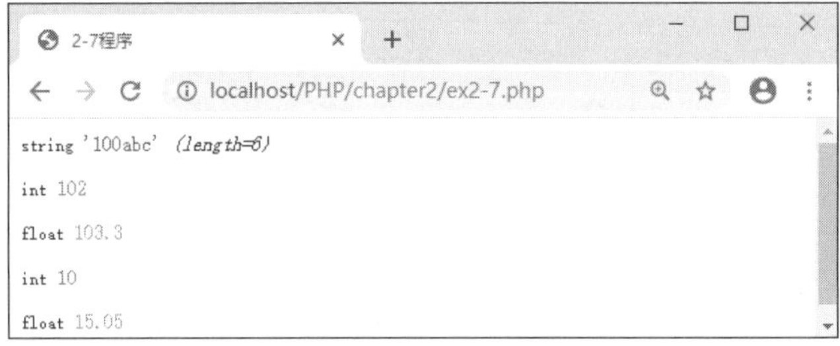

图 2-8　ex2-7.php 运行结果

2. 强制类型转换

PHP 中的强制类型转换和其他编程语言类似，通常有 3 种方法可以实现。

第 1 种是在需要转换的变量之前加上用括号括起来的目标类型，如下。

```
<?php
 $v=10;                    //$v 是一个整型
 $b=(boolean)$v;           //$v 是一个布尔型
?>
```

在括号中允许的强制类型转换如下。

（1）(int)、(integer)：转换成整型。

（2）(bool)、(boolean)：转换成布尔型。

（3）(float)、(double)、(real)：转换成浮点型。

（4）(string)：转换成字符串。

（5）(array)：转换成数组。

（6）(object)：转换成对象。

第 2 种是使用转换函数 intval()、floatval()和 strval()等。函数 intval()用于获取变量的整型值，函数

floatval()用于获取变量的浮点值、函数 strval()用于获取变量的字符串值，如下。

```
<?php
$str="100.45abc";            //声明一个字符串
$i=intval($str);             //获取变量$str 的整型值 100
$f=floatval($str);           //获取变量$str 的浮点值 100.45
$s=strval($f);               //获取变量$f 的字符串值 100.45
?>
```

第 3 种是使用 setType()函数来进行类型转换。以上两种强制类型转换都没有改变这些被转换的原变量本身的类型和值。如果需要将变量本身的类型改变成其他类型，可以使用 setType()函数来设置变量的类型，如下。

```
<?php
$str="100.45abc";            //字符串变量
$bar=true;                   //布尔型变量
settype($str, "integer");    //$str 现在是 100（integer 类型）
settype($bar,"string");      //$bar 现在是“1”（string 类型）
?>
```

2.4.4 PHP 对变量的操作

PHP 通常通过一些预定义的函数来处理变量，简单来讲，函数是指完成某种特定功能的代码块，可以向函数传入参数，函数对参数进行处理，并将处理结果返回给用户。关于函数的详细讲解见第 4 章。

1. 判断变量的类型

在 PHP 中，可以通过如下函数对变量的类型进行判断。

（1）函数 is_integer()判断变量是否为整数。

（2）函数 is_string()判断变量是否为字符串。

（3）函数 is_double()判断变量是否为浮点数。

（4）函数 is_array()判断变量是否为数组。

ex2-8.php 演示了如何使用上述函数，运行结果如图 2-9 所示。

ex2-8.php

```
<?php
$arr=array(1,2,3);
if (is_string($arr))
    echo '$arr 是一个字符串<br>';
else
    echo '$arr 不是一个字符串<br>';
if (is_array($arr))
    echo '$arr 是一个数组<br>';
else
    echo '$arr 不是一个数组<br>';
?>
```

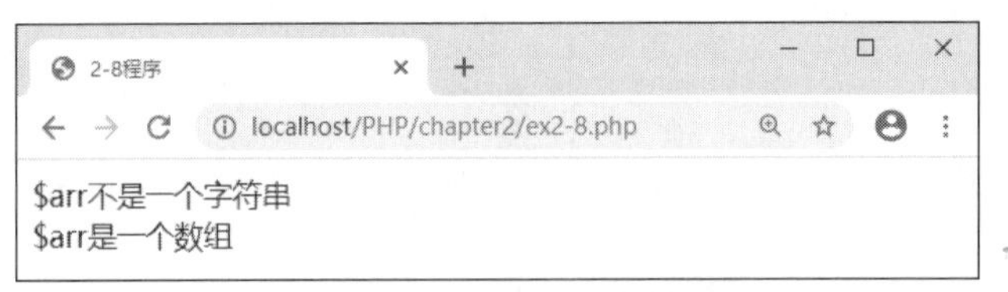

图 2-9　ex2-8.php 运行结果

2. 获取变量的类型

在 PHP 中，可以使用预定义函数 gettype()取得一个变量的类型，它接受一个变量作为参数，返回这个变量的类型。ex2-9.php 演示了如何使用上述函数，运行结果如图 2-10 所示。

ex2-9.php

```
<?php
$s="this is a string";
$i=10;
echo '$s 的数据类型是'.gettype($s).'<br>';
echo '$i 的数据类型是'.gettype($i)."<br>";
?>
```

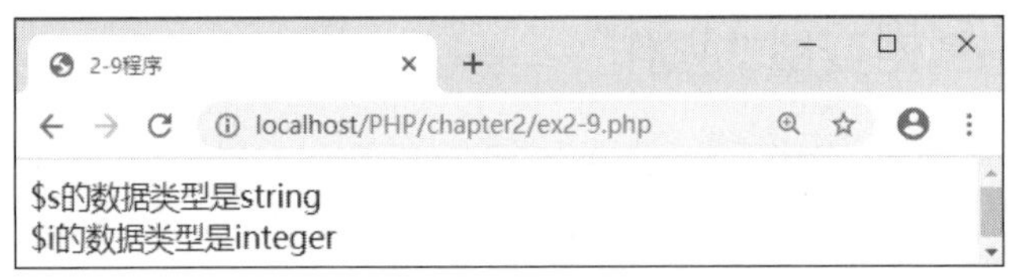

图 2-10　ex2-9.php 运行结果

3. 判断一个变量是否已被定义

在 PHP 中，使用预定义函数 isset()判断一个变量是否已被定义，它接受一个变量作为参数值，返回值如果为 TRUE，说明该变量定义过；否则说明该变量未被定义。

4. 删除一个变量

使用 unset()函数可以删除指定的变量。

ex2-10.php 演示了如何使用上述函数，运行结果如图 2-11 所示。

ex2-10.php

```
<?php
$a=12;                                  //定义了$a 变量
if (isset($a)) {
echo '$a 是一个'.gettype($a).'变量,它的值为'.$a.'<br>';
}
else
echo '没有$a 变量'.'<br>';

unset($a);                              //删除了$a 变量
```

```
if (isset($a)) {
echo '$a 是一个'.gettype($a).'变量,它的值为'.$a.'<br>';
}
else
echo '没有$a 变量'.'<br>';
?>
```

图 2-11　ex2-10.php 运行结果

2.5 常量

与变量相对的概念是常量。在程序执行过程中，其值不能改变的量叫作常量，也就是说，常量不能再被定义成其他的值。常量也可以分为不同的类型，比如 10、0、–2 是整型常量，1.23、–0.45 是浮点型常量。常量的类型从形式上就可以判别。

PHP 中有一些定义好的常量，在程序中可以直接使用。开发人员也可以根据编程的需要自定义新的常量。

2.5.1 常量定义

在 PHP 中，使用 define()函数来定义一个常量。它使用 3 个参数，如下。

（1）首个参数定义常量的名称。

（2）第 2 个参数定义常量的值。

（3）可选的第 3 个参数规定常量名是否对大小写敏感，默认是 false。

合法的常量名只能以字母和下划线开头，后面可以加任意字母、数字和下划线。常量一旦定义就不能再修改或取消定义。按照惯例，常量名采用大写，但不需要加“$”符号。与变量不同，常量贯穿整个脚本，是自动全局的。ex2-11.php 定义了两个常量，并将它们输出。

ex2-11.php

```
<?php
  define("PI", 3.14);
  echo "常量 PI 的值为: ".PI;
  echo "<br>";
  define("DBNAME", "video");
  echo "常量 DBNAME 的值为: ".DBNAME;
   echo "<br>";
?>
```

ex2-11.php 中定义了两个常量：PI 和 DBNAME，通过使用 define()函数可以看出它包含两个参数：常量名和常量的值。上述程序执行的结果如图 2-12 所示。

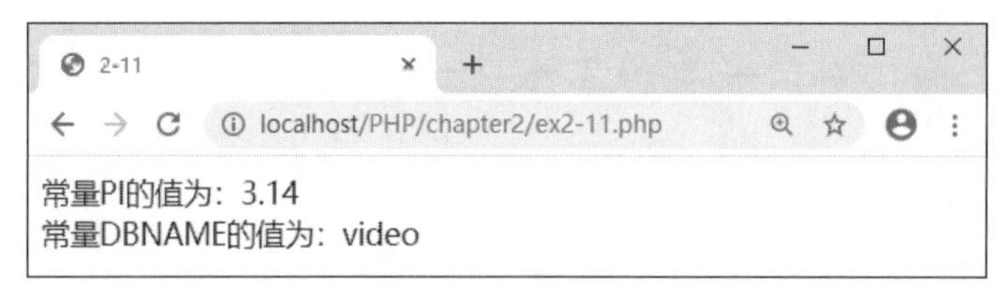

图 2-12　ex2-11.php 运行结果

2.5.2　使用 PHP 预定义常量

PHP 提供了一些常量，可以在程序中直接使用来实现一些特殊的功能。表 2-2 中列举了 PHP 主要的预定义常量及含义说明。

表 2-2　PHP 中预定义常量及其含义说明

常量名	含义
__FILE__	当前的文件名，在哪个文件中使用，就代表哪个文件名（注意：FILE 前后各有两个下划线）
__LINE__	当前的行数，在代码的哪行使用，就代表哪行的行号（注意 LINE 前后各有两个下划线）
PHP_OS	PHP 所运行的操作系统，如 UNIX 或 WINNT 等
PHP_VERSION	当前 PHP 服务器的版本
TRUE	代表布尔值，真
FALSE	代表布尔值，假
E_ERROR	错误，导致 PHP 脚本运行终止
E_WARNING	警告，不会导致 PHP 脚本运行终止
E_NOTICE	非关键的错误，如变量未初始化

ex2-12.php 演示了几个常用的预定义常量的使用方法。

ex2-12.php

```
<?php
echo "当前系统的操作系统是：".PHP_OS."<br>";
echo "当前使用的 php 版本是：".PHP_VERSION."<br>";
echo "当前的行数是：".__LINE__."<br>";
echo "当前的文档的文件名是：".__FILE__."<br>";
?>
```

ex2-12.php 中使用了 4 个 PHP 中已经预定义好的常量，这些常量名全部为大写字母。上述程序执行的结果如图 2-13 所示。

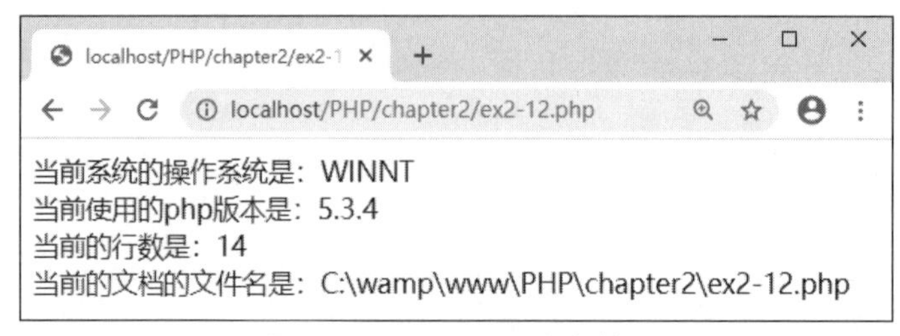

图 2-13　ex2-12.php 运行结果

2.6 PHP 中的运算符和表达式

运算符和变量是对一个或多个操作数（变量或数值）执行某种运算的符号，也称为操作符。PHP 中的运算符按照功能可以分为以下 7 类：算术运算符、字符串运算符、赋值运算符、比较运算符、逻辑运算符、位运算符和其他运算符。

2.6.1 算术运算符

算术运算符是最常用的符号，就是常见的数学操作符。PHP 中的算术运算符包括加、减、乘、除、取余等，见表 2-3。

表 2-3 算术运算符

运算符	含义	举例	结果
+	加法	$a + $b	$a 与 $b 的和
–	减法	$a – $b	$a 与 $b 的差
*	乘法	$a * $b	$a 与 $b 的乘积
/	除法	$a / $b	$a 与 $b 的商
%	取余	$a % $b	$a 除以$b 的余数
++	自增 1	++$a $a++	前置自增：先为$a 的值加 1，然后取$a 的值 后置自增：先取$a 的值，然后将$a 的值加 1
– –	自减 1	– –$a $a– –	前置自减：先为$a 的值减 1，然后取$a 的值 后置自减：先取$a 的值，然后将$a 的值减 1

值得注意的是，除法运算（/）和取余运算（%）的除数部分不能为 0。另外，对于非数值类型的操作数，PHP 在进行算术运算时会自动将非数值类型的操作数先按照自动类型转换规则转换成一个数字。

2.6.2 字符串运算符

在 PHP 中，字符串运算符只有一个，即连接运算符，使用句点（.）表示。它是一个二元运算符，返回其左右参数连接后的字符串。这个运算符不仅可以将两个字符串连接起来，还可以将一个字符串和任何标量值连接起来，合并成的都是一个新字符串，如下。

```
<?php
 $name = '小明';
 $age = 19;
 echo '姓名: '.$name.', 年龄: '.$age.'<br/>';
?>
```

2.6.3 赋值运算符

赋值运算符用于给变量赋值。它也是一个二元运算符，其左边的操作数必须是变量，右边可以是一个表达式。赋值运算符见表 2-4。

表 2-4　　　　　　赋值运算符

运算符	举例	含义	结果
=	$a = 3	给变量赋值	$a 的值为 3
+=	$a += $b	等价于$a=$a+$b	将$a 和$b 的和赋值给$a
–=	$a –= $b	等价于$a=$a–$b	将$a 和$b 的差赋值给$a
*=	$a *= $b	等价于$a=$a*$b	将$a 和$b 的乘积赋值给$a
/=	$a /= $b	等价于$a=$a/$b	将$a 和$b 的商赋值给$a
%=	$a %= $b	等价于$a=$a%$b	将$a 除以$b 的余数赋值给$a
.=	$a .= $b	等价于$a=$a.$b	将$a 和$b 连接后的结果赋值给$a

2.6.4 比较运算符

比较运算符也称关系运算符，用于对运算符两边的操作数进行比较，得到的运算结果是布尔值。比较运算符见表 2–5。

表 2-5　　　　　　比较运算符

运算符	含义	举例	结果
>	大于	$a > $b	如果$a 大于$b，则返回 TRUE
<	小于	$a < $b	如果$a 小于$b，则返回 TRUE
>=	大于或等于	$a >= $b	如果$a 大于或等于$b，则返回 TRUE
<=	小于或等于	$a <= $b	如果$a 小于或等于$b，则返回 TRUE
==	等于	$a == $b	如果$a 等于$b，则返回 TRUE
!=或<>	不等于	$a != $b 或$a <> $b	如果$a 不等于$b，则返回 TRUE
===	全等于	$a === $b	如果$a 等于$b，且类型相同，则返回 TRUE
!==	不全等于	$a !== $b	如果$a 不等于$b，或类型不同，则返回 TRUE

2.6.5 逻辑运算符

逻辑运算符用来判断一件事情“成立”或“不成立”。逻辑运算符的操作数只能是布尔值，处理后的结果还是布尔值。逻辑运算符见表 2–6 所示。

表 2-6　　　　　　逻辑运算符

运算符	含义	举例	结果
and 或&&	逻辑与	$a and $b 或$a && $b	如果$a 和$b 均为 TRUE，则返回 TRUE
or 或||	逻辑或	$a or $b 或$a || $b	如果$a 和$b 有一个为 TRUE，则返回 TRUE
not 或!	逻辑非	not $a 或!$a	如果$a 不为 TRUE，则返回 TRUE
xor	逻辑异或	$a xor $b	如果$a 和$b 仅有一个为 TRUE，则返回 TRUE

2.6.6 位运算符

计算机中的信息都是以二进制的形式保存的。位运算符允许对整型数中的二进制位进行按位的运算。

位运算符见表 2-7。

表 2-7　　位运算符

运算符	含义	举例	结果
&	按位与	$a & $b	如果$a 和$b 对应的二进制位均为 1，则返回 1
|	按位或	$a | $b	如果$a 和$b 对应的二进制位有一个为 1，则返回 1
~	按位非	~$a	将$a 对应的二进制位 1 变为 0，0 变为 1
^	按位异或	$a ^ $b	如果$a 和$b 对应的二进制位不同，则返回 1
<<	左移	$a << $b	将$a 对应的二进制数左移$b 位，右边补 0
>>	右移	$a >> $b	将$a 对应的二进制数右移$b 位，左边补 0

2.6.7 其他运算符

在 PHP 中，除了前面提到的运算符以外，还有一些其他运算符，见表 2-8。

表 2-8　　其他运算符

运算符	含义	举例	结果
?:	条件运算符	$c = $a<$b?$a:$b	如果$a<$b，则$c 值为$a；否则值为$b
``	执行运算符	$a = `ls –al`	将反引号中的内容作为 shell 命令来执行
@	错误控制符	@表达式	忽略该表达式可能产生的任何错误信息
=>	数组值指定符	"name" => "Jack"	指定数组中索引为“name”的元素值为“Jack”
->	对象成员访问符	s->name s->getName()	访问对象 s 的成员变量 name 访问对象 s 的方法 getName()
Instanceof	类型运算符	s instanceof Student	判断 s 是否为 Student 类的对象

2.6.8 表达式

表达式是 PHP 重要的“基石”内容。在 PHP 中，简单定义表达式的方式就是“任何有值的东西”。通常表达式由运算符、常量、变量等组合而成。

下面列出了一些常用的表达式。

（1）最基本的表达式的形式是常量和变量，例如，赋值语句$a=5、$a+=3 等。

（2）复杂一些的表达式就是函数表达式，例如，$a=foo()，这个表达式对外表现的值就是函数的返回值。

（3）使用算术运算符中的自增自减也是表达式，例如，$a++、--$a 等。

（4）关系表达式也很常见，例如，$a>5、$a==5、$a>=5&&$a<=10。

（5）三元运算符（？：）也是常用的表达式之一，例如，$v=($a?$b=5:$c=10)。

在 PHP 中，根据运算符的不同，表达式可以分为算术表达式、赋值表达式、关系表达式、逻辑表达式、条件表达式、逗号表达式、函数表达式等。如果一个表达式中包含多个运算符，则运算符的优先级规定了运算的先后次序。如果表达式中有多个连续的具有相同优先级的运算符，则运算的先后次序由结合性决定。结合性分为“从左到右”和“从右到左”两种。

表 2-9 列出了不同运算符的优先级和结合方向。

表 2-9　　不同运算符的优先级和结合方向

<table>
<tr><th>优先级</th><th>运算符</th><th>名称或含义</th><th>使用形式</th><th>结合方向</th><th>说明</th></tr>
<tr><td rowspan="4">1</td><td>[]</td><td>数组下标</td><td>数组名[整型表达式]</td><td rowspan="4">从左到右</td><td></td></tr>
<tr><td>()</td><td>圆括号</td><td>（表达式）/函数名(形参表)</td><td></td></tr>
<tr><td>.</td><td>成员选择（对象）</td><td>对象.成员名</td><td></td></tr>
<tr><td>-></td><td>成员选择（指针）</td><td>对象指针->成员名</td><td></td></tr>
<tr><td rowspan="6">2</td><td>-</td><td>负号运算符</td><td>-表达式</td><td rowspan="6">从右到左</td><td>单目运算符</td></tr>
<tr><td>（类型）</td><td>强制类型转换</td><td>(数据类型)表达式</td><td></td></tr>
<tr><td>++</td><td>自增运算符</td><td>++变量名/变量名++</td><td>单目运算符</td></tr>
<tr><td>--</td><td>自减运算符</td><td>--变量名/变量名--</td><td>单目运算符</td></tr>
<tr><td>!</td><td>逻辑非运算符</td><td>!表达式</td><td>单目运算符</td></tr>
<tr><td>~</td><td>按位取反运算符</td><td>~表达式</td><td>单目运算符</td></tr>
<tr><td rowspan="3">3</td><td>/</td><td>除</td><td>表达式/表达式</td><td rowspan="3">从左到右</td><td>双目运算符</td></tr>
<tr><td>*</td><td>乘</td><td>表达式*表达式</td><td>双目运算符</td></tr>
<tr><td>%</td><td>余数（取模）</td><td>整型表达式%整型表达式</td><td>双目运算符</td></tr>
<tr><td rowspan="2">4</td><td>+</td><td>加</td><td>表达式+表达式</td><td rowspan="2">从左到右</td><td>双目运算符</td></tr>
<tr><td>-</td><td>减</td><td>表达式-表达式</td><td>双目运算符</td></tr>
<tr><td rowspan="2">5</td><td><<</td><td>左移</td><td>表达式<<表达式</td><td rowspan="2">从左到右</td><td>双目运算符</td></tr>
<tr><td>>></td><td>右移</td><td>表达式>>表达式</td><td>双目运算符</td></tr>
<tr><td rowspan="4">6</td><td>></td><td>大于</td><td>表达式>表达式</td><td rowspan="4">从左到右</td><td>双目运算符</td></tr>
<tr><td>>=</td><td>大于等于</td><td>表达式>=表达式</td><td>双目运算符</td></tr>
<tr><td><</td><td>小于</td><td>表达式<表达式</td><td>双目运算符</td></tr>
<tr><td><=</td><td>小于等于</td><td>表达式<=表达式</td><td>双目运算符</td></tr>
<tr><td rowspan="2">7</td><td>==</td><td>等于</td><td>表达式==表达式</td><td rowspan="2">从左到右</td><td>双目运算符</td></tr>
<tr><td>!=</td><td>不等于</td><td>表达式!=表达式</td><td>双目运算符</td></tr>
<tr><td>8</td><td>&</td><td>按位与</td><td>整型表达式&整型表达式</td><td>从左到右</td><td>双目运算符</td></tr>
<tr><td>9</td><td>^</td><td>按位异或</td><td>整型表达式^整型表达式</td><td>从左到右</td><td>双目运算符</td></tr>
<tr><td>10</td><td>|</td><td>按位或</td><td>整型表达式|整型表达式</td><td>从左到右</td><td>双目运算符</td></tr>
<tr><td>11</td><td>&&</td><td>逻辑与</td><td>表达式&&表达式</td><td>从左到右</td><td>双目运算符</td></tr>
<tr><td>12</td><td>||</td><td>逻辑或</td><td>表达式||表达式</td><td>从左到右</td><td>双目运算符</td></tr>
<tr><td>13</td><td>?:</td><td>条件运算符</td><td>表达式 1: 表达式 2: 表达式 3</td><td>从右到左</td><td>三目运算符</td></tr>
<tr><td rowspan="7">14</td><td>=</td><td>赋值运算符</td><td>变量=表达式</td><td rowspan="7">从右到左</td><td></td></tr>
<tr><td>/=</td><td>除后赋值</td><td>变量/=表达式</td><td></td></tr>
<tr><td>*=</td><td>乘后赋值</td><td>变量*=表达式</td><td></td></tr>
<tr><td>%=</td><td>取模后赋值</td><td>变量%=表达式</td><td></td></tr>
<tr><td>+=</td><td>加后赋值</td><td>变量+=表达式</td><td></td></tr>
<tr><td>-=</td><td>减后赋值</td><td>变量-=表达式</td><td></td></tr>
<tr><td><<=</td><td>左移后赋值</td><td>变量<<=表达式</td><td></td></tr>
</table>

续表

优先级	运算符	名称或含义	使用形式	结合方向	说明
14	>>=	右移后赋值	变量>>=表达式	从右到左	
	&=	按位与后赋值	变量&=表达式		
	^=	按位异或后赋值	变量^=表达式		
	|=	按位或后赋值	变量|=表达式		
15	,	逗号运算符	表达式，表达式……	从左到右	从左向右顺序运算

2.7 本章小结

本章主要介绍了 PHP 的基础语法，包括变量类型、常量、表达式和运算符。其中，变量和表达式是本章的重点知识，读者需要熟练掌握这些内容。

2.8 本章习题

编写如下程序，分析运行结果。

程序 1

```
<?php
$a = 3;
echo "$a",'$a',"\\\$a","${a}","$a"."$a","$a"+"$a";
?>
```

程序 2

```
<?php
$a = 3;
if ($a = 5) {
    $a++;
}
echo $a;
?>
```

程序 3

```
<?php
$x = 2;
echo $x == 2 ? '我' : $x == 1 ? '你' : '它'."<br>";
?>
```

程序 4

```
<?php
```

```
$a = 3;
$b = 5;
if ($a = 3 || $b = 7)  {
    $a++;
    $b++;
}
echo $a."<br>";
echo $b;
?>
```

程序 5

```
<?php
$a=2019;
$b=10%20;
echo ++$a;
echo "<br>";
echo $b;
?>
```

第 3 章 PHP流程控制和数组

内容导学

本章主要介绍 PHP 的流程控制结构和数组。流程控制结构包括顺序结构、分支结构（选择结构或条件结构）和循环结构 3 种。数组是 PHP 中最重要的数据类型之一，使用数组的目的就是将多个相互关联的数据组织在一起形成集合，作为一个整体单元来使用，从而实现批量处理数据。本章将会介绍 PHP 数组变量的声明方式、PHP 遍历数组的方式以及使用预定义数组来实现本章的应用实践的内容。

学习目标

① 掌握 PHP 的流程控制结构。

② 掌握 PHP 数组的定义和遍历。

3.1 PHP 中的分支结构

顺序结构的程序能解决计算和输出等问题，但是做不到先判断再选择。对于这种需要先判断，然后根据判断结果再做选择的问题，需要分支结构来解决，这种结构又称为条件结构或选择结构。分支结构程序设计方法的关键在于构造合适的分支条件和分析程序执行流程，分支结构适用于带有逻辑比较或关系比较等条件判断的计算。程序在执行过程中根据条件的结果来决定执行顺序。分支结构可以有如下几种形式。

（1）单分支结构。

（2）双分支结构。

（3）多分支结构。

3.1.1 单分支结构

if 语句对一个表达式进行计算，根据计算结果来决定是否执行 if 后面的语句。if 语句的格式如下。

```
if(表达式)
    语句块;        //条件成立则执行的语句
```

上述结构的含义是，如果表达式的值为真（TRUE），则会执行语句块，如果表达式的值为假（FALSE），语句块被忽略，不会执行。ex3-1.php 是一个 if 语句的程序。

ex3-1.php

```
<?php
    $a=2;
    $b=3;
    echo '$a='.$a;
```

```
        echo '<br>';
        echo '$b='.$b;
        echo '<br>';
        if ($a<$b)                //比较两个变量的大小逻辑表达式
            echo "$a 小于 $b";
?>
```

上述程序中表达式$a<$b 的值为 1（TRUE），所以程序执行 echo 语句，输出“$a 小于$b”。执行结果如图 3-1 所示。

图 3-1　ex3-1.php 执行结果

if 语句后面也可以跟一个空语句，即只写一个分号（;）的语句，表示当表达式为真（条件成立）时，不执行任何操作，如下面的代码所示。

```
if(表达式)
  ;
```

如果判断条件成立时要执行的语句只有一条，那么 if 语句后可以不加“{}”，如果判断条件成立时有多条语句要执行，那么就要使用复合语句（语句块），语句块是一组用“{}”括起来的多条语句。任何使用单条语句的地方都可以使用语句块。因此，可以像下面这样编写语句。

```
if(表达式){
语句 1;
语句 2;
…
语句 n;


}
```

如果使用 if 语句控制是否执行一条语句，可以使用花括号括起来，也可以不用。但要想使 if 语句能够控制是否执行多条语句，就必须使用花括号将多余语句括起来形成语句块。例如，已知两个数$x 和$y，比较它们的大小，如果$x 小于$y，则调换它们的值，程序如下。

```
<?php
    $x=10;
```

```
        $y=20;
        if ($x<$y){
            $t=$x;
            $x=$y;
            $y=$t;
        }
?>
```

3.1.2 双分支结构

PHP 中的双分支结构语句为 if else 语句。if 语句也可以包含 else 子句，经常会遇到满足某个条件时执行一条语句，而在不满足该条件时执行其他语句的情况。else 子句延伸了 if 语句，可以在 if 语句的表达式值为假（FALSE）时执行语句。else 语句是 if 语句的从句，必须和 if 一起使用，不能单独存在。

if else 的语法格式如下：在下面的格式中，如果“表达式”为真（TRUE），则执行“语句块 1”；否则执行“语句块 2”。“语句块 1”和“语句块 2”都可以是复合语句（代码块），如果是复合语句，需要使用“{}”括起来，语法格式如下。

```
  if(表达式){
} else{        语句块 1;
} else{        语句块 2;
}
```

ex3-2.php 是一个 if else 语句的程序，已知两个数$a 和$b，比较它们的大小，如果$a 的值小于$b 的值，则显示“$a 小于$b”，如果$a 的值大于或等于$b 的值，则显示“$a 不小于$b”，条件判断后代码继续执行。程序执行结果如图 3-2 所示。

ex3-2.php

```
<?php
$a=20;
$b=3;
echo '$a='.$a;
echo '<br>';
echo '$b='.$b;
echo '<br>';
if ($a<$b)                  //比较两个变量的大小逻辑表达式
    echo '$a 小于 $b';
else
    echo '$a 不小于 $b';
echo '<br>';
echo "变量比较完毕";
?>
```

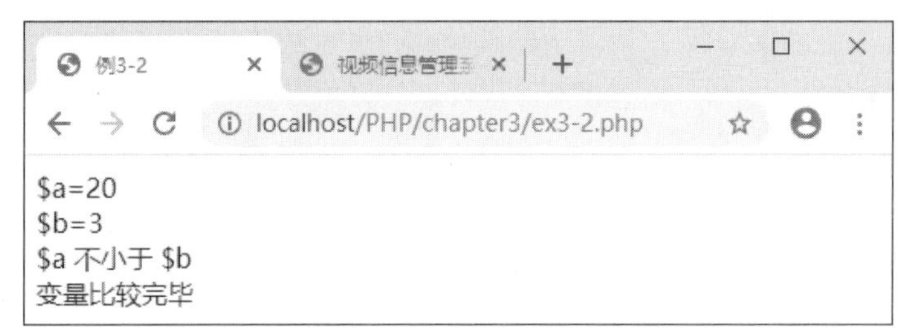

图 3-2　ex3-2.php 执行结果

3.1.3　多分支结构

1. 多分支结构（if…elseif…else）

在 PHP 中，if…elseif…else 语句为多分支结构语句。elseif 可以被分成两个关键的子句“else if”来使用。else if 子句会根据不同的表达式值确定执行哪个语句块。语法格式如下。

```
  if(表达式 1)
        语句块 1;
elseif(表达式 2)
        语句块 2;
…
elseif(表达式 n)
        语句块 n;
else
        语句块 n+1;
```

ex3-3.php 是一个 if…elseif…else 语句的示例程序，已知成绩$grade 的值，判定该成绩的等级。运行结果如图 3-3 所示。

ex3-3.php

```
<?php
  $grade = 78;
  echo "成绩：$grade<br>";
  if($grade < 60){
      echo '成绩等级为：不及格<br/>';
  } elseif ($grade< 70){
      echo '成绩等级为：及格<br/>';
  } elseif ($grade < 80){
      echo '成绩等级为：中等<br/>';
  } elseif ($grade < 90) {
      echo '成绩等级为：良好<br/>';
  } elseif ($grade<=100) {
      echo '成绩等级为：优秀<br/>';
  } else {
      echo '成绩只能在 0~100！ <br/>';
```

```
    }
?>
```

图 3-3　ex3-3.php 执行结果

2. 多分支结构（switch 语句）

switch 语句和 elseif 类似，也是多分支结构，不同的是 elseif 语句使用布尔表达式或布尔值作为分支条件来进行分支控制；而 switch 语句只能针对某个表达式的值来判断，从而决定执行哪一段代码。这种多分支选择结构代码更加简洁、清晰，便于阅读。switch 语句的语法形式如下。

```
switch (表达式) {
    case '值 1':
        语句块 1;      break;
    case '值 2':
        语句块 2;      break;
    ……
    case '值 n':
        语句块 n;      break;
    default:
        语句块 n+1;
}
```

在上面的语法结构中，首先计算表达式的值（该值不能为数组或者对象），然后将获得的值与 case 中的值依次进行比较。如果相等，则执行 case 后对应的代码段；如果表达式的值等于“值 1”，则执行语句块 1；如果表达式的值等于“值 2”，则执行语句块 2……；如果表达式的值与所有值都不相等，则执行 default 中的“语句块 n+1”。

说明　**（1）在 switch 语句中，可以多次出现 case 语句，也可以省略 default。**
（2）当语句块 1、语句块 2 或语句块 3 为多条语句时，不需要加“{}”。
（3）“break”表示跳出 switch 语句。如果没有“break”，则进入下一个 case 语句继续执行。

举例如下。

```
<?php
    switch ($value) {
        case '1': $value = '高中'; break;
        case '2': $value = '大学本科'; break;
        case '3': $value = '研究生';break;
        case '4': $value = '博士生';break;
```

```
            default: $value = '其他';
    }
    ?>
```

ex3-3.php 中根据给定成绩判定成绩等级的程序也可以用 switch 多分支结构来实现，代码如下，执行结果也如图 3-3 所示。

```
<?php
  $grade = 78;
  echo "成绩：$grade<br>";
  switch (floor($grade/10)) {
  case '10':
  case '9':
    echo '成绩等级为：优秀';      break;
  case '8':
    echo '成绩等级为：良好';      break;
  case '7':
    echo '成绩等级为：中等';      break;
  case '6':
    echo '成绩等级为：及格';      break;
  default:
    echo '成绩等级为：不及格';
  }
?>
```

上面用到的 floor()函数用于浮点数取整，并且它是采用“舍去法”取整的。

函数原型如下。

```
float floor ( float value )
```

floor()函数返回小于或等于 value 的下一个整数，将 value 的小数部分舍去取整。floor()函数返回的类型仍然是 float，因为 float 值的范围通常比整型要大。

例如：

```
< ?php
    echo floor(4.3); // 结果 4
    echo floor(9.999); // 结果 9
    ?>
```

在 PHP 中还有 3 个比较常用的取整函数。

（1）“进一法”取整函数 float ceil (float value)

ceil()函数返回大于或等于 value 的下一个整数，如果 value 有小数部分，则进一位。

（2）“四舍五入法”取整函数 float round (float val [, int precision])

round()函数返回 val 根据指定精度 precision（十进制小数点后数字的数目）进行四舍五入的结果。precision 也可以是负数或 0（默认值）。

（3）将变量转换成整型的函数 int intval(mixed var[, int base])

intval()函数的返回值为整型，可将变量转换成整数类型。可省略的参数 base 是转换的基底，默认值为 10。转换的变量 var 可以为数组或类之外的任何类型变量。

3.2 PHP 中的循环结构

循环结构的语句可以实现一段代码的重复执行。例如，计算给定区间内的所有偶数之和就会用到循环语句。PHP 中有以下 3 种循环语句。

（1）while：只要指定条件为真，就循环执行代码块。

（2）do...while：先执行一次代码块，只要指定条件为真，就重复循环。

（3）for：按照指定次数来循环执行代码块。

3.2.1 while 语句

while 语句是根据循环条件来判断是否重复执行一段代码的，while 语句的语法形式如下。

```
while (循环条件) {
  语句块;
}
```

在上述结构中，“{}”中的语句块也称为循环体，当循环条件为真（TRUE）时，执行循环体；当循环条件为假（FALSE）时，结束整个循环。需要注意，若循环条件永远为真，则会出现死循环，因此，在实际开发中，为确保不进入死循环，在循环体内应该有修改循环条件的语句，使循环条件可以变为 FALSE。

说明 **（1）在 while 语句中，语句块可以是一条空语句。**
（2）如果语句块只有一条语句，则可以省略“{”和“}”。

ex3-4.php 给出了 while 循环使用的程序，计算 1+2+3+…+10 的结果。

ex3-4.php

```
<?php
  $n = 1; $sum=0;           //初始化变量
  while ($n<=10) {          //循环条件
  $sum = $sum + $n;
  echo ' $n='.$n;
    $n++;                   //设置循环出口
  }
  echo '<br> $sum='.$sum;
?>
```

上述代码中循环的条件为“$n<=10”，只要符合循环条件，就执行{}中的循环体，输出“$n”的值，并进行累加。循环体中的“$n++”语句用于设置循环出口，不断改变循环条件（循环变量的值），以使其可以在不满足循环条件时结束循环。循环结束后，打印输出求和结果$sum 的值，运行结果如图 3-4 所示。

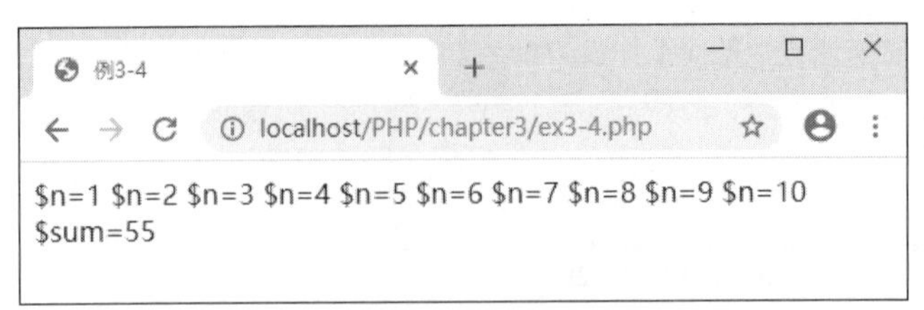

图 3-4　ex3-4.php 运行结果

3.2.2　do...while 语句

do...while 循环语句和 while 循环语句类似，唯一的区别是，while 语句是先判断条件再执行循环体，而 do...while 语句会无条件执行一次循环体后再判断条件。do...while 语句的语法形式如下。

```
do {
    语句块;
} while (条件);
```

说明　**（1）在 do...while 语句中，语句块可以是一条空语句。**

（2）上面的语法结构表示：先执行一次语句块，然后判断循环条件，如果条件为 TRUE，则继续下一次循环。

（3）即使循环条件不满足，do...while 语句至少会执行一次循环体。

（4）为确保不进入死循环，在循环体内应该有修改循环条件的语句，以使循环条件可以变为 FALSE。

ex3-5.php 演示了一个 do...while 循环语句的示例，对比 while 语句和 do...while 语句在使用时的区别。

ex3-5.php

```
<?php
    $n = -2;                //设置初值
   do{
   echo ' $n='.$n;
   $n++;                    //设置循环出口
   }while ($n>=0);          //循环条件
?>
```

运行结果如图 3-5 所示。从图 3-5 中可见，初始值设置为–2，在不符合循环条件的情况下，依然无条件地执行了一次循环体中的语句。所以大家在实际使用时需要慎重选择 do...while 循环语句，以防逻辑错误。

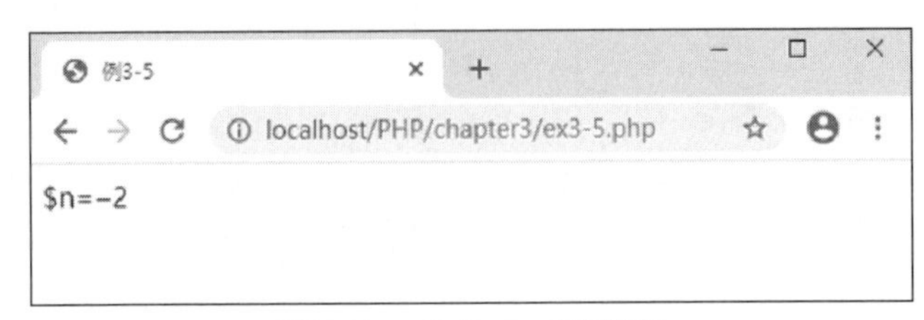

图 3-5　ex3-5.php 运行结果

3.2.3 for 循环语句

for 语句是最常用的循环语句，它适合循环次数已知的情况。for 语句的语法形式如下。

```
for (语句块 1; 语句块 2; 语句块 3) {
  语句块 4;
}
```

for 语句的执行流程为：先执行语句块 1，完成对循环变量的初始化，如果语句块 2 指定的条件为 TRUE，则执行语句块 4，然后执行语句块 3 修改循环变量，直到语句块 2 指定的循环条件为 FALSE 才结束循环。

说明 **（1）在 for 语句中，语句块 4 可以是一条空语句。**
（2）如果语句块 4 只有一条语句，则可以省略“{}”。
（3）在 for 语句中，语句块 1、语句块 2、语句块 3 和语句块 4 都可以为空。
（4）for 语句常用于循环次数确定的情况。

下面是 for 语句的使用示例，计算 1+2+3+…+10 的结果。

```
<?php
$sum=0;
  for ($i=1; $i<=10; $i++) {
      $sum = $sum + $i;
  }
  echo $sum;
?>
```

这个例子也可以写成如下形式。

```
<?php
  $sum=0;
  for ($i=1; $i<=10; $sum = $sum + $i,$i++)
      ;
  echo $sum;
?>
```

还可以写成如下形式。

```
<?php
  $i=1; $sum=0;
  for ( ; ; ){
      $sum = $sum + $i;
      $i++;
      if ($i>10) break;    //break 可以结束循环结构
  }
  echo $sum;
?>
```

for 循环和 while 循环的使用是类似的。下面分别用 while 循环和 for 循环输出 5 个“*”，具体代码如下。

while 循环的实现代码。

```
<?php
$i=0;                   //①
while ($i<5) {          //②
      echo '*';         //③
      $i++;             //④
}
?>
```

for 循环的实现代码。

```
<?php
//for(①；②；④)
for ($i=0; $i <5 ; $i++) {
      echo '*';     //③
}
?>
```

3.2.4 foreach 语句

foreach 语句一般用于完成数组的遍历。遍历数组就是一次访问数组中的所有元素的操作。foreach 语句的语法形式如下。

```
foreach(数组名  as  变量名) {
  语句块;
}
或者
foreach(数组名  as  索引名  =>  变量名) {
  语句块;
}
```

在上述语法结构中，foreach 语句的执行流程为：每次循环将当前数组元素的值赋给指定的变量名，将当前数组元素的索引赋值给指定的索引名（如果指定了索引名），然后将数组指针指向下一个元素，继续循环，直到最后一个元素为止，如 ex3-6.php 所示。

ex3-6.php

```
<?php
  $user = array('username' => '张三',
                'password' => '123',
                'gender' => '男');
  foreach ($user as $key => $value){
      echo $key.'=>'.$value.'    ';
```

```
    }
?>
```

在上述程序中，$user 是一个关联数组（数组元素下标是字符串），运行结果如图 3-6 所示。

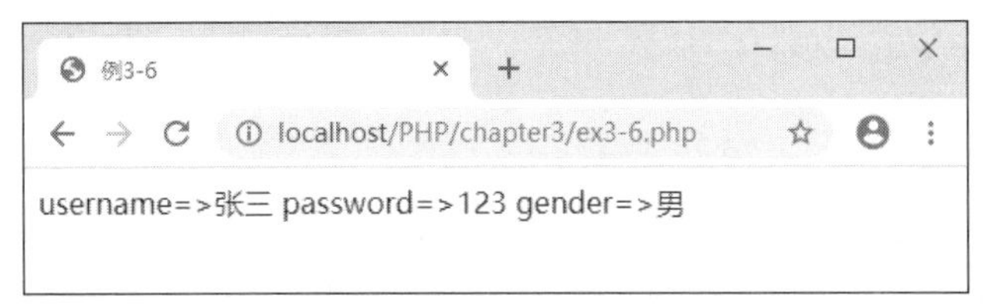

图 3-6　ex3-6.php 运行结果

如果能够提前确定脚本运行的次数，可以使用 for 循环。foreach 循环只适用于数组，而且在 foreach 循环中没有循环结束条件，所以 foreach 用于遍历数组中的每个键/值对。ex3-7.php 中给出了使用 for 循环和 foreach 循环遍历索引数组的程序。

ex3-7.php

```
<?php
  $hobby = array('登山','健身','游泳','上网','旅游');
  echo 'foreach 遍历$hobby 数组的结果:';
  foreach ($hobby   as $value){
       echo $value.'   ';
  }
  echo '<br>';
  $i=0;
  echo 'for 遍历$hobby 数组的结果:';
  for ($i=0; $i <count($hobby) ; $i++) {
   echo $hobby[$i].'   ';
  }
?>
```

在上述程序中，$hobby 是一个索引数组（数组元素下标是数字），对于索引数组，可以通过 count() 函数计算得到数组长度，即循环执行的次数，运行结果如图 3-7 所示。

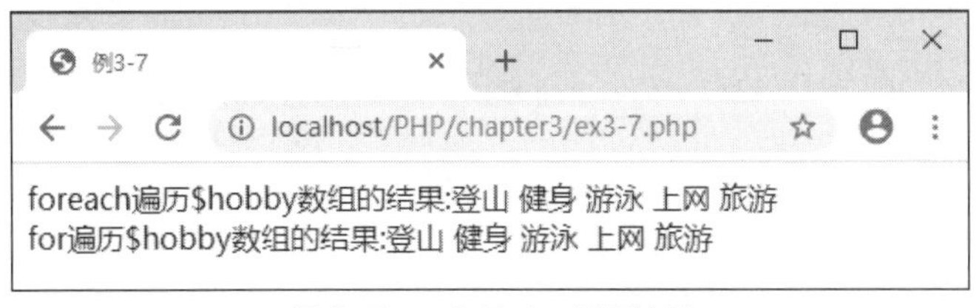

图 3-7　ex3-7.php 运行结果

3.3 特殊的流程控制语句

在 PHP 中，还有一些语句可以控制流程的跳转：break、continue 和 exit。

1. break 语句

break 语句可以用于结束 switch、while、do...while、for、foreach 等语句。在前面介绍 switch 语句时，我们提到过 break 语句，在 for 语句部分也使用过 break 语句。

下面是在 while 循环语句中使用 break 语句结束循环的例子。

```
<?php
  $n = 10;
  while (1){
      if($n==0) break;
      $sum = $sum + $n;
    $n--;
  }
  echo $sum;
?>
```

2. continue 语句

continue 语句只能在循环语句中使用，用于跳过本次循环，继续执行下一次循环。

下面的例子用于计算 1~100 所有偶数之和。

```
<?php
  $n = 0;
  while ($n<=100){
      $n++;
      if( $n%2 != 0) continue;
      $sum += $n;
  }
  echo $sum;
?>
```

3. exit 语句

exit 语句用于退出当前 PHP 程序。exit()函数和 die()函数一样，可以带有一个参数输出提示信息，然后退出当前程序。

在下面的例子中，在连接数据库、选择数据库和执行 SQL 语句过程中，如果失败，则退出程序。程序使用了 3 种不同的退出方式，它们是等价的。

```
<?php
  $host = 'localhost:3306';
  $user = 'videouser';
  $pass = 'videopass';
  $link = mysql_connect($host,$user,$pass) or die('连接数据库失败！');
  mysql_select_db('video') or exit('选择数据库失败！');
```

```
    $result = mysql_query('select * from users');
    if (!$result) {
        echo 'SQL 语句执行失败！';
        exit;
    }
?>
```

3.4 PHP 中的数组

数组是 PHP 中最重要的数据类型之一，在 PHP 中广泛应用。标量类型的变量只能保存一个数据，而使用复合类型的数组变量能够保存一批数据，从而方便对数据进行批量处理。数组用于存储相关联的多个数值。在 PHP 中，数组非常灵活。与其他语言不同，PHP 数组可以存放相同类型的数据，也可以存放不同类型的数据。数组的容量可以根据元素个数自动调整。

与其他语言不同，在 PHP 中定义数组不需要指定数组的大小，也不需要声明数据类型。在同一个数组中可以存储任意类型的数据，也包括数组类型的数据。

3.4.1 数组的分类

在 PHP 中，数组是由一个或多个数组元素组成的，每个数组元素由“键”（key）和“值”（value）构成。其中，“键”为元素的识别标识，也被称为数组下标；“值”为元素的内容；“键”和“值”之间存在着一种对应关系，称之为映射或键值对。

在 PHP 中，根据“键”的数据类型，可以将数组划分为索引数组和关联数组。

1. 索引数组

索引数组的“键”（也称为索引）是整数，索引数组的索引值默认从 0 开始，并依次递增，它主要适用于利用元素位置（0，1，2…）来标识数组元素的情况。另外，索引值也可以是不连续的，还可以是负数。索引数组的键值关系如图 3-8 所示。

2. 关联数组

关联数组的索引值是字符串，因此，关联数组是键值对的无序集合。通常情况下，关联数组的键和值之间存在一定的逻辑关系。例如，一个存储个人信息的关联数组，其各个元素的键值对如图 3-9 所示。

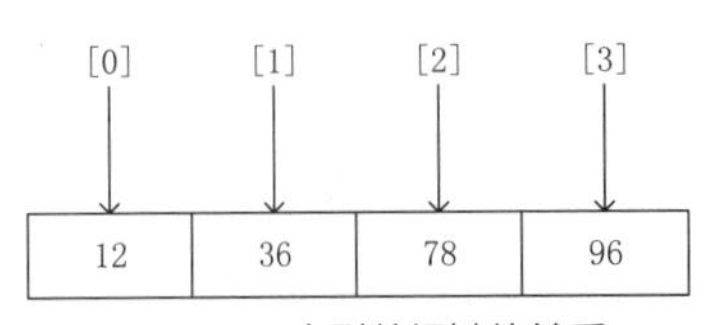

图 3-8　索引数组键值关系

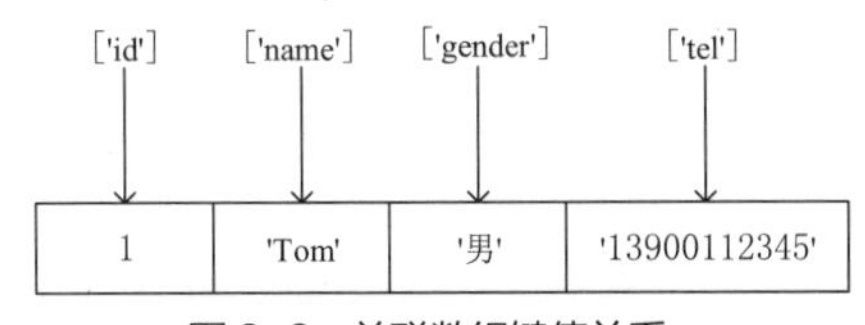

图 3-9　关联数组键值关系

除此之外，PHP 中的数组还可以根据维数划分为一维数组、二维数组和三维数组等。一维数组是指数组的“值”是非数组型的数据，图 3-8 和图 3-9 都是一维数组。二维数组是指数组元素的“值”是一个一维数组，即当一个数组元素的值又是一个数组时就可以形成多维数组。

3.4.2 数组的定义和遍历

在 PHP 中自定义数组可以使用以下两种方法。

（1）使用 array()函数声明数组。

（2）直接为数组元素赋值。

如果想遍历数组，数组元素个数是确定的，则可以使用 for 循环或 foreach 循环来遍历数组。下面分别介绍定义数组的两种方法。

1. 使用 array()函数声明数组

（1）索引数组

ex3-8.php 声明了一个索引数组$hobby，输出第一个元素的值并打印输出所有元素值。

ex3-8.php

```
<?php
    //定义数组$hobby
    $hobby = array('登山', '健身', '游泳', '上网', '旅游');
    //查看某个数组元素的值
    echo '$hobby 的第一个元素：$hobby[0]的值为：'.$hobby[0];
    //查看数组的所有元素
    var_dump($hobby);
?>
```

要想查看数组中的元素或给数据元素赋值，可以在数组名后面使用“[ ]”指定下标或索引名。在程序中，有时只想查看数组中所有元素的索引和值，则可以使用 print_r()函数或 var_dump()函数打印数组中所有元素。图 3-10 是 ex3-8.php 的运行结果。

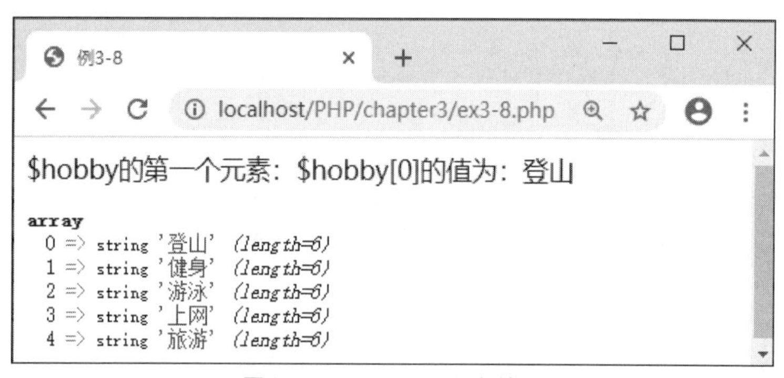

图 3-10　ex3-8.php 运行结果

由于索引数组元素的个数是确定的，因此，可以使用 for 循环或 foreach 循环对索引数组进行遍历。ex3-9.php 程序实现的功能是使用 for 循环遍历$hobby 数组，并将$hobby 数组中的所有元素转换成一个字符串。每个数组元素之间用逗号隔开，最后一个元素后面不加逗号，其运行结果如图 3-11 所示。

ex3-9.php

```
<?php
    $hobby = array('登山', '健身', '游泳', '上网', '旅游');
    $str="";
```

```
    for($i=0;$i<count($hobby);$i++)
      {
            $str.=$hobby[$i];
            if( $i < count($hobby)-1 )
                  $str.=', ';
      }
      echo '$hobby 数组元素拼接成的字符串为：'.$str.'<br/>';
?>
```

ex3-9.php 中需要统计数组元素个数作为 for 循环结束的条件，在 PHP 中，可以使用 count()函数或 sizeof()函数来完成。更多的函数可以查看 PHP 手册数组函数相关的部分。

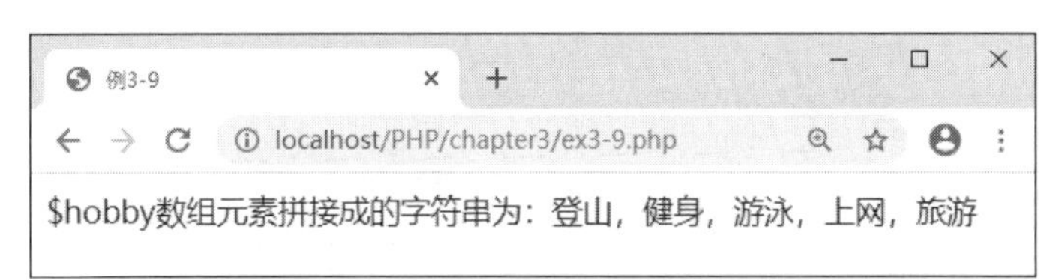

图 3-11　使用 for 循环遍历索引数组

下面使用 foreach 循环遍历$hobby 数组，并将$hobby 数组中的所有元素转换成一个字符串，每个数组元素之间用逗号隔开，最后一个元素后面不加逗号。程序执行结果也如图 3-11 所示。

```
<?php
    $hobby = array('登山', '健身', '游泳', '上网', '旅游');
      foreach ($hobby   as $key=>$value)
      {
           $str.=$value;
            if( $key < count($hobby)-1 )
                  $str.=', ';
      }
      echo $str.'<br/>';
?>
```

foreach 循环和 for 循环遍历索引数组的区别是 foreach 循环会自动遍历数组中的每个元素，无须计算数组长度。

（2）关联数组

ex3-10.php 声明了一个索引数组$user，并输出第二个元素的值及使用 var_dump()打印输出所有元素值。

ex3-10.php

```
<?php
   $user = array(
      'id' => 1,
      'username' => '张三',
      'password' =>'123456',
      'birthdate' => '2000-6-6',
```

```
        'gender' => '男',
        'degree' => '大学',
        'intro' => '我是一个学生'
    );
    echo '$user 的第二个元素：$user["username"]的值为：'.$user["username"];
    var_dump($user);
?>
```

$user 数组中共有 7 个元素，每个元素的索引值都为自定义的字符串，所以$user 为关联数组。ex3-10.php 运行结果如图 3-12 所示。

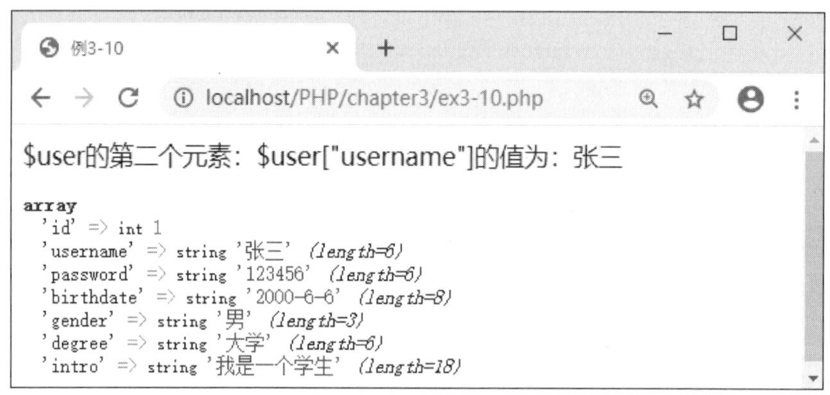

图 3-12　ex3-10.php 运行结果

由于关联数组索引是字符串，通常使用 foreach 循环进行遍历，而不使用 for 循环。

ex3-11.php 使用 foreach 循环遍历$user 数组，并输出$user 数组中的元素，运行结果如图 3-13 所示。

ex3-11.php

```
<?php
    $str="";
    $user = array(
    'id' => 1,
    'username' => '张三',
    'password' =>'123456',
    'birthdate' => '2000-6-6',
    'gender' => '男',
    'hobby' => '登山',
    'degree' => '大学',
    'intro' => '我是一个学生'
    );
    echo '用户信息如下：<br/>';
    foreach ($user   as $key=>$value)
    {
            $str.=$key.'：'.$value;
             if( $key < count($user)-1 )
```

```
                    $str.='<br/>';
    }
    echo $str;
?>
```


图 3-13　ex3-11.php 运行结果

下面使用 foreach 循环遍历$user 数组，并将$user 数组中的所有元素转换成一个字符串，每个数组元素之间用逗号隔开，最后一个元素后面不加逗号。其中，gender 的取值为数字 0 和 1，其中，“0”表示“男”，“1”表示“女”；degree 的取值为 1、2、3、4，分别表示“高中”“大学本科”“研究生”“博士生”。

```
<?php
  $str="";
  $user = array('id' => 1,
  'username' => '张三',
  'password' =>'123456',
  'birthdate' => '2000-6-6',
  'gender' => '0',
  'hobby' => '登山',
  'degree' => '2',
  'intro' => '我是一个学生'
  );
  echo '用户信息如下：<br/>';
  foreach ($user   as $key=>$value)
  {
            if ($key == 'gender') {
                  if ($value == 0) {
                        $value = '男';
                  }else {
                        $value = '女';
                  }
            }elseif($key == 'degree') {
                  switch ($value) {
```

```
                    case '1': $value = '高中'; break;
                    case '2': $value = '大学本科';  break;
                    case '3': $value = '研究生'; break;
                    case '4': $value = '博士生'; break;
                    default: $value = '其他';
                }
            }
            $str.=$key.':  '.$value;
            if( $key < count($user)-1 )
                $str.='<br/>';
    }
        echo $str;
?>
```

上述程序对$user['gender']和$user['degree']分别进行了判定，将关联数组中给定的整型数值转换为对应的内容输出。程序运行的结果也如图 3-13 所示。

（3）多维数组

在数组中存储数组类型的数据，该数组就称为多维数组。下面定义了一个二维数组，用来存储多名用户的信息。

```
<?php
  $users = array(
        array(1, '张三', '111', '2000-1-1', '男', '登山', '大学本科',  '我是一个工人'),
        array(2,  '李四', '222', '2002-2-2', '女', '游泳', '高中', '我是一个农民'),
        array(3, '王五', '333', '1993-3-3', '女', '健身', '研究生', '我是一个学生'),
        array(4, '赵六', '444', '1986-6-6', '男', '上网', '博士生', '我是一个教师'),
  );
  ?>
```

ex3-12.php 使用两层 for 循环变历$users 数组，将数组中的信息以 HTML 表格的形式输出到浏览器。运行结果如图 3-14 所示。

ex3-12.php

```
<?php
  $users = array(
        array(1, '张三', '111', '2000-1-1', '男', '登山', '大学本科', '我是一个工人'),
        array(2,  '李四', '222', '2002-2-2', '女', '游泳', '高中', '我是一个农民'),
        array(3, '王五', '333', '1993-3-3', '女', '健身', '研究生', '我是一个学生'),
        array(4, '赵六', '444', '1986-6-6', '男', '上网', '博士生', '我是一个教师'),
  );
  echo '<table border="1" width="600" align="center">';
  echo '<caption><h1>用户列表</h1></caption>';
  echo '<tr>';
  echo '<th>编号</th><th>姓名</th><th>密码</th><th>生日</th>';
  echo '<th>性别</th><th>爱好</th><th>学历</th><th>自我介绍</th>';
```

```
    echo '</tr>';
    for($i=0; $i<count($users); $i++)
    {
        echo '<tr>';
        for($j=0; $j<count($users[$i]); $j++)
        {
            echo '<td>'.$users[$i][$j].'</td>';
        }
        echo '</tr>';
    }
    echo '</table>';
?>
```

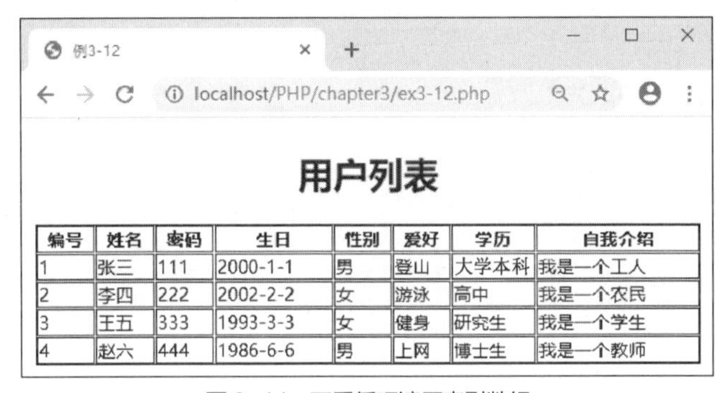

图 3-14　双重循环遍历索引数组

当使用多层 for 循环来遍历多维数组时，要求数组的索引（下标）必须是数值型的，而且数组的索引值必须是连续的数字。如果数组的索引是不连续的整数或字符串，即数组是关联数组，则需要使用 foreach 循环进行遍历。

下面程序使用 for 循环结合 foreach 循环来遍历二维数组$users，并将数组元素显示在 HTML 表格中。执行结果也如图 3-14 所示。

```
<?php
  $users = array(
        array('id' => 1,        'username' => '张三', 'password' =>'111',
              'birthdate' => '2000-1-1', 'gender' => 0,
              'hobby' => '登山', 'degree' => 1, 'intro' => '我是一个学生'),
        array('id' => 2,        'username' => '李四', 'password' =>'222',
              'birthdate' => '1992-2-2', 'gender ' => 1,
              'hobby' => '游泳', 'degree' => 2, 'intro' => '我是一个教师'),
        array('id' => 3,        'username' => '王五', 'password' =>'333',
              'birthdate' => '1998-8-8', 'gender ' => 1,
              'hobby' => '健身', 'degree' => 3, 'intro' => '我是一个工人'),
        array('id' => 4,        'username' => '赵六', 'password' =>'444', 'age' => 20,
              'birthdate' => '1986-6-6', 'gender' => 0,
              'hobby' => '上网', 'degree' => 4, 'intro' => '我是一个农民')
```

```
    );
    echo '<table border="1" width="600" align="center">';
    echo '<caption><h1>用户列表</h1></caption>';
    echo '<tr>';
    echo '<th>编号</th><th>姓名</th><th>密码</th><th>生日</th>';
    echo '<th>性别</th><th>爱好</th><th>学历</th><th>自我介绍</th>';
    echo '</tr>';
    for($i=0; $i<count($users); $i++)
    {
        echo '<tr>';
        foreach ($users[$i] as $key=>$value)
        {
            if ($key == 'gender') {
                    if ($value == 0) {
                        $value = '男';
                    }else {
                        $value = '女';
                    }
            }elseif($key == 'degree') {
                    switch ($value) {
                        case '1': $value = '高中'; break;
                        case '2': $value = '大学本科';  break;
                        case '3': $value = '研究生';     break;
                        case '4': $value = '博士生';     break;
                        default: $value = '其他';
                    }
            }
            echo '<td>'.$value.'</td>';
        }
        echo'</tr>';
    }
     echo '</table>';
?>
```

思考：如果要用双层 foreach 语句遍历$users 数组，应该如何实现？

2. 直接为数组元素赋值

由于 PHP 中不需要指定数组的大小，也不需要声明数据类型。因此，可以直接使用“[ ]”为指定数组下标的元素赋值。

在下面的程序中，使用直接赋值的方式分别声明了索引数组、关联数组和二维数组。

```
<?php
    //下面声明了一个索引数组
```

```
    $hobby[0] = '登山';
    $hobby[1] = '游泳';
    $hobby[2] = '健身';
    $hobby[3] = '上网';
    $hobby[4] = '游泳';
    //下面声明了一个关联数组
    $user['id'] =1;
    $user['username'] = '张三';
    $user['password'] ='111';
    $user['birthdate'] = '2000-1-1';
    $user['gender'] = 0;
    $user['hobby'] = '登山';
    $user['degree'] = 1;
    $user['intro'] = '我是一个学生';
    //下面声明了一个二维数组
$users[] =array('id' => 1,      'username' => '张三', 'password' =>'111',
                'birthdate' => '2000-1-1', 'gender'=> 0,
                'hobby' => '旅游，登山', 'degree' => 1, 'intro' => '我是一个学生');
$users[] =array('id' => 2,      'username' => '李四', 'password' =>'222',
                'birthdate' => '2002-2-2', 'gender'=> 1,
                'hobby' => '上网，游泳', 'degree' => 2, 'intro' => '我是一个教师');
$users[] =array('id' => 3,      'username' => '王五', 'password' =>'333',
                'birthdate' => '1998-8-8', 'gender'=> 1,
                'hobby' => '登山，健身，上网', 'degree' => 3, 'intro' => '我是一个工人');
$users[] =array('id' => 4,      'username' => '赵六', 'password' =>'444',
                'birthdate' => '1986-6-6', 'gender'=> 0,
                'hobby' => '旅游，登山，健身，上网', 'degree' => 4, 'intro' => '我是一个农民');
?>
```

3.5 本章小结

本章主要介绍了 PHP 的流程控制结构和数组。数组是 PHP 中最重要的数据类型之一，读者要熟练掌握数组变量的声明方式、数组的遍历方式，以及一些常用的数组处理函数。流程控制是程序设计中的关键，虽然这些控制结构在语法上看起来很简单，但在使用过程中，如果出现逻辑错误，将会导致死循环发生。

3.6 本章习题

1. 使用 switch 语句来实现下面的简易计算器效果，如图 3-15 所示。将计算结果显示在表单的最下方。注意：本程序要求使用表单自提交。

图 3-15　简易计算器效果

2. 计算 1～1000 中不含 5 的倍数的数字的和并打印输出。
3. 完成图 3-16 所示的九九乘法表的显示效果，要求使用 PHP 中的循环结构完成。

1*1=1								
1*2=2	2*2=4							
1*3=3	2*3=6	3*3=9						
1*4=4	2*4=8	3*4=12	4*4=16					
1*5=5	2*5=10	3*5=15	4*5=20	5*5=25				
1*6=6	2*6=12	3*6=18	4*6=24	5*6=30	6*6=36			
1*7=7	2*7=14	3*7=21	4*7=28	5*7=35	6*7=42	7*7=49		
1*8=8	2*8=16	3*8=24	4*8=32	5*8=40	6*8=48	7*8=56	8*8=64	
1*9=9	2*9=18	3*9=27	4*9=36	5*9=45	6*9=54	7*9=63	8*9=72	9*9=81

图 3-16　九九乘法表输出效果

4. 定义二维数组$emp，如下。

```
$emp=array(array(1,'name1','A 公司','北京','name1@neusoft.edu.cn'),
           array(2,'name2','B 公司','上海','name2@neusoft.edu.cn'),
           array(3,'name3','C 公司','杭州','name3@neusoft.edu.cn'),
           array(4,'name4','D 公司','沈阳','name4@neusoft.edu.cn'));
```

使用 PHP 中的循环结构将数据遍历输出，得到图 3-17 所示的结果。

编号	姓名	公司	地址	email
1	name1	A公司	北京	name1@neusoft.edu.cn
2	name2	B公司	上海	name2@neusoft.edu.cn
3	name3	C公司	杭州	name3@neusoft.edu.cn
4	name4	D公司	沈阳	name4@neusoft.edu.cn

图 3-17　数据输出效果

第4章 PHP函数及应用

04

▶ 内容导学

函数是可以在程序中重复使用的语句块。PHP 有非常丰富的函数库——超过 1000 个内建函数。在编写程序时，要尽可能使用内建函数库中的系统函数实现功能，但是，如果需要实现的功能在 PHP 中没有合适的函数，则需要用户自己定义函数。

使用函数的好处包括以下几种。

① 使代码逻辑更加清晰。
② 便于维护，修改一个函数便可改变所有调用该函数的逻辑。
③ 提高软件的开发效率。
④ 控制软件的复杂性。

▶ 学习目标

① 掌握 PHP 定义和调用函数的语法。
② 了解常用的 PHP 函数，能够在程序中运用这些函数解决问题。
③ 掌握 PHP 变量的应用范围。

4.1 PHP 函数语法

4.1.1 定义函数和调用函数

我们先来看一下 PHP 中定义函数的语法，如下。

1. 函数的定义

```
function 函数名([参数 1, 参数 2, …, 参数 n])
{
  函数体;
  [return 返回值;]
}
```

说明 在语法说明中，“[ ]”代表可选。

（1）函数定义的第一行称为函数头，由关键字 function、函数名和参数列表 3 个部分组成。参数列表可以有一个或多个参数，也可以为空，但圆括号是绝对不能省略的。

（2）函数名的命名规则与变量类似，不使用“$”，可以由数字、字母、下划线构成，不能以数字开头，但函数名不区分大小写，这与变量名不同。由于 PHP 不支持函数重载，因此，不能定义多个同名的函数，也不能与系统函数同名。函数名最好能反映函数的功能。

（3）return 语句用于从函数中返回一个值。如果函数没有返回值，可以不写 return 语句。

ex4-1.php 定义了 3 个不同类型的函数。

ex4-1.php

```
<?php
//定义函数输出字符串
  function writeMsg() {
    echo "Hello PHP world!<br>";
  }
//定义函数计算圆的面积
  define("PI",3.14);
  function circle($radius){
  return PI*$radius*$radius;
}
//定义函数输出长方形的面积
  function rect($width,$height){
    $area=$width*$height;
    echo "长方形宽为{$width},高度为{$height},面积为$area<br>";
}
?>
```

（1）writeMsg()函数没有参数，也没有返回值。

（2）circle()函数有参数，有返回值。

（3）rect()函数有参数，没有返回值。

接下来，我们来了解一下针对不同类型的函数，应该如何调用。

2. 函数的调用

函数是可以在程序中重复使用的语句块，页面加载时函数不会立即执行，函数只有在被调用时才会执行。调用一个自定义函数和调用系统函数的方法相同，语法形式如下。

[变量名 =] 函数名([实际参数 1, 实际参数 2, …, 实际参数 n]);

说明 **（1）调用函数时的实际参数个数和类型要与声明时给出的参数列表相同。**

（2）如果函数有返回值，则把这个函数当成一个值来处理，可以赋值给变量，也可以使用 echo 等语句输出函数返回值。

（3）如果函数没有返回值，那么不能将这个函数赋值给变量，也不能使用 echo 语句操作该函数。

ex4-1.php 中，writeMsg()函数输出“Hello PHP world!”。如果需要调用该函数，只要使用函数名即可。circle()函数有返回值且有一个参数，所以可以将 circle(10)这个调用当作一个值进行输出或者赋值。rect()函数有两个参数，没有返回值，所以不能使用 echo rect(101,20)语句，只能单独调用 rect()。

正确调用 <?php writeMsg();	错误调用 <?php circle(10);//没有输出结果

echo circle(10);
echo "
";
rect(101,20);　?>
	rect(101);//错误，缺少参数
	echo writeMsg();//不恰当，不报错
	$msg=writeMsg();//不恰当，不报错
	?>

正确调用的输出结果如图 4-1 所示。错误调用的结果请自己尝试。

图 4-1　调用函数结果

4.1.2　函数参数和返回值

1. PHP 函数参数

通过参数可以向函数传递信息。参数类似变量，被定义在函数名之后，在括号内。可以添加多个参数，只要用逗号隔开即可。

ex4-2.php 的函数有一个参数$name。当调用 printInfo()函数时，同时要传递一个名字，这样会输出不同的姓名。

ex4-2.php

```
<?php
//定义函数
function printInfo($name) {
   echo "你的姓名是$fname<br>";
}
// 调用函数
printInfo ("张三");
printInfo ("李四");
?>
```

执行结果如图 4-2 所示。

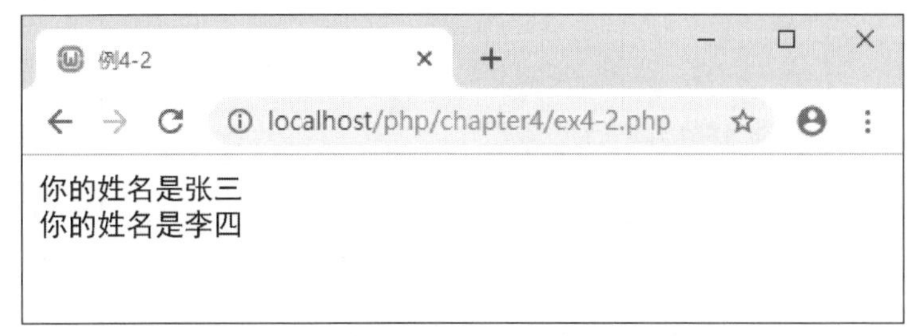

图 4-2　一个参数的 printInfo()函数执行结果

当增加一个函数 printInfo()的参数时，调用也要相应地增加实际参数的个数，而且$year 是数字类型，可以不加引号。

```
<?php
//定义函数
function printInfo($name,$year) {
  echo "你的姓名是$name,出生年份$year<br>";
}
// 调用函数
printInfo ("张三",1979);
printInfo ("李四",1969);?>
?>
```

执行结果如图 4-3 所示。

图 4-3　两个参数的 printInfo()函数执行结果

2. PHP 默认参数

我们也可以为参数设定默认值，如果调用时不给这个参数赋值，就会使用默认值，如 ex4-3.php 所示。

ex4-3.php

```
//测试函数默认值
function printInfo($name,$year=1992) {
  echo "你的姓名是$name,出生年份$year<br>";
}
printInfo("张三",1974);
printInfo("王五");
```

执行结果如图 4-4 所示。

图 4-4　默认参数的函数调用结果

使用默认参数，有两条要求。

（1）默认值必须是常量表达式，不能是变量、类成员或者函数调用等。

（2）注意当使用默认参数时，任何默认参数必须放在非默认参数的右侧；否则，函数将不会按照预期的情况运行。除非在调用时按照参数顺序将全部参数都书写上。

第一条要求比较好理解，我们来看第二条，如果将默认参数放到非默认参数的左侧，调用时会发生什么？

```
//测试函数默认值
function printInfo($year=1990,$name) {
  echo "你的姓名是$name,出生年份$year<br>";
}
printInfo(123);
```

将会出现这样的错误，如下。

```
Fatal error: Uncaught ArgumentCountError: Too few arguments to function printInfo()
ArgumentCountError: Too few arguments to function printInfo()
```

因为赋值是按照参数顺序进行的，当只给出一个参数时，参数“123”还是会赋值给$year，并不会因$year 有默认值而赋值给$name，所以默认参数的位置很重要。

3. PHP 函数的返回值

如果在调用函数时使用函数的返回值，定义函数时就需要 return 语句。ex4-4.php 中 sum()函数就有返回值，返回值是传递的两个参数之和，这样在调用 sum()函数时就可以得到两个实参的求和结果。

ex4-4.php

```
<?php
function sum($x,$y) {
  $z=$x+$y;
  return $z;
}

echo "5 + 10 = " . sum(5,10) . "<br>";
echo "7 + 13 = " . sum(7,13) . "<br>";
echo "2 + 4 = " . sum(2,4);
?>
```

执行结果如图 4-5 所示。

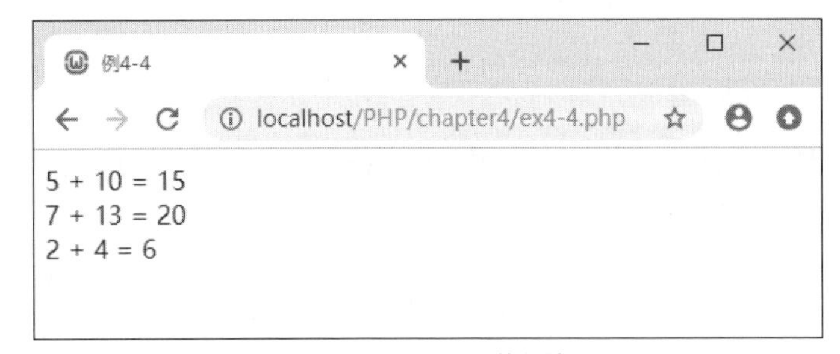

图 4-5　ex4-4.php 执行结果

ex4-5.php 是一个有实际应用的自定义函数，有时我们需要将一个数组元素转换成字符串，此时可以定义一个这样的函数：myImplode()。该函数需要提供分隔符和数组作为参数，最后返回的是一个字符串。下面是定义该函数的代码。

ex4-5.php

```
<?php
//自定义函数，实现将数组转换成字符串
function myImplode($arr, $sep){
        $str = '';
        for($i=0;$i<count($arr);$i++)
        {
                $str.=$arr[$i];
                if($i<count($arr)-1)
                        $str.=$sep;
        }
        return $str;
}

//自定义数字索引的数组
$hobby = array('登山', '健身', '游泳', '上网','旅游' );
$str = myImplode( $hobby, '，');
echo $str;
?>
```

执行结果如图 4-6 所示。

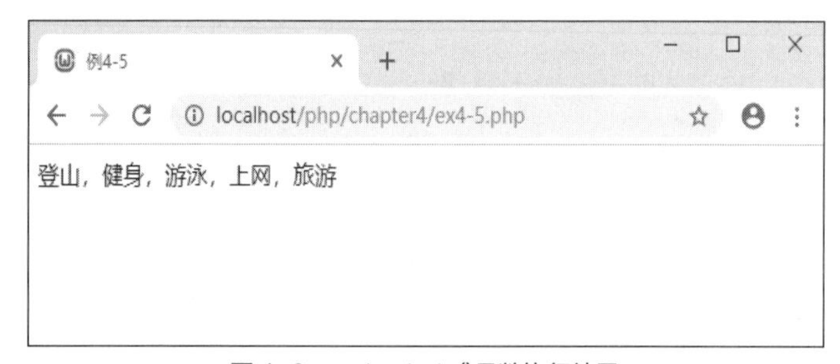

图 4-6　myimplode()函数执行结果

事实上，PHP 提供了将数组转换成字符串的函数。implode()和 join()函数都能实现 myImplode()函数能够实现的功能，且分隔符是可选的。

```
<?php
//自定义数字索引的数组
$hobby = array('登山', '健身', '游泳', '上网','旅游' );
echo implode( '，', $hobby).'<br/>';
echo implode($hobby,'；').'<br/>';
echo implode($hobby).'<br/>';
echo join( '，', $hobby).'<br/>';
```

```
echo join( $hobby, '; ').'<br/>';
echo join( $hobby).'<br/>';
?>
```

通常，系统函数的效率更高，功能更强大。因此，如果想要自己定义函数，应该首先查看 PHP 是否提供了类似功能的系统函数。如果 PHP 提供了类似功能的系统函数，则应该尽量使用系统函数。

定义函数是一个比较抽象的工作，建议读者按以下思路考虑。

（1）你想得到什么数据，这决定了函数的返回值。

（2）你能给函数传递什么数据，这决定了函数的参数。

（3）用什么方式利用给定的数据得到你想要的结果，这就是函数体。

4.1.3 使用文件包含函数组织代码

为了更好地组织代码，自定义的函数可以在同一个项目的多个文件中使用，通常将多个自定义的函数组织到同一个文件或多个文件中。这些收集函数定义的文件就是 PHP 函数库。

如果在 PHP 脚本中想使用这些文件中定义的函数，就需要使用 include()、include_once()、require()和 require_once() 中的一个函数将函数库文件载入脚本程序中。这 4 个函数称为文件包含函数。它们的参数相同，包含文件的路径。

include_once()和 require_once()会先检查目标文件的内容是不是在之前就已经被包含了，如果已包含，便不会再次重复导入同样的内容。这对于函数来说尤其重要。因为 PHP 不允许重复定义函数，所以如果需要包含自定义函数的文件，则应该使用 include_once()或 require_once()。

include()函数和 require()函数的主要区别如下。

（1）对 include()函数来说，在执行文件时每次都要进行读取和评估；而对于 require()函数来说，文件只处理一次。这就意味着，如果可能多次执行代码，则使用 require()函数效率比较高。另外，如果每次执行代码是读取不同的文件，或者有通过一组文件迭代的循环，就使用 include()函数。

（2）require()函数通常放在 PHP 脚本程序的最前面。PHP 程序在执行前，会先读入 require()函数所引入的文件，使它变成 PHP 脚本文件的一部分。include()函数一般是放在流程控制的处理区段中。PHP 脚本文件在读到 include()函数时，才将它包含的文件读取进来。这种方式可以简单化程序执行时的流程。

（3）如果 include()函数包含的文件出错了，主程序继续往下执行，只是返回一个警告。如果 require()函数操作的文件出错了，则主程序也会停止运行。因此，如果包含的文件出错对系统影响不大（如界面文件），就用 include()函数；否则用 require()函数。

ex4-6.php 定义了一些函数，在 ex4-7.php 中包含进来，并进行调用。

ex4-6.php

```
<?php
  //自定义函数，实现将数组转换成字符串
  function myImplode($arr,$sep)
  {
      $str = '';
      for($i=0;$i<count($arr);$i++)
      {
          $str.=$arr[$i];
          if($i<count($arr)-1)
```

```
                    $str.=$sep;
        }
        return $str;
    }

    //自定义函数，用于将数组输出到 HTML 表格
    function ArrayToHTMLTable($array, $colTitles='', $title='')
    {
        echo '<table border="1" width="800" align="center">';
        echo '<caption><h1>'.$title.'</h1></caption>';
        //输出表格的列标题部分
        echo '<tr>';
        if (!isset($colTitles)) {
          $titles = array_keys($array[0]);
        }
        foreach ($colTitles as $value)
        {
          echo '<th>'.$value.'</th>';
        }
        echo '</tr>';
        //输出表格的数据部分
         foreach($array   as $key=>$value)
        {
             echo '<tr>';
             foreach ($value   as $k=>$v)
             {
                  if (is_array($array[$key][$k])) {
                       $v = myImplode($array[$key][$k], ',  ');
                  }
             echo '<td>'.$v.'</td>';
             }
             echo'</tr>';
        }
        echo '</table>';
    }
```

ex4-7.php

```
<!DOCTYPE html>
<html>
<head>
  <meta charset="utf-8">
  <title>例 4-7</title>
</head>
```

```
<body>
<?php
  require_once('ex4-6.php');
  $coltitles = array('编号', '姓名', '密码', '生日', '性别', '爱好', '学历', '自我介绍');
  $users = array(
      array('id' => 1,  'username' => '张三', 'password' =>'111', 'birthdate' => '2000-1-1',
                'gender' => 0,  'hobby' => array('登山', '游泳', '健身'),
                'degree' => 1, 'intro' => '我是一个学生'),
      array('id' => 2,  'username' => '李四', 'password' =>'222', 'birthdate' => '1992-2-2' ,
                'gender' => 1,  'hobby' => array('登山', '上网'),
                'degree' => 2, 'intro' => '我是一个教师'),
      array('id' => 3,  'username' => '王五', 'password' =>'333', 'birthdate' => '1998-8-8',
                'gender' => 1,  'hobby' => array('登山', '健身', '旅游'),
                'degree' => 3, 'intro' => '我是一个工人'),
      array('id' => 4,  'username' => '赵六', 'password' =>'444', 'birthdate' => '1986-6-6',
                'gender' => 0,  'hobby' => array('游泳', '健身', '上网', '旅游'),
                'degree' => 4, 'intro' => '我是一个农民')
  );
  //调用 ex4-6.php 文件中的 ArrayToHTMLTable 函数
   ArrayToHTMLTable($users, $coltitles, '用户列表');
?>
</body>
</html>
```

ex4-7.php 的运行结果如图 4-7 所示。

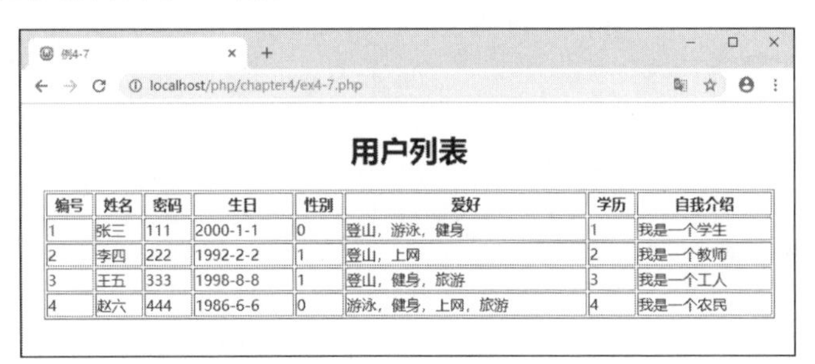

编号	姓名	密码	生日	性别	爱好	学历	自我介绍
1	张三	111	2000-1-1	0	登山，游泳，健身	1	我是一个学生
2	李四	222	1992-2-2	1	登山，上网	2	我是一个教师
3	王五	333	1998-8-8	1	登山，健身，旅游	3	我是一个工人
4	赵六	444	1986-6-6	0	游泳，健身，上网，旅游	4	我是一个农民

图 4-7　ex4-7.php 运行结果

注意　**包含文件相当于多个文件的叠加，html 等标记不能重复，在 ex4-6.php 中没有 html、body 等标记。**

4.2 PHP 变量范围

PHP 变量在第一次赋值时相当于声明了变量。在不同位置声明的变量，其作用也不同。变量必须在自己的有效范围内使用，按照变量作用域（有效范围）可以将变量分为全局变量、局部变量和静态变量 3 种。

1. 局部变量

局部变量是在函数内声明的变量，其作用域仅限于函数内部。函数的参数是局部变量，函数的参数值来自被调用时传入的值。执行完毕，函数内部的动态变量都将被释放。

ex4-8.php

```
<?php
//测试范围:从 1 到指定参数间随机抽取一个数字
function testRange($a){
        $b=1;
        return rand($b,$a);
}
echo testRange(100);   //输出一个 1~100 的随机数
echo $b;//错误，未定义变量
echo $a; //错误，未定义变量
?>
```

ex4-8.php 代码显示，$a 和$b 都是局部变量，在函数内部可以使用，但在函数外部无法调用。

2. 全局变量

在函数外定义的变量称为全局变量，作用域从定义变量开始到本程序文件的末尾。但在函数中无法直接调用全局变量，需要使用关键字 global，也可以使用$GLOBALS 来代替 global。$GLOBALS 是一个超全局变量。

如 ex4-9.php 代码所示，对 testRange()函数的调用出错，因为$start 和$end 是全局变量，不能在函数内部使用；但在函数内用 global 声明之后就能够正确运行了。

ex4-9.php

```
        <?php
        //测试范围:从$start 到$end 间随机抽取一个数字
        $start=100;
        $end=999;
        function testRange(){
                //global $start,$end;
                return rand($start,$end);
        }
        echo testRange();   //错误
?>
```

3. 静态变量

静态变量仅在局部函数域中存在，但当程序执行离开此作用域时，其值仍然保留。静态变量用 static 来声明，未使用 static 声明的变量默认是动态变量。在函数执行完之后，内部的静态变量已然保存在内存中，第一次调用该函数时被初始化。动态变量和静态变量的区别如 ex4-10.php 所示。

ex4-10.php

```
<?php
//未使用静态变量
```

```
    function nostatic() {
      $i=1;
      echo $i++."<br>";
    }
  //使用静态变量
    function usestatic(){
      static $i=1;
      echo $i++."<br>";
  }
    echo "<h1>未使用静态变量</h1>";
    nostatic();
    nostatic();
    echo "<h1>使用了静态变量</h1>";
    usestatic();
    usestatic();
  ?>
```

运行结果如图 4-8 所示。

未使用静态变量的函数无论被调用多少次结果也不会改变，每次的调用都是崭新的开始；而使用了静态变量的函数则不同，静态变量的值会在脚本运行期间一直保存。在递归等应用中可以使用静态变量。

图 4-8　ex4-10.php 运行结果

4.3 PHP 对字符串的处理

字符串处理对程序员来说是很重要的工作，PHP 提供了很多系统函数以帮助简化开发工作。本节介绍一些常用的字符串函数，希望读者能够在编程中灵活使用。

4.3.1 对字符串进行分割与合并

1. implode()函数

该函数之前已经介绍过，可以把一个数组按照指定分隔符合并成一个字符串，语法如下。

```
string implode(string glue,array pieces)
```

（1）glue：必需参数，字符串类型，指定分隔符；

（2）pieces：必需参数，数组类型，指定要被合并的数组。

ex4-11.php

```
    <?php
    $nutarr=array("花生","瓜子","腰果","杏仁","核桃");
    $nutstr=implode("##",$nutarr);
    echo $nutstr;
?>
```

运行结果如图 4-9 所示。

图 4-9　ex4-11.php 运行结果

应用场景：将表单的复选框中传来的数组数据合并成字符串，如 ex4-12.php 所示。

ex4-12.php

```
<!DOCTYPE html>
<html>
<head>
  <meta charset="utf-8">
  <title>例 4-12</title>
</head>
<body>
<?php
        if(isset($_GET["submit"])){
                $hobby=$_GET["hobby"];
                //var_dump($hobby);
                echo implode("*",$hobby);
        }
?>
<form>
        <input type="checkbox" name="hobby[]" value="读书">读书
        <input type="checkbox" name="hobby[]" value="运动">运动
        <input type="checkbox" name="hobby[]" value="唱歌">唱歌
        <input type="checkbox" name="hobby[]" value="游戏">游戏
        <br>
        <input type="submit" value="提交" name="submit">
</form>
</body>
</html>
```

ex4-12.php 中使用了预定义数组$_GET[]和复选框。在用户选择“读书”“运动”“唱歌”3 个选项后，运行结果如图 4-10 所示。

图 4-10　表单和 implode()函数结合使用

2. explode()函数

该函数可以将一个字符串按照指定的规则分割成数组，语法如下。

```
array explode(string separator,string str,[int limit])
```

（1）separator：必需参数，指定的分割符；

（2）str：必需参数，指定将要被分割的字符串；

（3）limit：可选参数，如果设定了 limit 参数，则返回的数组包含最多 limit 个元素，而最后的元素将包含 string 的剩余部分；如果 limit 参数为负数，则返回除了最后一个的–limit 个元素外的所有元素。

ex4-13.php

```
<?php
    //请将字符串"中国#美国#英国#日本"中的国家用无序列表显示
    $str="中国#美国#英国#日本";
    $country=explode("#",$str);
    var_dump($country);
    echo "<ul>";
    foreach ($country as $c) {
        echo "<li>$c</li>";
    }
    echo "</ul>";
?>
```

运行结果如图 4-11 所示。

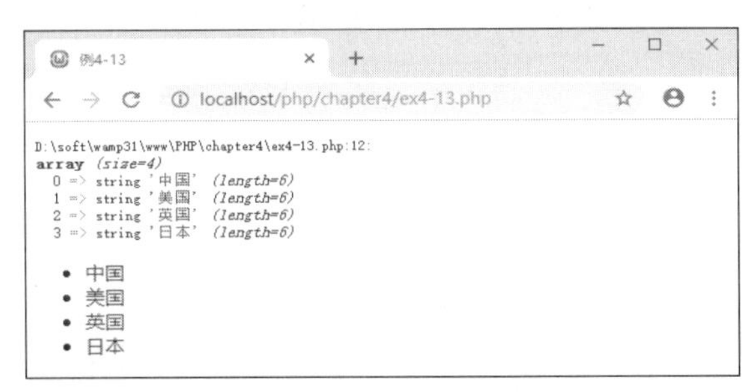

图 4-11　ex4-13.php 运行结果

4.3.2　获取字符串子串

1. substr()函数

该函数用于从字符串的指定位置截取一定长度的字符，语法如下。

```
string substr(string str,int start[,int length])
```

（1）str：必需参数，字符串母串，用于被截取的字符串。

（2）start：必需参数，用来指定开始截取字符串的位置，字符串的起始位置为 0。如果 start 为负数，则表示从字符串末尾向前截取。

（3）length：可选参数，指定要截取的字符个数，如果 length 为负数，则表示取到倒数第 length 个字符。

ex4-14.php

```
<?php
```

```
//截取给定日期的月份
$date="2020-01-17";
$month=substr($date,5,2);
echo $month."<br>";
$poem="面朝大海，春暖花开";
echo substr($poem,2);
 ?>
```

运行结果如图 4-12 所示。

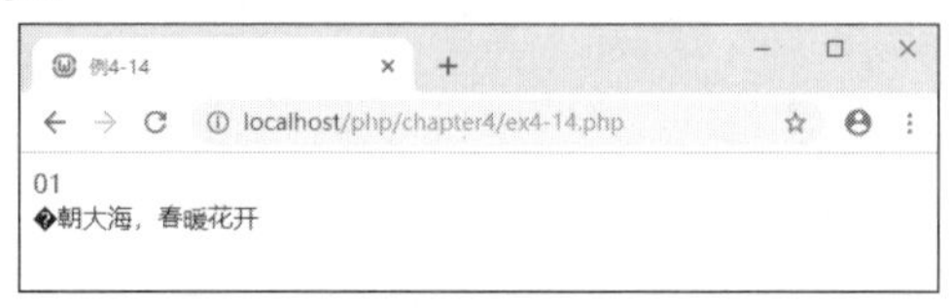

图 4-12　ex4-14.php 运行结果

ex4-14.php 中的“面朝大海”出现了乱码，因为 substr 是按照字节截取的，从第 2 个字节开始截取，而“面”这个汉字占了 3 个字节，所以截取了 1/3 的“面”字，因而为乱码，如何截取汉字呢，请使用 mb_substr()函数。

2. mb_substr()函数

该函数按照字符截取字符串，语法如下。

```
string mb_substr(string str,int start[,int length[,string encoding]])
```

（1）str：必需参数，字符串母串，用于被截取的字符串。

（2）start：必需参数，用来指定开始截取字符串的位置。字符串的起始位置为 0。如果 start 为负数，则代表从字符串末尾向前截取。

（3）length：可选参数，指定要截取的字符个数，如果为负数，则表示取到倒数第 length 个字符。

（4）encoding：设置字符串的编码格式。

代码如下。

```
$poem="面朝大海，春暖花开";
echo mb_substr($poem,2);//运行结果：大海,春暖花开
$str="3 年 A 班";
echo mb_substr($str,2);//运行结果：A 班
```

4.3.3　字符串查找

1. strstr()函数

该函数用来获取一个指定字符串在另一个字符串中首次出现的位置到后者末尾的子字符串。如果执行成功，则返回剩余字符串；否则返回 false，语法如下。

```
string strstr(string haystack,string needle)
```

（1）haystack：必需参数，被搜索的字符串，母串。

（2）needle：必需参数，指定搜索的对象，如果该参数为数字，则搜索与这个数字的 ASCII 码相匹配的字符。

（3）该函数区分大小写，stristr()函数不区分，中间的字符“i”表示 ignore，忽略大小写。

2. strpos()函数

该函数用于查找字符串在另一个字符串中第一次出现的位置，语法如下。

```
int strpos(string haystack,string needle[,int start])
```

（1）haystack：必需参数，被搜索的字符串，母串。

（2）needle：必需参数，指定搜索的对象，如果该参数为数字，则搜索与这个数字的 ASCII 码相匹配的字符。

（3）start：可选参数，指定查找的起始位置。

（4）该函数区分大小写，stripos()函数不区分。

strstr()和 strpos()的最大区别就是返回值不同，请看 ex4-15.php。

ex4-15.php

```
<?php
//获取邮件的所属邮箱
$mail="php2020@qq.com";
echo strstr($mail,"@");//运行结果：@qq.com
//判断邮件是否包含@
echo strpos($mail,"@");//运行结果：7
 ?>
```

4.3.4 字符串替换

用一个字符串去替换另一个字符串中的指定字符是比较常见的，可以通过以下两个函数实现。

1. str_replace()函数

该函数用于使用子串替换母串中被指定替换的字符串，语法如下。

```
mixed str_replace(mixed find,mixed replace,mixed string[,int &count])
```

（1）find：必需参数，规定要查找的值。

（2）replace：必需参数，指定替换的值。

（3）string：必需参数，母串，被查找的字符串。

（4）count：可选参数，对替换数进行计数的变量。

（5）返回值：返回带有替换值的字符串或数组。

（6）str_ireplace()函数不区分大小写。

2. substr_replace()函数

该函数用于对指定字符串中的部分字符串进行替换，语法如下。

```
string substr_replace(string string,string replace,int start[,int length])
```

（1）string：必需参数，指定要操作的字符串。

（2）replace：必需参数，要替换的字符串。

（3）start：必需参数，指定替换 string 字符串的起始位置，负数表示从结尾开始。

（4）length：可选参数，指定返回的字符串长度，默认值表示整个字符串。正数表示起始位置从字符串开头开始，负数表示起始位置从字符串结尾开始，0 表示“插入”而非“替换”。

（5）返回被替换的字符串。如果 string 是数组，则返回数组。

我们可以通过 ex4-16.php 来理解和比较这两个函数的作用。

ex4-16.php

```
<?php
$str="床前明月光，疑是地上霜，举头望明月，低头思故乡<br>";
//把这首诗的“明月”二字加粗斜体：使用 str_replace
$str1=str_replace("明月","<b><i>明月</i></b>",$str,$i);
echo $str;
echo $str1;
echo "替换的次数为：$i<br>";
//将$str 中的“明月”二字加粗斜体:使用 substr_replace
$str2=substr_replace($str,"<b><i>明月</i></b>",6,6);
echo $str2;
$str3=substr_replace($str,"李白：",0,0);
echo $str3; ?>
```

运行结果如图 4-13 所示。

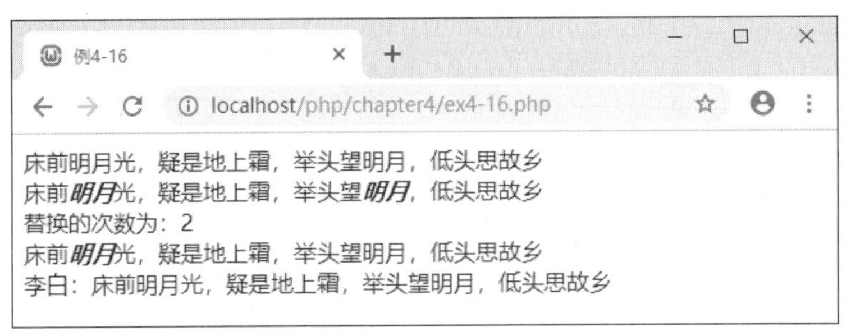

图 4-13　ex4-16.php 运行结果

从运行结果可以看出，str_replace()函数可以替换一个母串中的多个子串，并返回替换的次数。substr_replace()函数可以替换指定位置的子串，也可以插入新的内容。

4.3.5　HTML 字符串处理函数

如果想在网页上显示这样一句话“
是 HTML 的换行标记”，代码如下。

```
<?php
echo "<br>是 HTML 的换行标记";
 ?>
```

实际显示的只是“是 HTML 的换行标记”这句话，因为
标记会直接被浏览器解释成换行的效果，但是如果把“<”和“>”换成转义符，就能够在浏览器正常显示了，如下。

```
<?php
echo "&lt;br&gt;是 HTML 的换行标记";
 ?>
```

手动更改当然是比较麻烦的事情，PHP 为我们提供了系统函数来处理这样的字符串。

1. htmlspecialchars ()函数

该函数用于将特殊字符转换为 HTML 实体，语法如下。

```
string htmlspecialchars(string string[,int flags[,string character-set[,bool double_encode]]])
```

（1）string：必需参数，待转换的字符串。
（2）flags：可选参数，规定如何处理引号、无效的编码，以及使用哪种文档类型。
（3）character-set：可选参数，规定了要使用的字符集的字符串。
（4）double_encode：可选参数，一个规定了是否编码已存在的 HTML 实体的布尔值。
① TRUE：默认，将对每个实体进行转换。
② FALSE：不会对已存在的 HTML 实体进行编码。

2. htmlentities()函数

该函数也是用于将字符转换为 HTML 实体，语法如下。

```
string  htmlentities(string string[,int flags[,character-set[,double_encode]]])
```

htmlentities()函数转换所有含有对应“html 实体”的特殊字符，比如货币表示符号欧元、英镑、版权符号等，htmlspecialchars()函数只是把某些特殊的字符转义了，包括&、"、'、<>。

4.4 用 PHP 获取日期和时间

4.4.1 更改时区

PHP 的日期时间函数依赖于服务器的地区设定，PHP 默认设置的是标准的格林尼治时区，如果不更改，则为英国伦敦本地时间（零时区），与我国的时差为 8 小时。

更改时区的方法有两种，如下。

1. 在配置文件 php.ini 中修改

设置值为当前所在时区使用的时间，东八区（北京所在的时区）的设置值为 PRC、Asia/Shanghai、Asia/Chongqing 等。

2. 使用 date_default_timezone_set(string timezone)函数进行设置

例如，date_default_timezone_set(“PRC”)。

4.4.2 UNIX 时间戳

在 UNIX 系统中，日期与时间表示为自 1970 年 1 月 1 日零时起到该时刻的描述，称为 UNIX 时间戳，用 32 位二进制表示，1970 年 1 月 1 日零时称为 UNIX 世纪元，所以 UNIX 时间戳是一个秒数。

UNIX 时间戳只是与 1970 年 1 月 1 日零时的时间差，与时区无关。32 位二进制的最大值是 2147483647，是2038 年1 月 19 日 3 时 14 分 7 秒距离 1970 年 1 月 1 日零时的秒数。

4.4.3 生成日期和时间的函数

1. date()函数

该函数用于将一个时间戳格式化成指定格式的日期时间值，语法如下。

```
string date(string format,[int timestamp])
```

（1）format 指定日期和时间输出的格式。
（2）timestamp 可选，指定时间戳。如果没有指定，则为本地时区当前时间的时间戳。
format 的常用格式如下。
d：月份中的第几天，01～31。
D：星期，3 个字母，Mon、Sta。
w：星期几的数字表示（0 表示 Sunday[星期日]，6 表示 Saturday[星期六]）。
H：小时，24 小时格式，0～23；h 表示 12 小时格式。
i：分钟，有前导 0，00～59。
m：月份，01～12。
M：3 个缩写字母表示的月份，Jan～Dec。
s：秒数。
Y：4 位年数，y 代表 2 位年数。

ex4-17.php

```
<?php
echo date("Y-m-d H:i:s");
echo "<br>";
echo date("Y 年 m 月 d 日");
switch(date("w")){
        case 0:echo  "星期日";break;
        case 1:echo  "星期一";break;
        case 2:echo  "星期二";break;
        case 3:echo  "星期三";break;
        case 4:echo  "星期四";break;
        case 5:echo  "星期五";break;
        case 6:echo  "星期六";break;
}
?>
```

运行结果如图 4-14 所示。

在 ex4-17.php 中的 date("Y-m-d H:i:s")和 date("Y 年 m 月 d 日")语句中，格式之外的字符会原样输出。

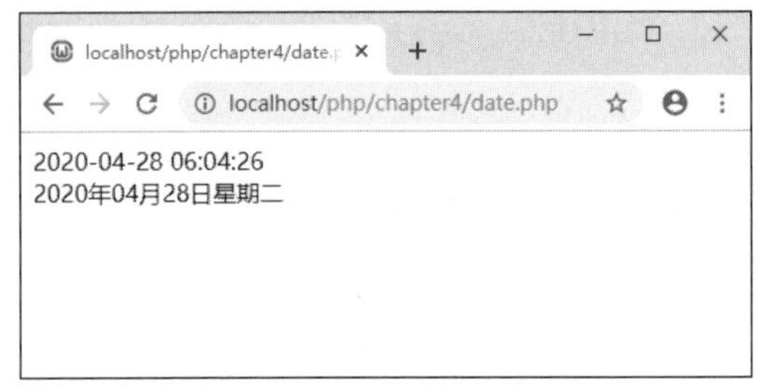

图 4-14 date()函数实例

2. time()函数

该函数用于返回当前时间戳，语法如下。

```
int time()
```

ex4-18.php

```
<?php
echo "当前的时间戳为".time();
setcookie("user","zhangsan",time()+60*60);
 ?>
```

运行结果如图 4-15 所示。

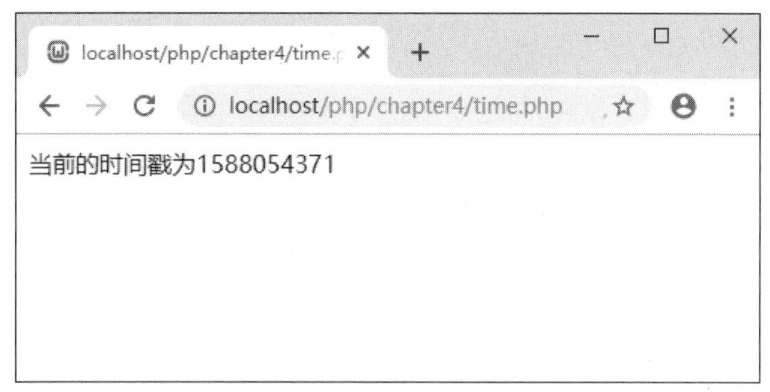

图 4-15　ex4-18.php 运行结果

3. mktime()函数

该函数用于返回指定日期的时间戳，语法如下。

```
int mktime(hour,minute,second,month,day,year);
```

应用该函数时，需要注意参数的顺序。

ex4-19.php

```
<?php
echo "2020 年 2 月 20 日零点的时间戳是".mktime(0,0,0,2,20,2020);
 ?>
```

运行结果如图 4-16 所示。

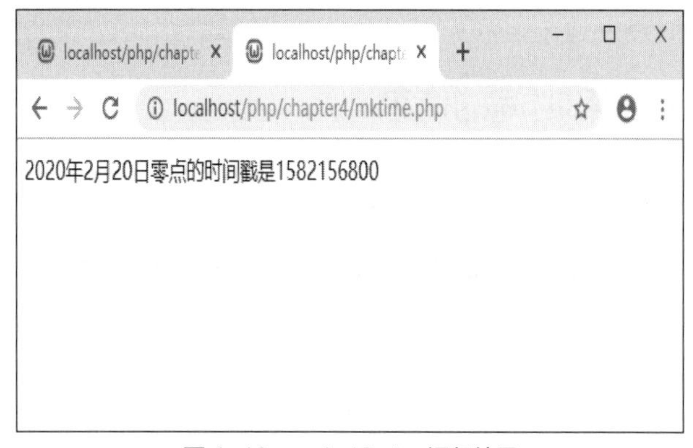

图 4-16　ex4-19.php 运行结果

4. strtotime()函数

该函数用于将英文文本日期时间解析为 UNIX 时间戳，语法如下。

```
int strtotime(string time,[int now])
```

（1）time：必需参数。规定日期/时间字符串。
（2）now：可选参数。规定用来计算返回值的时间戳，如果省略该参数，则使用当前时间。

ex4-20.php

```
<?php

echo("1980 年 10 月 15 日: ".date("Y 年 m 月 d 日 H 时 i 分 s 秒",strtotime("15 October 1980") ). "<br>");
echo("当年日期为: ".date("Y 年 m 月 d 日 H 时 i 分 s 秒",strtotime("now")). "<br>");
echo("5 小时后: ".date("Y 年 m 月 d 日 H 时 i 分 s 秒",strtotime("+5 hours")) . "<br>");
echo("1 周后".date("Y 年 m 月 d 日 H 时 i 分 s 秒",strtotime("+1 week")) . "<br>");
echo("1周3天7小时5秒后:".date("Y年m月d日 H时i分s秒",strtotime("+1 week 3 days 7 hours 5 seconds")) . "<br>");
echo("下周一: ".date("Y 年 m 月 d 日 H 时 i 分 s 秒",strtotime("next Monday")) . "<br>");
echo("上周日: ".date("Y 年 m 月 d 日 H 时 i 分 s 秒",strtotime("last Sunday")));

?>
```

运行结果如图 4-17 所示。

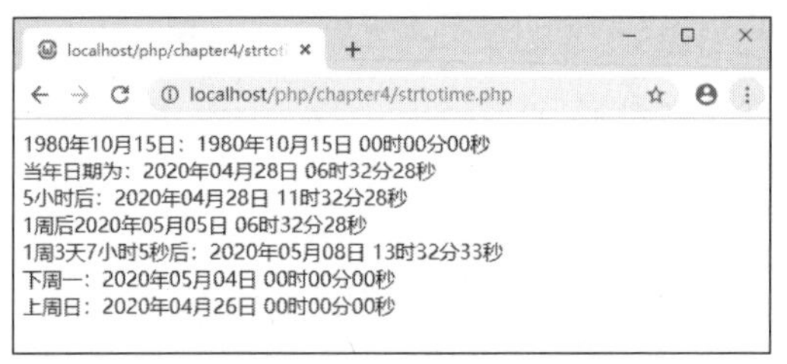

图 4-17　ex4-20.php 运行结果

strtotime()函数将任何英文文本的日期或时间描述解析为 UNIX 时间戳。如果年份表示使用两位数格式，则值 0～69 会映射为 2000～2069，值 70～100 会映射为 1970～2000。

4.4.4　获取日期和时间的信息

1. getdate()函数

该函数用于返回带有与时间戳相关的信息的关联数组，语法如下。

```
array getdate(int timestamp)
```

返回值如下。
（1）[seconds]：秒。

（2）[minutes]：分。
（3）[hours]：小时。
（4）[mday]：一个月中的第几天。
（5）[wday]：一周中的某天。
（6）[mon]：月。
（7）[year]：年。
（8）[yday]：一年中的某天。
（9）[weekday]：星期几的名称。
（10）[month]：月份的名称。
（11）[0]：自 UNIX 纪元以来经过的秒数。

ex4-21.php

```
<?php
$arr=getdate();
var_dump($arr);
 ?>
```

运行结果如图 4-18 所示。

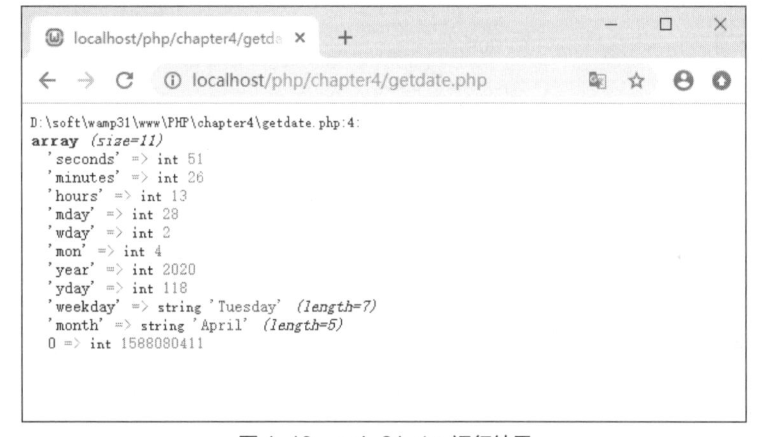

图 4-18　ex4-21.php 运行结果

2. checkdate()函数

该函数用于验证给定的日期是否合法，语法如下。

```
bool checkdate(int month,int day,int year)
```

参数为月、日、年，month 的取值为 1～12，day 为当月有效天数，year 的有效值为 1～32767。

ex4-22.php

```
<?php
if(checkdate(2,31,2000)) echo "2000 年 2 月 31 日有效";
else   echo "2000 年 2 月 31 日无效";
 ?>
```

本例运行结果为“2000 年 2 月 31 日无效”。

4.5 PHP 操作文件和目录

在 Web 程序开发中，对文件系统进行操作也是非常重要的部分，如文件创建、读取、写入，目录的创建、修改、删除等。PHP 提供了很多函数，方便用户操作文件目录。

4.5.1 打开和关闭文件

1. fopen()函数

该函数用于打开文件或者 URL，返回一个文件指针，语法如下。

```
resource fopen ( string filename , string mode [, bool include_path [, resource context ]] )
```

（1）filename：被打开文件的 URL，可以是绝对路径、相对路径或网络资源中的文件。

（2）mode：打开文件的模式。

（3）include_path：可选参数，如果还想在 include_path（php.ini）中搜索文件，请设置该参数为“1”。

（4）context：可选参数，规定文件句柄的环境。context 是一套可以修改流的行为的选项。

（5）mode 的取值如下。

“r”（只读方式打开，将文件指针指向文件头）。

“r+”（读写方式打开，将文件指针指向文件头）。

“w”（写入方式打开，清除文件内容，如果文件不存在，则尝试创建）。

“w+”（读写方式打开，清除文件内容，如果文件不存在，则尝试创建）。

“a”（写入方式打开，将文件指针指向文件末尾进行写入，如果文件不存在，则尝试创建）。

“a+”（读写方式打开，通过将文件指针指向文件末尾进行写入来保存文件内容）。

“x”（创建一个新的文件并以写入方式打开，如果文件已存在，则返回 FALSE 和一个错误）。

“x+”（创建一个新的文件并以读写方式打开，如果文件已存在，则返回 FALSE 和一个错误）。

上述的形态字符串都可以再加一个“b”字符，如 rb、w+b 或 ab＋等组合，加入“b”字符是为了告知函数库打开的文件为二进制文件，而非纯文字文件，但 POSIX（可移植操作系统接口）包括 LINUX 都会忽略该字符。

需要注意的是，如果 fopen()函数成功打开一个文件，该函数将返回一个指向这个文件的文件指针。对该文件进行操作所使用的读、写及其他文件操作，都需要使用这个资源来访问该文件。如果打开文件失败，则返回 FALSE 并附带错误信息。可以通过在函数名前面添加一个“@”来隐藏错误输出。

不同的操作系统家族具有不同的行结束习惯。当写入一个文本文件并想插入一个新行时，需要使用符合操作系统的行结束符号。基于 UNIX 的系统使用“\n”作为行结束字符，基于 Windows 的系统使用“\r\n”作为行结束字符，基于 Macintosh 的系统使用“\r”作为行结束字符。

ex4-23.php

```
<?php
$fp1=fopen("test.txt","r"); ");//只读模式打开当前目录下的 test.txt
$fp2=fopen("D:\home\test.txt","r"); //只读模式打开绝对路径下的 test.txt，错误
$fp3=fopen("D:\\home\\test.txt","w+");//读写方式打开绝对路径下的 test.txt
$fp4=fopen("D:/home/test.txt","a");//追加写入方式打开绝对路径下的 test.txt
$fp5=fopen("http://baidu.com","r");//只读方式打开 baidu 首页代码
?>
```

2. fclose()函数

该函数用于关闭一个已打开的文件指针。如果成功，则返回 TRUE，如果失败，则返回 FALSE，语法如下。

```
bool fclose ( resource   handle )
```

参数 handle 表示有效的文件指针，并且是通过 fopen()函数或 fsockopen()函数成功打开的。

ex4-24.php

```
<?php
        $fp = fopen("test.txt","r");
        echo fgets($fp);//输出该指针指向文件的内容第一行
        fclose($fp);
        echo fgets($fp);//无法获取，找不到指针
?>
```

4.5.2 读取文件

PHP 文件读取函数可以分为以下 4 类。

（1）读取一个字符（fgetc()）。

（2）读取一行字符（fgets()）。

（3）读取任意长度的字符串（fread()）。

（4）读取整个文件（readfile()、file()、file_get_contents()）。

> **说 明** **在读取文件时，不仅要注意行结束符号“\n”，程序也需要一种标准的方式来识别何时到达文件末尾，这个标准通常称为 EOF（End Of File）。在 PHP 中，feof()函数接受一个打开的文件资源，判断一个文件指针是否位于文件的末尾处，如果指针在文件末尾处，则返回 TRUE。**

1. fgetc()函数

该函数用于从打开的文件中返回一个单一的字符。如果失败，则该函数返回 FALSE，语法如下。

```
string fgetc ( resource   handle)
```

参数 handle 表示规定要读取的文件指针。

当读取字符时，遇到 EOF 则返回 FALSE（使用“!==”或者“===”可以判断文件是否到达末尾）。该函数处理大文件非常缓慢，所以不用它处理大文件。如果需要从一个大文件依次读取一个字符，则使用 fgets()依次读取一行数据，然后使用 fgetc()依次处理行数据。

ex4-25.php

```
<?php
$fp=fopen("poem.txt","r");
while(false!==($char=fgetc($fp))){
        echo $char;
}
?>
```

2. fgets()函数

该函数用于从打开的文件中返回一行。如果指定了 length 值，fgets() 函数会在到达指定长度（length - 1）、遇到换行符、读到文件末尾（EOF）时（以先到者为准），停止返回一个新行。如果失败，则该函数返回 FALSE，语法如下。

```
string fgets ( resource  handle[,int length] )
```

（1）handle：必需，规定要读取的文件。
（2）length：可选参数，规定要读取的字节数，默认是 1024 字节。
类似的一个函数 fgetss()用于从文件指针中读取一行并过滤掉 HTML 标记。

ex4-26.php

```
<?php
$fp=fopen("poem.txt","r");
while(!feof($fp)){
        $str=fgets($fp);
        echo $str."<br>";
}
 ?>
```

3. fread()函数

该函数用于读取打开的文件。函数会在到达指定长度或读到文件末尾（EOF）时（以先到者为准）停止运行。该函数返回读取的字符串，如果失败，则返回 FALSE，语法如下。

```
string fread ( resource handle , int  length )
```

（1）handle：必需参数，文件系统指针；
（2）length：必需参数，规定要读取的最大字节数。

ex4-27.php

```
<?php
$fp=fopen("poem.txt","r");
$contents=fread($fp,filesize("poem.txt"));
echo $contents;
?>
```

4. readfile()函数

该函数用于读取一个文件，并写入输出缓冲。如果成功，则该函数返回从文件中读入的字节数。如果失败，则该函数返回 FALSE 并附带错误信息，语法如下。

```
int readfile(filename,include_path,context)
```

（1）filename：必需，规定要读取的文件。
（2）include_path：可选，如果想在 include_path（在 php.ini 中）中搜索文件，则设置该参数为“1”。
（3）context：可选，规定文件句柄的环境。

ex4-28.php

```
<?php
$file = '1.jpg';
if (file_exists($file)) {
    header('Content-Type: image/jpg');
    header('Content-Disposition: attachment; filename="'.basename($file).'"');
    header('Expires: 0');
    header('Cache-Control: must-revalidate');
    header('Pragma: public');
    header('Content-Length: ' . filesize($file));
    readfile($file);
    exit;
}
?>
```

该函数常用于文件下载功能中。

5. file()函数

该函数用于把整个文件读入一个数组中，数组中的每个元素都是文件中相应的一行，包括换行符在内，语法如下。

```
array file(filename,include_path,context)
```

（1）filename：必需，规定要读取的文件。
（2）include_path：可选，如果想在 include_path（php.ini）中搜索文件，则设置该参数为“1”。
（3）context：可选，规定文件句柄的环境。

ex4-29.php

```
<?php
$lines=file('poem.txt');
foreach($lines as $line_num=>$line){
    echo "<b>第{$line_num}行：</b>".$line."<br>";
}
?>
```

6. file_get_contents()函数

该函数用于把整个文件读入一个字符串中，它是把文件的内容读入一个字符串中的首选方法，语法如下。

```
string file_get_contents ( string filename [, bool include_path [, resource context [, int start [, int maxlen ]]]] )
```

（1）filename：必需，规定要读取的文件。
（2）include_path：可选，如果想在 include_path（php.ini）中搜索文件，则设置该参数为“1”。
（3）context：可选，规定文件句柄的环境。
（4）start：可选，规定在文件中开始读取的位置。
（5）max_len：可选，规定读取的字节数。

ex4-30.php

```
<?php
$content=file_get_contents('poem.txt');
echo $content;
 ?>
```

4.5.3 写入文件

1. fwrite()函数

该函数用于将内容写入一个打开的文件中。函数会在到达指定长度或读到文件末尾（EOF）时停止运行。如果函数成功执行，则返回写入的字符数；如果运行失败，则返回 FALSE，语法如下。

```
int fwrite ( resource handle , string  string [, int length ] )
```

（1）handle：必需，规定要写入的打开文件。
（2）string：必需，规定要写入打开文件中的字符串。
（3）length：可选，规定要写入的最大字节数。

2. file_put_contents()函数

该函数用于把一个字符串写入文件中。返回写入的字符数，语法如下。

```
int file_put_contents ( string filename , mixed data [, int mode = 0 [, resource context ]] )
```

（1）filename：必需，规定要写入数据的文件。如果文件不存在，则创建一个新文件。
（2）data：必需，规定要写入文件中的数据，可以是字符串、一维数组或数据流。
（3）mode：可选，规定如何打开/写入文件，可能的值如下。
① FILE_USE_INCLUDE_PATH。
② FILE_APPEND。
③ LOCK_EX。
该函数访问文件时，遵循以下规则。
（1）如果设置了 FILE_USE_INCLUDE_PATH，则检查内置路径是否有写入文件。
（2）如果文件不存在，则创建一个文件。
（3）打开文件。
（4）如果设置了 LOCK_EX，那么文件将被锁定。
（5）如果设置了 FILE_APPEND，那么将移至文件末尾；否则，将会清除文件的内容。
（6）在文件中写入数据。
（7）关闭文件并解锁所有文件。
（8）如果访问成功，则该函数将返回写入文件中的字符数；如果访问失败，则返回 FALSE。
下面比较 fwrite()函数和 file_put_contents()函数这两种写入文件函数在使用上的区别。

ex4-31.php

```
<?php
$fp=fopen("1.txt","a");
echo fwrite($fp,"Happy");
fclose($fp);
```

```
    echo file_put_contents("1.txt", "Happy");
?>
```

两个函数都成功写入，返回“Happy”字符个数 5。

4.5.4 目录操作函数

1. mkdir ()函数

该函数用于创建目录，如果成功，则返回 TRUE；如果失败，则返回 FALSE，语法如下。

```
bool mkdir([, int mode = 0777[, bool recursive = false l, recursive,context]]])
```

（1）path：必需，规定要创建的目录名称。
（2）mode：可选，规定权限，默认是 0777（允许全局访问）。
（3）recursive：可选，规定是否设置递归模式。
（4）context：可选，规定文件句柄的环境。

2. rmdir ()函数

该函数用于删除空的目录。如果成功，则该函数返回 TRUE；如果失败，则返回 FALSE，语法如下。

```
bool rmdir ( string path[, resource context])
```

（1）path：必需，要删除目录的名称。
（2）context：可选，规定文件句柄的环境。

4.5.5 获取路径中的文件名和目录名

1. basename()函数和 dirname()函数

（1）basename()函数用于返回路径中的文件名部分，语法如下。

```
string basename ( string path [, string suffix ] )
```

（2）dirname()函数用于返回路径中的目录部分，语法如下。

```
string dirname ( string path )
```

二者区别：如果给出一个包含指向一个文件的全路径的字符串，basename()函数返回基本的文件名，dirname()函数返回的是目录。如果文件名是以 suffix 结束的，那么这部分也会被去掉。

2. pathinfo()函数

该函数用于以数组的形式返回关于文件路径的信息，语法如下。

```
array   pathinfo(path,options)
```

（1）path：必需，规定要检查的路径。
（2）options：可选，规定要返回的数组元素，默认是 all，可能的值如下。
① PATHINFO_DIRNAME：只返回 dirname。

② PATHINFO_BASENAME：只返回 basename。
③ PATHINFO_EXTENSION：只返回 extension。
④ PATHINFO_FILENAME：只返回 filename。

4.5.6 判断文件和目录是否存在

使用 is_file()函数和 is_dir()函数分别用来判断文件和目录是否存在。

is_dir()函数用于判断给定文件名是否是目录，如果文件名存在并且是目录，则返回 TRUE；如果 filename 是一个相对路径，则按照当前工作目录检查其相对路径，语法如下。

```
bool is_dir ( string path )
```

is_file()函数用于判断给定文件名是否为一个正常的文件，语法如下。

```
bool is_file ( string path )
```

4.5.7 删除和复制文件

1. unlink ()函数

该函数用于删除文件。如果成功，则该函数返回 TRUE；如果失败，则返回 FALSE，语法如下。

```
bool unlink(filename,context)
```

（1）path：必需，规定要删除的文件名称。
（2）context：可选，规定文件句柄的环境。

2. copy ()函数

该函数用于复制文件，如果成功，则返回 TRUE；如果失败，则返回 FALSE，语法如下。

```
bool copy(file,to_file)
```

（1）file：必需，规定要复制的文件。
（2）to_file：必需，规定复制文件的目的地。
如果目标文件已存在，则会被覆盖。

4.6 本章习题

1. 编写添加留言功能，将留言用户的 IP、留言时间和留言内容记录到文件中，如图 4-19 所示。
2. 编写留言列表功能，将题目 1 中记录的留言信息用表格形式输出到网页中，如图 4-20 所示。

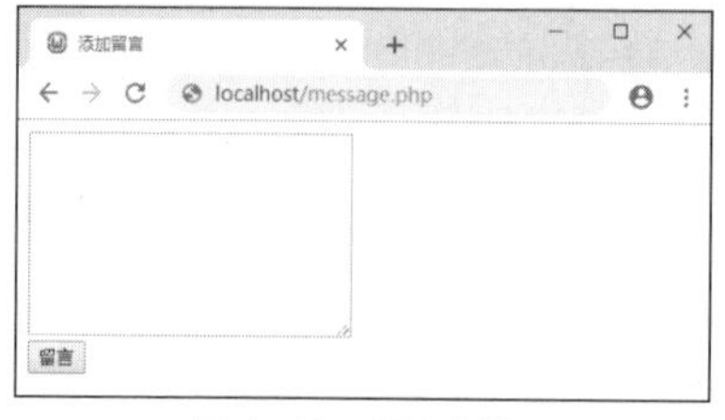

图 4-19　留言文件

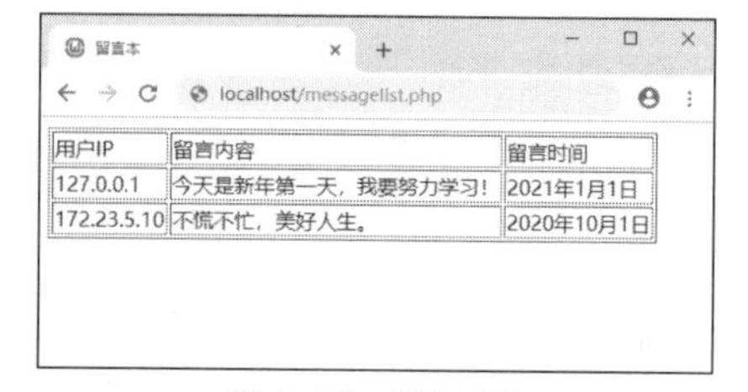

图 4-20　留言信息

第 5 章

PHP与网页交互

内容导学

用户填写完表单提交后，如何利用 PHP 接收表单并进行处理呢？这里需要学习 PHP 与 Web 交互的相关知识。本章主要介绍 PHP 中的预定义数组（也称为超全局变量）的使用方法。在预定义数组的基础上介绍表单的接收和处理方法。文件上传和下载也是 Web 应用中常见的两个功能。本章将结合用户管理系统完成用户注册表单信息获取并输出的应用实践内容，以及注册信息页面头像上传功能的应用实践内容。

学习目标

① 掌握$_POST、$_GET 及$_FILES 预定义数组的使用方法。
② 理解文件上传时的错误信息。
③ 理解文件下载的代码编写。

5.1 PHP 的预定义数组

PHP 中的预定义数组作为超级全局变量，在一个脚本的全部作用域中都可用，在函数中也不需要使用 global 关键字，可以直接访问。

超级全局变量在 PHP 4.1.0 版本之后被启用，是 PHP 预定义好的变量，它们是一种特殊的数组，操作方式和普通数组没有区别。

PHP 提供的预定义数组如下。

- $_SERVER：变量由 Web 服务器设定或直接与当前脚本的执行环境相关联。
- $_POST：经由 HTTP POST 方法提交至脚本的变量。
- $_GET：经由 URL 请求提交至脚本的变量。
- $_REQUEST：经由 Get、Post 和 Cookie 机制提交至脚本的变量。
- $_FILES：经由 HTTP POST 方法上传而提交至脚本的变量。
- $_ENV：执行环境提交至脚本的变量。
- $_COOKIE：经由 HTTP Cookies 方法提交至脚本的变量。
- $_SESSION：当前注册给脚本会话的变量。
- $GLOBALS：包含一个引用指向每个当前脚本的全局范围内有效的变量。该数组的键名为全局变量的名称。

注意

在 PHP 中，变量名是区分大小写的，PHP 中的预定义数组全部都是大写字母。

5.1.1 预定义数组$_POST

用户在网站上填写了表单后，需要将数据提交给网站服务器以对数据进行处理或保存。通常表单都会通过 method 属性指定提交方式，当提交表单时，浏览器就会按照指定的方式发送请求。例如，当提交方式为 post 时，浏览器发送 post 请求，当提交方式为 get 时，浏览器发送 get 请求。值得注意的是，当 method 属性省略不写时，就意味着表单的提交方式采用默认的 get 方式提交，所以，如果表单的提交方式选用 post 方式，那么要在 form 标签中写明：method="POST"。

PHP 收到来自浏览器提交的数据后，会自动保存到全局变量中。$_POST 和$_GET 数组之一都可以保存表单提交的变量，使用哪一个数组取决于提交表单时在表单 form 标签中 method 属性使用的方法是 post 还是 get。使用$_POST 数组只能访问通过 post 方法提交的表单数据。$_POST 数组是通过 HTTP POST 方法传递的变量组成的数组。

为了让大家更好地掌握获取表单数据的方法，接下来通过一个用户登录的例子来演示，见 ex5-1.php。

ex5-1.php

```
<html>
 <head>
     <meta charset="utf-8">
     <title>用户登录</title>
</head>
 <body>
 <?php
  var_dump($_POST);
 ?>
  <form method=post action="<?php   echo $_SERVER['PHP_SELF'];   ?>">
  账号：<input type="text" name="username" required>
  密码: <input type="password" name="password">
  <input type="submit" value="登录">
 </form>
</body>
</html>
```

ex5-1.php 中的表单是提交给自己来处理的，所以 form 标签中 action 的属性值设置为$_SERVER['PHP_SELF']，当然也可以设置为 action=""或者省略 action 属性。

在浏览器中打开 ex5-1.php 的网页，会看到 var_dump()函数打印的$_POST 是一个空数组，如图 5-1 所示。

图 5-1 用户登录表单页

在表单中填写账号（test）和密码（123）信息后，提交表单，所有表单域的内容通过 post 方式提交给自己来处理，此时会看到图 5-2 所示的效果。

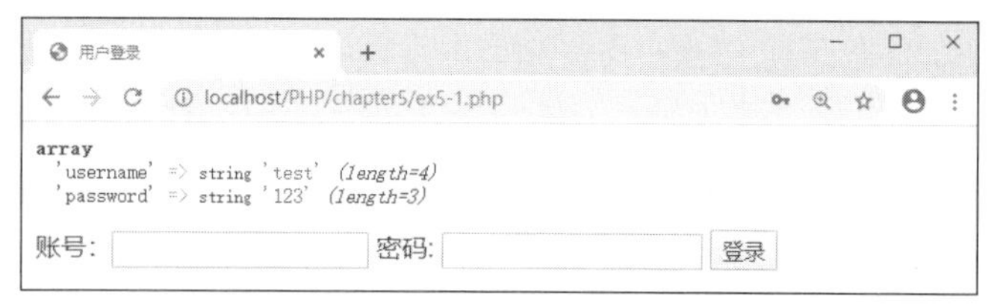

图 5-2　显示表单提交的数据

在 ex5-1.php 中，当表单被提交时，表单中具有 name 属性的表单元素会将用户填写的内容提交给服务器，PHP 会将表单数据保存在$_POST 数组中。$_POST 是一个关联数组，数组的键名对应表单元素的 name 属性，值是用户填写的内容。比如，在上述表单中有一个文本输入框，文本输入框的 name 属性的值为“username”，那么在 PHP 程序中就可以通过$_POST[['username']获取文本输入框中用户输入的值。

在上述程序中，表单通过 post 方式提交，所以输出表单数据可以通过遍历$_POST 数组来实现，代码如下。

ex5-2.php

```
<html>
 <head>
     <meta charset="utf-8">
     <title>用户登录</title>
</head>
 <body>
 <?php
  //遍历$_POST 数组
   if (isset($_POST['username']) && isset($_POST['password'])) {
          echo '添加的用户信息如下：<br/>';
          foreach ($_POST as $key => $value){
               echo $key.'：'.$value.'<br/>';
          }
    }
 ?>
  <form method=post action="<?php   echo $_SERVER['PHP_SELF'];   ?>">
  账号：<input type="text" name="username" required>
  密码: <input type="password" name="password">
  <input type="submit" value="登录">
 </form>
</body>
</html>
```

上述<?php　?>标记中的 if 语句用于判定表单是否提交了用户名和密码，然后用 foreach 结构遍历$_POST 数组中的数据，打印输出，其执行结果如图 5-3 所示。

图 5-3　ex5-2.php 运行结果

如果不采用数组遍历的形式输出$_POST 数组的各个元素，也可以采用 ex5-3.php 中的代码来处理，这里将$_POST 数组的数据取出，保存到变量中，然后输出变量的值，执行结果如图 5-4 所示。

ex5-3.php

```
<html>
 <head>
       <meta charset="utf-8">
       <title>用户登录</title>
</head>
 <body>
 <?php
  if (isset($_POST['username']) && isset($_POST['password'])) {
 $username=$_POST['username'];
   $password=$_POST['password'];
   echo '登录信息如下：<br/>';
   echo '账号:'.$username."<br>";
   echo '密码:'.$password."<br>";
}
 ?>
  <form method=post action="<?php   echo $_SERVER['PHP_SELF'];  ?>">
  账号：<input type="text" name="username" required>
  密码: <input type="password" name="password">
  <input type="submit" value="登录">
 </form>
</body>
</html>
```

图 5-4　ex5-3.php 运行结果

另外，在 Web 表单中，复选框是一种支持提交多个值的表单控件，在编写表单时应将其 name 属性设置为数组，代码如下。

```
<form action="doTest.php" method="post">
       <input type="checkbox" name="hobby[]" value="游泳">游泳
       <input type="checkbox" name="hobby[]" value="跑步">跑步
       <input type="checkbox" name="hobby[]" value="读书">读书
       <input type="checkbox" name="hobby[]" value="爬山">爬山
       <input type="submit" name="" value="提交">
</form>
```

当单击“提交”按钮提交表单时，hobby 会以数组形式提交。假设用户选中了“读书”和“爬山”，以 post 方式提交表单，则处理表单的页面 doTest.php 收到请求后执行“var_dump($_POST["hobby"]);”，输出结果如下。

```
array
  0 => string '读书' (length=6)
  1 => string '爬山' (length=6)
```

从输出结果可见，$_POST["hobby"]元素是一个索引数组，数组中的元素是用户所选复选框对应的value属性值。需要注意的是，当用户未选择任何复选框时，$_POST 数组将不存在$_POST["hobby"]元素。

5.1.2 预定义数组$_GET

数组$_GET 与$_POST 类似。$_GET 是由通过 URL GET 方法传递的变量组成的数组。它是在服务器页面中通过$_GET 预定义数组获取 URL 或表单的 get 方式传递过来的参数，如下面的一个 URL。

```
http://172.10.24.130:8080/video/index.php?tid=10&page=5
```

在这个 URL 中，“? ”后面的内容为参数信息。参数是由参数名和参数值（名值对）组成的，名值对中间使用“=”连接，多个参数名值对之间用“&”分隔。上面的 URL 中有两个参数，其中，tid 和 page 是参数名，对应表单的 name 属性，其值分别为 10 和 5。

这些参数将通过 URL 的 get 方法传递到服务器 172.10.24.130:8080 的 video 项目的 index.php 页面中。在 index.php 文件中可以使用$_GET 预定义数组获取到客户端传递过来的两个参数$_GET['tid']和$_GET['page']。

例如，在 ex5-1.php 中，如果表单提交方式是 GET 方式：

```
<form method="get" action="<?php   echo $_SERVER['PHP_SELF'];   ?>">
```

则获取数据的代码如下。

ex5-4.php

```
if (isset($_GET['username']) && isset($_GET['password'])) {
 $username=$_GET['username'];
   $password=$_GET['password'];
   echo '登录信息如下：<br/>';
   echo '账号:'.$username."<br>";
   echo '密码:'.$password."<br>";
}
```

单击“登录”按钮后，地址栏如图 5-5 所示。

图 5-5 get 方式提交表单的地址栏显示

从上面的例子可以看到，通过 get 方法从表单发送的信息对任何人都是可见的（所有变量名和值都显示在 URL 中）。get 对所发送信息的数量也有限制：小于或等于 2000 个字符。

使用 get 方法传递信息的好处是，由于变量显示在 URL 中，因此，将页面添加到书签中更为方便。get 可用于发送非敏感的数据。绝对不能使用 get 来发送密码或其他敏感信息！

与 get 方法相比，通过 post 方法从表单发送的信息对其他人是不可见的，并且对所发送信息的数量也无限制。此外，post 支持更高级的功能，比如向服务器上传文件。因此，一般提交表单都是使用 post 方法，get 方法更常用于通过超链接中的 URL 传递参数。例如，通常在修改数据时，希望通过 id 指定要修改的是哪条数据。下面的代码通过 get 方法在单击 URL 时指定要修改的用户 id 为 1。

```
<a href='edit_user_form.php?id=1 '>修改</a>
```

5.1.3 其他的预定义数组

1. $_SERVER

$_SERVER 数组是保存关于报头、路径和脚本位置信息的数组。数组的实体由 Web 服务器创建。下面的代码用于查看$_SERVER 数组中的所有数据元素。

ex5-5.php

```
<?php
    var_dump($_SERVER);
?>
```

该代码运行结果如图 5-6 所示。

```
array
  'HTTP_ACCEPT' => string '*/*' (length=3)
  'HTTP_ACCEPT_LANGUAGE' => string 'zh-CN' (length=5)
  'HTTP_USER_AGENT' => string 'Mozilla/5.0 (compatible; MSIE 10.0; Windows NT 6.1; Triden
  'HTTP_ACCEPT_ENCODING' => string 'gzip, deflate' (length=13)
  'HTTP_HOST' => string 'localhost' (length=9)
  'HTTP_CONNECTION' => string 'Keep-Alive' (length=10)
  'PATH' => string 'E:\Oracle\bin;C:\Program Files\AMD APP\bin\x86;c:\Program Files\Intel
  'SystemRoot' => string 'C:\windows' (length=10)
  'COMSPEC' => string 'C:\windows\system32\cmd.exe' (length=27)
  'PATHEXT' => string '.COM;.EXE;.BAT;.CMD;.VBS;.VBE;.JS;.JSE;.WSF;.WSH;.MSC' (length=53)
  'WINDIR' => string 'C:\windows' (length=10)
  'SERVER_SIGNATURE' => string '' (length=0)
  'SERVER_SOFTWARE' => string 'Apache/2.2.17 (Win32) PHP/5.3.5' (length=31)
  'SERVER_NAME' => string 'localhost' (length=9)
  'SERVER_ADDR' => string '127.0.0.1' (length=9)
  'SERVER_PORT' => string '80' (length=2)
  'REMOTE_ADDR' => string '127.0.0.1' (length=9)
  'DOCUMENT_ROOT' => string 'C:/wamp/www/' (length=12)
  'SERVER_ADMIN' => string 'admin@localhost' (length=15)
  'SCRIPT_FILENAME' => string 'C:/wamp/www/MyTest/0/temp.php' (length=29)
  'REMOTE_PORT' => string '64543' (length=5)
  'GATEWAY_INTERFACE' => string 'CGI/1.1' (length=7)
  'SERVER_PROTOCOL' => string 'HTTP/1.1' (length=8)
  'REQUEST_METHOD' => string 'GET' (length=3)
  'QUERY_STRING' => string '' (length=0)
  'REQUEST_URI' => string '/MyTest/0/temp.php' (length=18)
  'SCRIPT_NAME' => string '/MyTest/0/temp.php' (length=18)
  'PHP_SELF' => string '/MyTest/0/temp.php' (length=18)
  'REQUEST_TIME' => int 1442908671
```

图 5-6 $_SERVER 数组中的内容

也可以从$_SERVER 数组中提取自己想要的数据。例如，要想获取客户端的 IP 地址，可以通过$_SERVER['REMOTE_ADDR']来实现，要想获取 PHP 的文档根目录，可以通过$_SERVER

['DOCUMENT_ROOT']来实现，要想获取服务器名，可以通过$_SERVER['SERVER_NAME']来实现，要想获取当前脚本文件的文件名，可以通过$_SERVER['PHP_SELF']来实现。

2. $_FILES

使用表单的 file 输入域上传文件时，必须使用 post 方法提交。但在服务器文件中，并不能通过$_POST 预定义数组获取到表单 file 域的内容。而$_FILES 预定义数组是表单通过 post 方法传递的已上传文件项目组成的数组。$_FILES 是一个二维数组，其中第一维的下标是表单中 file 输入域的名称，第二维下标是用于描述上传文件的属性（如文件名、类型、大小等）。关于$_FILES 数组的更多信息，可以参照本章 5.3 节文件上传的相关内容。

3. $_COOKIE

$_COOKIE 预定义数组是经由 HTTP cookies 方法提交至脚本的变量。通常这些 cookies 由以前执行的 PHP 脚本通过 setCookie()函数将一些数据保存到客户端浏览器中。如果 PHP 脚本要获取 cookies 中的数据，可以通过$_COOKIE 数组和 cookie 的名称来存取执行的 cookie 的值。例如，当登录一些常用网站时，经常需要保存用户名和口令，实现自动登录。这样的功能就可以通过 cookie 实现。关于$_COOKIE 更多的信息，参照本书第 7 章。

4. $_SESSION

会话控制是服务器端使用 session 跟踪用户。在服务器页面中使用 session_start()函数开启 session 后，就可以使用$_SESSION 数组注册全局变量，用户可以在整个网站中访问这些会话信息。例如，当用户登录的时候，使用$_SESSION 数组可以将用户名等保存到 session 中，当用户单击其他页面时，如果通过$_SESSION 数组能获取到用户名，则不需要重新登录。关于$_SESSION 更多的信息，参照本书第 7 章。

5. $_REQUEST

$_REQUEST 数组包含$_POST、$_GET 和$_COOKIE 中的全部内容。但$_REQUEST 的速度比较慢，不推荐使用。

6. $_ENV

PHP 中的$_ENV 是一个包含服务器端环境变量的数组，它只是被动地接受服务器端的环境变量并把它们转换为数组元素。

由于$_ENV 变量是取决于服务器的环境变量的，从不同的服务器上获取的$_ENV 变量打印出的结果可能是完全不同的。所以，$_ENV 无法像$_SERVER 那样列出完整的列表。

有时候，$_ENV 会为空，其原因通常是 PHP 的配置文件 php.ini 的配置项为：variables_order = "GPCS"。如果想使$_ENV 的值不为空，那么 variables_order 的值应该加上一个大写字母“E”，即 variables_order = "EGPCS"。这个配置表示 PHP 接受的外部变量的来源及顺序，EGPCS 是 Environment、Get、Post、Cookies、Server 的缩写。如果 variables_order 的配置中缺少“E”，则 PHP 无法接受环境变量，那么$_ENV 也就为空了。

由于开启$_ENV，即 variables_order = "EGPCS"，会导致一些性能损失，按 PHP 官方的说法是，在生产环境中，不推荐使用。可以使用 var_dump($_ENV)查看服务器上的环境变量。

7. $GLOBALS

$GLOBALS 用于从 PHP 脚本中的任意位置访问全局变量。例如，在函数或类的方法中访问全局变量时，不需要再用 global 进行声明，可以直接使用$GLOBALS 数组，数组的索引即要访问的变量名。

```
<?php
    $a = 1; $b=2;    //声明两个全局变量$a、$b
    function Sum(){
        $GLOBALS['b'] = $GLOBALS['a'] + $GLOBALS['b'];    //使用 GLOBALS 数组访问全
局变量
    }
    Sum();
    echo $b;        //全局变量$b 值在函数内重新赋值，输出为 3
?>
```

5.2 应用实践：获取用户注册表单信息并输出

本项目要求能够获取用户填写的注册表单的信息，并输出用户的注册信息。用户注册信息页面如图 5-7 所示，显示用户注册信息页面如图 5-8 所示。

图 5-7　用户注册信息页面

图 5-8　显示用户注册信息页面

本项目包含的文件如下。

1. 用户注册信息页 userReg.html

添加用户注册信息表单页，页面中的元素描述见表 5-1。

表 5-1　用户注册信息页面表单元素

控件类型	名称	含义	备注
文本输入框	username	输入姓名	必填项
密码框	password	输入密码	必填项
单选按钮	gender	选择性别	默认选中“男”
日期框	birthdate	选择生日	必填项
文件域	pic	选择头像	必填项
电子邮件	email	输入符合格式要求的电子邮件	必填项
提交按钮	无	单击“提交”按钮，表单将提交给 form 标签中 action 属性所指定的处理页面 doUserReg.php	值为“提交”
重置按钮	无	单击“重置”按钮，表单中的元素值会清空重置	值为“重置”

userReg.html 页面的核心代码如下。

```
<!DOCTYPE html>
<html lang="en">
<head>
    <meta charset="UTF-8">
    <title>用户注册页</title>
</head>
<body>
    <form action="doUserReg.php" method="post">
    <table border="1">
        <tr>
            <td>用户名</td>
            <td><input type="text" name="username" required></td>
        </tr>
        <tr>
            <td>密码</td>
            <td><input type="password" name="password" required></td>
        </tr>
        <tr>
            <td>性别</td>
            <td><input type="radio" name="gender" value="0" checked>男
            <input type="radio" name="gender" value="1">女</td>
        </tr>
        <tr>
            <td>电话</td>
            <td><input type="number" name="tel" required></td>
        </tr>
        <tr>
            <td>头像</td>
            <td><input type="file" name="pic"></td>
        </tr>
        <tr>
            <td>邮箱</td>
            <td><input type="email" name="email" required></td>
        </tr>


        <tr>
            <td colspan="2"><input type="submit" value="注册">
            <input type="reset" value="重置"></td>
        </tr>
    </table>
    </form>
```

```
</body>
</html>
```

form 中的 action 属性指明了表单提交后的处理页面的名称，这里会跳转到 doUserReg.php 页面，method 属性指明了表单的提交方式，由于表单中有密码和上传文件的表单元素，所以选择了 post 方式。

表 5-1 的最后两行是两个按钮，在 HTML 中按钮一般分为两类，一类本身就具有特定的功能，称为特殊按钮，如 Submit（提交按钮）用于将用户填写的信息传输至服务器；Reset（复原按钮）清除所填写的信息以便重新填写。另一类本身不具特别功能，称为普通按钮。特殊按钮只应用于表单（form）中，才能发挥特别的功能；而普通按钮除可在表单中应用外，在网页的其他地方使用也非常方便。特殊按钮，一般无须另加动作，当按下按钮时就有动作发生；而普通按钮，必须加上指定的动作并用相应的事件来触发，才会在事件发生时激发动作，否则按下普通按钮，什么也不会发生。下面给出了使用特殊按钮和普通按钮的示例。

<input type="submit" name="Submit" value="提 交">获得一个提交按钮。

<input type="reset" name="Reset" value="重 写">获得一个重置按钮。

<input type="button" name="button" value="点我试试" onclick="alert('谢谢你点击！')" >获得一个普通按钮。

2. 处理用户注册信息页 doUserReg.php

doUserReg.php 页面处理用户注册信息表单中提交的表单数据，该页面负责收集表单中的所有数据，将收集到的数据显示给用户，核心代码如下。

```
<!DOCTYPE html>
<html>
<head>
        <meta charset="UTF-8">
        <title>处理用户注册页</title>
</head>
<body>
<h2>页面跳转成功，您的注册信息如下：</h2>
<?php
//接收表单数据
$username=$_POST["username"];
$password=$_POST["password"];
$gender=$_POST["gender"];
$tel=$_POST["tel"];
$pic=$_POST["pic"];
$email=$_POST["email"];
echo "您的姓名是：".$username."<br>";
echo "您的密码是：".$password."<br>";
if ($gender==0) { //需要将性别的整型值转换成对应的字符串输出
        echo "您的性别是：男<br>";
```

```
}else{
        echo "您的性别是：女<br>";
}

echo "您的电话是：".$tel."<br>";
echo "您的头像图片是：".$pic."<br>"; //获取上传图片名称，并未实现文件上传
echo "您的电子邮件是：".$email."<br>";
 ?>
</body>
</html>
```

在上述代码中，$pic 仅上传了图片的名称，并没有实现真正的文件上传，关于文件上传的相关内容将在 5.3 节介绍。

5.3 文件上传

在 Web 开发中，经常需要将本地文件上传到 Web 服务器上。在 PHP 中可以接收来自几乎所有类型浏览器上传的文件。为了满足传递文件信息的需要，HTTP 实现了文件上传的机制，从而可以将客户端的文件通过自己的浏览器上传到服务器上的指定目录。上传文件时，需要在客户端选择本地磁盘文件，而在服务器端需要接收并处理来自客户端上传的文件，所以客户端和 Web 服务器端都需要进行设置。

5.3.1 浏览器端文件上传设置

文件上传的最基本方法是使用 HTML 表单选择本地文件进行提交。ex5-6.php 给出了 PHP 中文件上传时客户端的 form 中需要的相关设置。文件上传页面如图 5-9 所示。

ex5-6.php

```
<html>
<head>
<meta charset="utf-8">
<title>文件上传</title>
</head>
<body>
<form action="doUploadTest.php" method="post" enctype="multipart/form-data">
        <input type="hidden" name="MAX_FILE_SIZE" value="1000000">
                选择文件：<input type="file" name="myfile">
                <br>
                <input type="submit" value="上传文件">
</form>
</body>
</html>
```

图 5-9　文件上传页面

注意如下几个特征属性。

1. POST 方法

表单最常用的功能是向目标页面传递变量，在上传文件时，会在表单中设置相应的属性来完成文件的传递，此时表单提交的方式必须是 post。

2. enctype 属性

form 中需要添加 enctype 属性，取值为 enctype="multipart/form-data"，这样服务器就会知道表单中要传递的数据除了带有常规的表单信息以外，还有待上传的文件。

3. MAX_FILE_SIZE

此字段必须在文件输入字段之前，控制最大的传递文件的大小（字节）。

4. 设置浏览器文件输入浏览按钮

文件上传的表单元素为<input type="file" name="myfile">。

5.3.2　在服务器端通过 PHP 处理上传文件

客户端上传的表单中只提供本地文件的选择，并提供将文件发送给服务器的标准化方式，但并没有提供相关功能来确定文件到达目的地后发生了什么。所以上传文件的接收和处理是通过 PHP 脚本来实现的，具体需要以下 3 个方面的信息。

1. 设置 PHP 配置文件中的指令

在配置文件 php.ini 中设置相应属性，用于精细地调节 PHP 的文件上传功能。相关指令见表 5-2。

表 5-2　　PHP 配置文件中与文件上传有关的选项

指令名	默认值	功能描述
file_uploads	ON	是否开启文件上传功能
upload_max_filesize	2 MB	限制 PHP 处理上传文件大小的最大值，此值必须小于 post_max_size
post_max_size	8 MB	限制通过 post 方法可以接受信息的最大值，也就是整个 post 请求的提交值。此值必须大于 upload_max_filesize
upload_tmp_dir	NULL	上传文件存放的临时路径，可以是绝对路径，默认 NULL 使用系统的临时目录

2. $_FILES 数组

超级全局数组$_FILES 用于存储各种与上传文件有关的信息，其他数据还是使用$_POST 获取。表 5-3 描述了$_FILES 的各元素存储的信息。

表 5-3 $_FILES 的各元素存储的信息

$_FILES 数组元素	信息描述
$_FILES["myfile"]["name"]	客户端文件系统的文件的名称
$_FILES["myfile"]["type"]	客户端传递的文件的类型
$_FILES["myfile"]["size"]	文件的大小（字节）
$_FILES["myfile"]["tmp_name"]	文件被上传后在服务器存储的临时全路径
$_FILES["myfile"]["error"]	文件上传的错误代码

存储在$_FILES["myfile"]["error"]中的值表明上传文件出错原因。表 5-4 描述了上传文件时的出错信息统计。

表 5-4 上传文件时的出错信息统计

$_FILES["myfile"]["error"]值	错误信息描述
0	没有发生任何错误
1	上传文件的大小超出了约定值。文件大小的最大值是在 PHP 配置文件中指定的，该指令是：upload_max_filesize
2	上传文件大小超出了HTML 表单隐藏域属性的MAX _ FILE _ SIZE 元素所指定的最大值
3	文件只被部分上传
4	没有上传任何文件
6	找不到临时文件夹
7	文件写入失败

ex5-6.php 中的表单的 action 属性值为“action=doUploadTest.php”，即表单提交给了doUploadTest.php 页面进行处理，该页面的功能是打印上传文件的相关信息，代码如下。

ex5-7.php

```
<?php
echo "<pre>";
print_r($_FILES);
echo "</pre>";
?>
```

doUploadTest.php 页面的执行结果如图 5-10 所示。

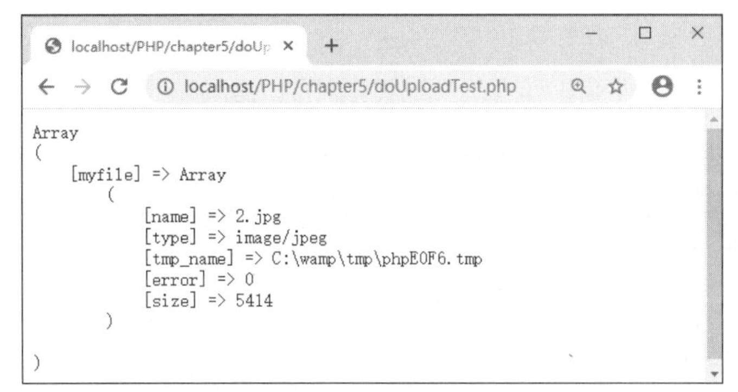

图 5-10 处理文件上传页面的执行结果

从运行结果可见，文件上传的表单元素的相关信息存储在预定义数组$_FILES 中，$_FILES 数组是二维数组，每个数组元素中包括上传文件的名字、类型、临时存储目录、出错信息、文件大小的信息。

除了文件上传以外的其他表单元素的信息都要存储于$_POST 数组中，这部分内容在第 5.2 节中介绍。

3. PHP 的文件上传处理函数

上传成功的文件会被放置到服务器端临时目录下（$_FILES["myfile"]["tmp_name"]指定的路径），文件名是随机生成的临时文件名。该文件在程序执行完以后将自动被删除。在删除前可以像本地文件一样操作。所以，如果要成功上传文件，必须在删除该文件之前将其移动到指定的新位置。移动文件可以使用函数 move_uploaded_file()。其格式为：

```
bool move_uploaded_file(string $filename,string $destination)
```

注意

如果目标文件已经存在，将会被覆盖。

修改上述程序 doUploadTest.php，添加处理文件上传的代码。

```
<?php
echo "<pre>";
print_r($_FILES);
echo "</pre>";
move_uploaded_file($_FILES["myfile"]["tmp_name"],"./upload/".$_FILES["myfile"]["name"]);
?>
```

这里需要在服务器上为上传的文件创建文件夹 upload，上传的文件需要存储在此目录下。图 5-11 展示了文件上传至 upload 目录。

图 5-11　文件上传至 upload 目录

此时，图片的名字仍然是用户选择的本地文件的名字，这时，如果该目录下有重名的文件，则原来的文件将会被新上传的文件覆盖掉，所以为了避免图片重名被覆盖的情况，最好在上传文件时为文件重命名。例如，可以用“当前系统时间+随机数”的形式来命名，以降低重名的可能性。

在文件上传的过程中，需要对上传出错的情况加以判定，如果上传出错，需要给出错误原因。另外，上传文件的类型也要符合要求，比如用户上传的头像应该属于图片类的文件，用户如果误传了其他类型的文件，如文本文件或视频文件，需要给出提示。

下面将结合上面 3 个方面的问题，继续完善文件上传处理页面 doUploadTest.php 的功能，包括上传出错判定、文件类型判定及为文件重命名。

```
<?php
//上传文件出错的判定
if($_FILES["myfile"]["error"]>0)
{
        switch($_FILES["myfile"]["error"]){
                case 1: echo "文件尺寸超过了配置文件的最大值";    break;
                case 3: echo "部分文件上传";   break;
                case 4: echo "没有文件上传";   break;
                default: echo "未知错误";
        }
exit;
}

//文件判断类型
$allowtype=array("jpg","jpeg","png","gif","Bmp","flv");
$arr=explode(".",$_FILES["myfile"]["name"]);
$suffix=$arr[count($arr)-1];
//echo $suffix;
if(!in_array($suffix,$allowtype)){
        echo "这不是允许上传的文件类型";
        exit;
        //die("这不是允许上传的文件类型");
}
//复制文件
$filepath="./upload/";
$randname=date("YmdHis").rand(100,999).".".$suffix; //为上传至服务器的文件重命名
move_uploaded_file($_FILES["myfile"]["tmp_name"],$filepath.$randname);
?>
```

图 5-12 为成功上传至 upload 目录的文件，文件以“系统时间+3 位随机数”形式来命名。图 5-13 为用户选择上传一个文本文件给出的文件类型不匹配的情况的提示。

图 5-12　成功上传至 upload 目录的文件

图 5-13　文件类型错误

5.4 应用实践：注册用户上传头像

设计用户填写注册信息的界面，要求将用户上传的头像图片存储到 images 目录中，文件名的命名要求：以“文件上传时的时间+3 位随机数”的形式命名。用户注册信息页面设计如图 5-7 所示。其中，头像一行即为要上传的表单元素。用户在选择了头像图片文件后，单击“注册”按钮提交表单后，用户选择的图片文件将被上传至服务器 images 文件夹中，如图 5-14 所示。

图 5-14　上传至 images 目录中的图片文件

说明 **1. php.ini 配置文件的 date.timezone 设置**

上传的头像文件要求以“文件上传时的时间+3 位随机数”的形式命名。这里需要修改配置文件 php.ini 的 date.timezone 指令为：date.timezone = PRC，这样可以得到北京时间，否则是格林尼治时间（格林尼治时间和北京时间会出现 8 小时的时差）。

2. php.ini 配置文件的 upload_max_filesize 设置

允许 HTTP 上传文件的最大尺寸指令为：upload_max_filesize = 10 MB，可以根据实际情况调整最大尺寸值，本系统中不允许上传超过 10 MB 大小的文件。同时，该值不应该超过 post_max_size 指令的值。在本系统中 post_max_size = 25 MB。

注册用户上传头像应用实践内容涉及的文件包括用户注册信息页面 userReg.html 和处理用户注册信息页面 doUserReg.php。为了存储用户上传的头像图片，需要在网站根目录新建文件夹 images。

（1）完成 userReg.html 页面

该页面已经在 5.2 节中实现，核心代码参见 5.2 节。注意 form 标签的属性<form method="post" action="doUserReg.php" enctype="multipart/form-data">。

（2）编写 doUserReg.php 处理页面

该页面负责收集 userReg.html 页面中的各个表单元素的值，将用户上传的头像文件上传到 imges 目录中。上传的头像文件以“文件上传时的时间+3 位随机数”的形式命名。处理用户注册信息页面 doUserReg.php 的核心代码如下。

```
<?php
echo "<pre>";
```

```
print_r($_POST);
print_r($_FILES);
echo "</pre>";
//上传文件大小的判定
if($_FILES["pic"]["error"]>0)
{
        switch($_FILES["pic"]["error"]){
                case 1: echo "文件尺寸超过了配置文件的最大值";     break;
                case 3: echo "部分文件上传";   break;
                case 4: echo "没有文件上传";   break;
                default: echo "未知错误";
        }
exit;
}

//文件判断类型
$allowtype=array("jpg","jpeg","png","gif","Bmp","flv");
$arr=explode(".",$_FILES["pic"]["name"]);
$hz=$arr[count($arr)-1];
echo $hz;
if(!in_array($hz,$allowtype))
{
        //echo "这不是允许上传的文件类型";
        //exit;
        die("这不是允许上传的文件类型");
}

//复制文件
$filepath="./images/";
$randname=date("YmdHis").rand(100,999).".".$hz;
move_uploaded_file($_FILES["pic"]["tmp_name"],$filepath.$randname);
?>
```

5.5 文件下载

文件下载功能可以将服务器上的文件通过浏览器下载到本地。简单的文件下载只需要使用 HTML 的连接标记<a>，并将属性 href 的 URL 值指定为下载的文件即可。例如，当单击<a href= "one. rar">下载</a>中的链接时，当前路径下的 1.rar 文件会自动下载到客户端。

如果通过上面的代码实现文件下载，只能处理一些浏览器不能默认识别的 MIME 类型文件。例如，当访问 one.rar 文件时，浏览器并没有直接打开文件，而是弹出一个下载提示框，提示用户“下载”还是“打开”等处理方式。如果需要下载后缀名为.html 的网页文件、图片文件及 PHP 程序脚本文件等，使用上述链接形式，只会将文件内容直接输出到浏览器中，并不会提示用户下载。

为了提高文件的安全性，如果不希望在<a>标签中给出文件的链接，则必须向浏览器发送必要的头信息，以通知浏览器将要进行下载文件的处理。在 PHP 中，通常利用 header()函数和 readfile()函数来实现文件的下载。PHP 使用 header()函数发送网页的头部信息给浏览器，以通知浏览器将要进行下载文件的处理。该函数接收一个头信息的字符串作为参数。文件下载需要发送的头信息包括以下 3 个部分，通过调用 3 次 header()函数完成。以下载图片 image.jpg 为例，需要发送的头信息如下。

（1）header('Content-Type:image'); //发送指定文件 MIME 类型的头信息。

（2）header('Content-Disposition: attachment; filename="image.jpg"'); //发送描述文件的头信息，说明这是一个附件，并且指定了下载后的文件名。

（3）header('Content-Length:'.filesize($filename)); //发送指定文件大小的信息，单位字节。

如果使用 header()函数向浏览器发送了这 3 行头信息，图片 image.jpg 将不会直接在浏览器中显示，而是通过浏览器将该文件形成下载的形式。

设置完头部信息以后，需要将文件的内容输出到浏览器，以便进行下载。可以使用 PHP 中的文件系统函数将文件内容读取出来后，直接输出给浏览器。最方便的是使用 readfile()函数，将文件内容读取出来直接输出。

ex5-8.php 给出文件下载的具体实例，实现了 3 种文件类型的下载，代码如下。

ex5-8.php

```
<html lang="en">
 <head>
  <meta charset="utf-8">
  <title>文件下载</title>
 </head>
 <body>
  <a href="one.rar" title="">单击这里下载.rar 压缩包文件</a>
  <br>
  <a href="downJpg.php" title="">单击这里下载.jpg 图片文件</a>
  <br>
  <a href="downHtml.php" title="">单击这里下载.html 文本文件</a>
 </body>
</html>
```

文件下载页面如图 5-15 所示。

当单击图 5-15 中的第 1 个超链接下载的 rar 类型的文件 one.rar 时，可以直接将目标地址赋值给<a>标签的 href 属性；单击此超链接可以直接下载 one.rar 文件。如图 5-16 所示，单击下载，压缩包文件 one.rar 将会保存到指定路径。

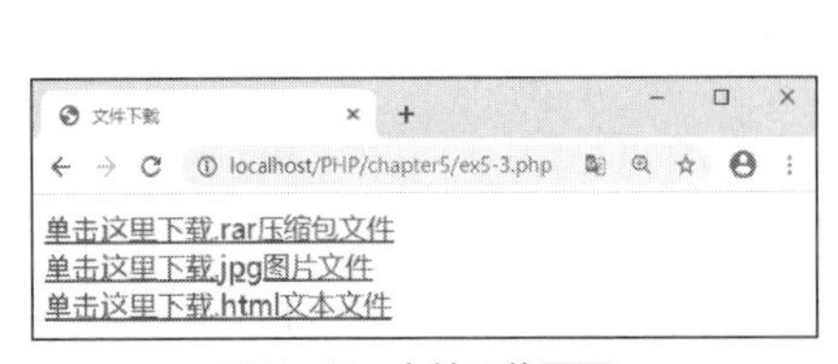

图 5-15　文件下载页面

图 5-16　下载压缩包文件页面

当单击图5-15中的第2个超链接下载图片类型的文件时，不能将下载的目标赋值给<a>标签的href属性，否则将会在网页中直接打开。这里需要创建文件 downJpg.php。下载文件 image.jpg 的 downJpg.php 代码如下。

ex5-9.php

```
<?php
$filename = "image.jpg";
header('Content-Type:image/jpg'); //指定下载文件类型
header('Content-Disposition: attachment; filename="'.$filename.'"'); //指定下载文件的描述
header('Content-Length:'.filesize($filename)); //指定下载文件的大小
//将文件内容读取出来并直接输出，以便下载
readfile($filename);
?>
```

运行 downJpg.php 文件，效果如图 5-17 所示。从图中可以看到文件按照预想的方式被提示下载，单击“保存”按钮将文件保存在本地。

第 3 个超链接下载网页文件的处理与下载图片类似，只需要修改$filename 变量的值，以及 header()函数的 Content-Type 值即可，这里不再赘述。

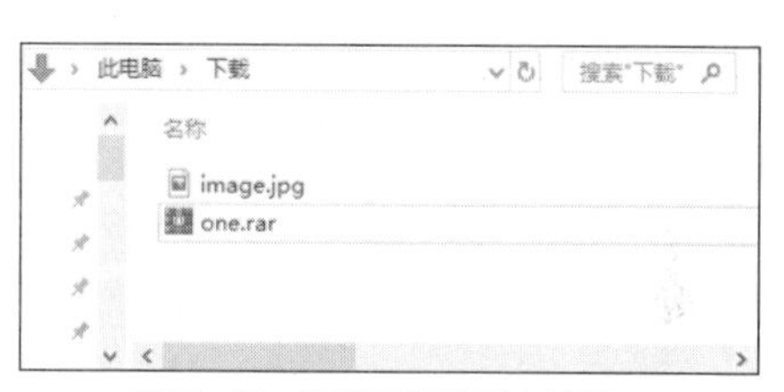

图 5-17　下载图片类型文件页面

5.6 本章小结

本章首先介绍了 PHP 中提供了哪些预定义数组，以及使用$_POST 和$_GET 数组实现 PHP 与网页的交互。文件上传和下载是网站开发过程中常用的技术，通过本章的学习，读者需要重点掌握 PHP 与网页交互的流程，以及 PHP 中文件上传和下载的原理及具体应用。

5.7 本章习题

1. 完成开心网的注册页面信息，并实现输出的功能，将“居住地”改为下拉列表形式，填写至少 5 个城市名称。单击“立即注册”按钮后，显示用户输入的所有注册信息，如图 5-18 和图 5-19 所示。

还没有开心网账号？赶紧注册吧！
电子邮箱：
如果没有邮箱，你可以用账号注册
创建密码：
姓　名：
性　别：○男　◉女
生　日：请选择 年 -- 月 -- 日
我 现 在：○在工作　○在上学　○其它
居 住 地：张家界
☑ 同意开心网服务条款
立即注册

图 5-18　开心网注册页面

页面跳转成功，您的注册信息如下：
您的电子邮箱是：zhangsan@163.com
您的密码是：1213
您的姓名是：张三
您的性别是：女
您的生日是：1977年1月1日
您现在的状态是：在工作
您的居住地是：大连
您已同意开心网服务条款

图 5-19　开心网注册信息输出页面

2. 用户填写信息的表单页面，如图 5-20 所示，单击“提交”按钮后将显示表单中填写的用户名、所学专业和毕业院校的信息，以及提示文件上传成功的信息，如图 5-21 所示。

上传的照片文件存储到 photo 目录中，上传的简历文件存储到 resume 目录中。上传的照片和简历文件以“上传时的时间+3 位随机数”的形式命名，如图 5-22 和图 5-23 所示。

如果上传文件失败，需要给出失败的原因。比如文件过大等。

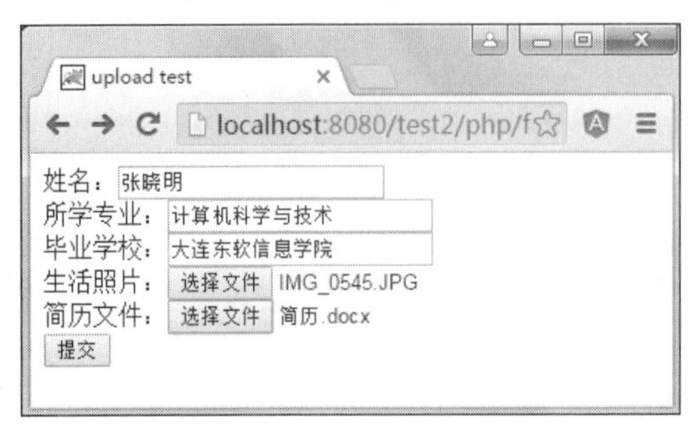

图 5-20　用户填写信息的页面

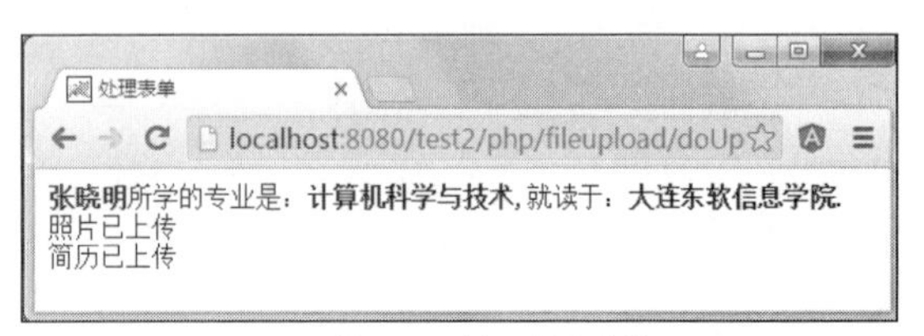

图 5-21　处理用户填写信息的结果页面

图 5-22　用户上传的照片文件

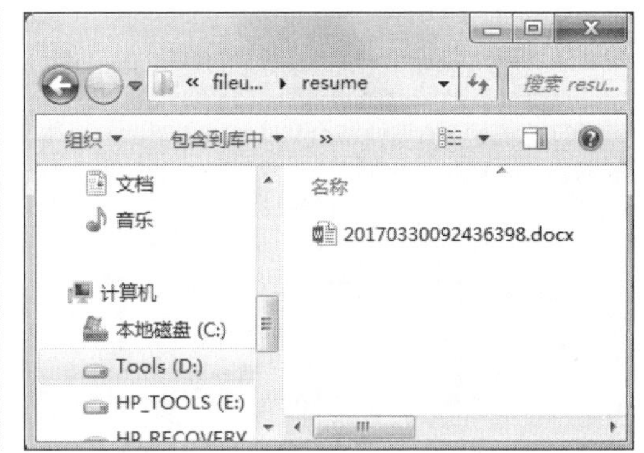

图 5-23　用户上传的简历文件

3. 编写程序，使用预定义数组$_SERVER 获取浏览网页用户的 IP 地址和当前运行脚本的服务器的 IP 地址，如图 5-24 所示。

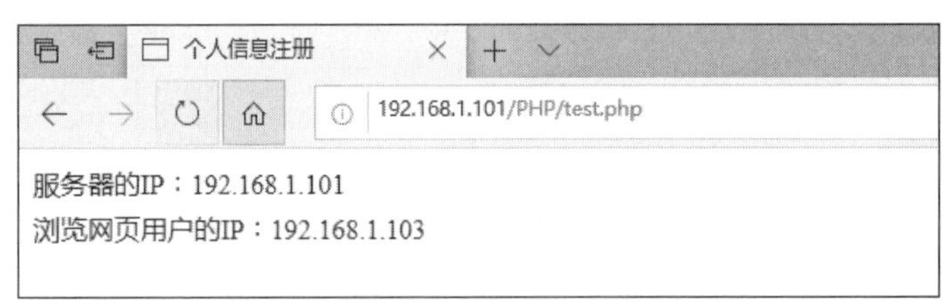

图 5-24　预定义数组$_SERVER 的应用

第 6 章 PHP访问MySQL数据库

06

▶ 内容导学

动态网站的数据基本上都是存储于数据库中的，而且是允许修改和维护的。本章将介绍 MySQL 数据库的基础知识、Navicat 软件的使用、MySQL 数据库的常见操作（创建数据库、创建数据表、数据表内容的简单管理）、PHP 访问 MySQL 数据库的流程以及 PHP 访问 MySQL 数据库的相关函数（连接数据库、关闭数据库、执行 SQL 语句及处理结果集等函数）。最后按照应用实践的要求完成应用实践的内容，即用户管理子系统的功能，包括普通用户注册，管理员登录，管理员登录后对用户信息的显示、搜索、删除、修改等。

▶ 学习目标

① 掌握 MySQL 数据库的数据类型。
② 掌握 MySQL 数据库的 SQL 语法。
③ 了解 MySQL 数据库的存储引擎。
④ 理解 MySQL 数据库的权限设置。
⑤ 掌握 PHP 访问 MySQL 数据库的流程和函数。
⑥ 运用 PHP 访问 MySQL 数据库的函数，实现对数据的增、删、改、查功能。

6.1 MySQL 数据库基础知识

数据库是以结构化格式组织的数据的集合，这些数据集合是需要通过某种程序或者软件创建和维护的，MySQL 就是众多软件中的一员，SQL Server 和 Oracle 也是其中的成员。值得一提的是，MySQL 本身并不是数据库，它只是用来创建、维护和管理数据库的计算机软件，这些软件被称为数据库管理系统（DBMS）。通常情况下，开发人员就是通过数据库管理系统来维护数据库中的数据的。

MySQL 是一款免费的软件，它基于开放软件的理念，提供免费和低成本的数据库解决方案。重要的是，它在性能、安全和稳定性方面完全可以满足大多数 Web 开发的需要。MySQL 的特点是灵活，与 Oracle 等 DBMS 相比，它本身并不庞大，但仍然集中了大量特性，快速而高效。它足以满足中小规模的数据库需求。

MySQL 是基于关系数据库的，当前，大多数数据库都是关系数据库。关系数据库是数据库类别中的一种，它将数据组织成表，并表现为表与表之间的关系。通过这种关系，DBMS 可以从不同表中提取某种特定的数据集合。

6.1.1 MySQL 数据库的存储引擎

“存储引擎”，从字面理解，“存储”的意思是存储数据。“引擎”一词来源于发动机，它是发动机中的核心部分。在软件工程领域，相似的称呼有“游戏引擎”“搜索引擎”，它们都是相应程序或系统的核心组件。

数据库引擎是用于存储、处理和保护数据的核心服务。我们知道，关系数据库的数据存储于表中，可以将表理解为由行和列组成的表格，类似于 Excel 的电子表格的形式。表是在存储数据的同时，还要组织数据的存储结构，而这些数据的组织结构就是由存储引擎决定的。

在现实生活中，由于不同业务产生了不同的数据，这些数据有的可能偏重于被频繁查询，有的要求增删速度快，有的则对事务、索引、外键有特殊规定。这要求存储数据的数据表具有不同的数据组织结构，也就是存储引擎。MySQL 支持多种引擎，常用的引擎见表 6-1。

表 6-1　MySQL 数据库引擎介绍

数据库引擎	功能
MyISAM	MyISAM 强调了快速读取操作，拥有较快的插入、查询速度，但不支持事务处理和外键约束
CSV	逻辑上由逗号分隔数据的存储引擎。它会在数据库子目录中为每个数据表创建一个.CSV 文件。这是一种普通文本文件，每个数据行占用一个文本行。CSV 存储引擎不支持索引
MEMORY（HEAP）	所有数据置于内存的存储引擎，拥有极高的插入、更新和查询效率。但是会占用和数据量成正比的内存空间，其内容会在 MySQL 重新启动时丢失
ARCHIVE	非常适合存储大量独立的、作为历史记录的数据。因为它们不经常被读取。Archive 拥有高效的插入速度，但其对查询的支持相对较差
InnoDB	InnoDB 支持事务处理和外键约束，这两点是 ISAM 和 MyISAM 两个引擎所没有的。所以，如果数据库的设计需要这两个特性中的一个或两个，那么可以选择使用 InnoDB 引擎

可以通过查看数据库引擎的 SQL 命令来查看当前 MySQL 使用的是哪一种引擎，命令如下。

```
SHOW ENGINES;
```

在 XAMPP 集成开发环境中，MySQL 的默认数据库引擎是 InnoDB。

6.1.2　MySQL 数据库的数据类型

在创建一个表时，需要指定字段的数据类型，MySQL 根据字段的数据类型来决定如何存储数据。例如，如果用一个字段存放班级学生人数，就要使用无符号的 INT 数据类型；如果用一个字段存放用户提交的意见或建议，就应该考虑使用 VARCHAR 类型或者 TEXT 类型。本节将介绍 MySQL 常用的数据类型。

1. 数值型

表 6-2 列出了 MySQL 数据库的常用数值类型。

表 6-2　MySQL 数据库的常用数值类型

MySQL 数据类型	字节（Byte）	说明
TINYINT	1	存储$-2^8 \sim 2^8-1$ 的整数
SMALLINT	2	存储$-2^{15} \sim 2^{15}-1$ 的整数
INT	4	存储$-2^{31} \sim 2^{31}-1$ 的整数
BIGINT	8	存储$-2^{63} \sim 2^{63}-1$ 的整数
FLOAT	4	存储-3.40E＋38~3.40E＋38 的浮点型数
DOUBLE	8	存储-1.79E＋308~1.79E＋308 的浮点型数
DEC（p,q）或 DECIMAL（p,q）		定点精度和小数位数。p 为精度，指定小数点左边和右边总共可以存储的十进制数字的最大个数。q 为小数位数，指定小数点右边可以存储的十进制数字的最大个数，q 的默认值为 0

2. 字符串类型

字符串类型数据由汉字、英文字母、数字和各种符号组成。表 6-3 列出了 MySQL 数据库的常用字符串类型。

表 6-3 MySQL 数据库的常用字符串类型

MySQL 数据类型	说明
CHAR（N）	固定长度的字符串类型，N 表示字符串的最大长度，取值为 0 ~ 255
VARCHAR（N）	可变长度的字符串类型，N 表示字符串的最大长度，取值为 0 ~ 65535
TEXT	0 ~ 65535 个字节，可存储大文本
LONGTEXT	0 ~ 2^{32}–1（4294967295）个字节，可存储超大文本（约为 2 GB）
BINARY（N）	固定长度的二进制字符数据（如图片、音乐、视频文件等），N 表示最大长度，取值范围为 1 ~ 8000

字符串类型的常量两端要用单引号括起来。如‘hello’、‘how are you’、‘18274’都是字符串类型的数据。

3. 日期时间类型

表 6-4 列出了 MySQL 常用的日期时间数据类型。

表 6-4 MySQL 常用的日期时间数据类型

MySQL 数据类型	格式	含义
DATE	YYYY-MM-DD	日期，表示 1000-01-01~9999-12-31 的日期
TIME	HH:MM:SS	时间，表示–835:59:59~838:59:59 的时刻
DATETIME	YYYY-MM-DD HH:MM:SS	日期时间，表示 1000-01-01 00:00:00~9999-12-31 23:59:59 的日期时间
YEAR	YYYY	年份类型，1901—2155 年的某一年

日期类型的常量两端要用单引号括起来。日期类型常量有英文数字格式、数字加分隔符格式和纯数字格式 3 种。采用英文数字格式时，月份可用英文全名或缩写形式，不区分大小写。例如，2015 年 10 月 25 日可采用以下几种输入格式。

```
'Oct 25 2015'                    /*英文数字格式*/
'2015-10-25' 或 '2015/10/25'     /*纯数字加分隔符*/
'20151025'                       /*纯数字格式*/
```

DATETIME 类型输入时间部分可以采用 12 小时格式或 24 小时格式。使用 12 小时格式时要加上 AM 或 PM，以便说明是上午还是下午。在时与分之间可以使用冒号作为分隔符。例如，要表示“2015 年 10 月 25 日下午 3 时 28 分 56 秒”，可以用如下形式输入。

```
'2015-10-25 3:28:56 PM'   /*12 小时格式*/
'2015-10-25 15:28:56'     /*24 小时格式*/
```

4. 数据完整性约束

当设计数据库时，可以对表中的一些字段设置约束条件。常用的约束条件有 6 种：主键约束（PRIMARY KEY）、外键约束（FOREIGN KEY）、唯一值约束（UNIQUE）、默认值约束（DEFAULT）、非空约束（NOT NULL）和检查约束（CHECK）。

（1）PRIMARY KEY

主键约束。如商品信息表中的商品号，每个商品都有一个确切的商品号，并且每个商品的商品号都不会重复。那么，商品号就可以定义为主键，用以唯一地确定一个商品记录。有些表中一个列上的取值不足以唯一地标识一个元组。那么，可以将多个列组合在一起作为主键。

主键上的取值既不能重复，又不能为空。当添加数据时，如果违反这两条中的任一规则，都会提示出错。

关系模型的实体完整性要求每张表必须有且仅有一个主键。

（2）FOREIGN KEY

外键约束。可以设置表中的一个（或多个）属性，让它引用某个表的主键（通常情况下），使表中的属性集的取值受它引用的属性集取值的约束，这个受约束的属性集称为外键。使用形式为：FOREIGN KEY（外键列）REFERENCES 表名（主键列）。例如，视频信息表 video 中的视频类型号 tid 列是一个外键列，它需要参照视频类型表 videotype 中的主键 tid 列的取值范围来取值，即 video 中的 tid 只能取 videotype 表中已有的视频类型编号，其外键定义为：FOREIGN KEY (tid) REFERENCES videotype (tid)。MySQL 中设置的存储引擎是 InnoDB 时才支持外键约束。

（3）UNIQUE

唯一值约束。限定某一列的取值唯一，换句话说，就是列的取值不能重复。例如，顾客的身份证号列，每个人的身份证号都不相同，如果这一列上出现重复值必定是错误的。那么，可以设定身份证号的约束为 UNIQUE，重复的数据将不允许出现在这一列。

（4）DEFAULT

默认值约束。可以设定某列的默认值。使用形式为：DEFAULT 常量。

（5）NOT NULL

非空约束。限定某列的取值不允许为空（NULL）。假设顾客信息表中的顾客姓名这一列不允许为空，那么可以设定姓名的约束为 NOT NULL，这样如果在姓名列出现空的数据，DBMS 就会提示出错。

（6）CHECK

检查约束。用以限定列的取值范围。使用形式为：CHECK（约束表达式）。例如，限定商品价格大于 0，在创建表时可以声明 CHECK（价格>0）。

除了以上 6 种约束之外，MySQL 还扩展了标准 SQL 中的完整性约束，增加了 AUTO_INCREMENT 约束，设定该约束的属性列的值会自动增加。一般会在整型的主键字段设定此约束，默认从整数 1 开始，每次增加 1。

6.1.3 MySQL 字符集与字符序

MySQL 由瑞典 MySQL AB 公司开发，在默认情况下，使用的是 latin1 字符集（西欧 ISO_8859_1 字符集的别名）。由于 latin1 字符集是单字节编码，而汉字是双字节编码，由此可能导致 MySQL 数据库不支持中文字符串查询或者发生中文字符串乱码等问题。为了避免出现这些问题，需要了解字符集和字符序的相关概念，并进行必要的字符集和字符序的设置。

字符（Character）是人类语言最小的表意符号，如“A”“B”等。给定一系列字符，并为每个字符赋予一个数值，用数值来代表对应的字符，这个数值就是字符的编码（Character Encoding）。例如，假设给字符“A”赋予整数 65，给字符“B”赋予整数 66，则 65 就是字符“A”的编码，66 就是字符“B”的编码。

给定一系列字符并赋予对应的编码后，所有这些“字符和编码对”组成的集合就是字符集（Character Set）。MySQL 提供了多种字符集，如 latin1、utf8、gbk 等。不同的字符集支持不同地区的字符。例如，latin1 支持西欧字符、希腊字符等，gbk 支持中文简体字符，big5 支持中文繁体字符，utf8 几乎支持世界上所有国家的字符。由于每种字符集支持的字符个数各不相同，因此，各种字符集占用的存储空间也不相同。

字符序（Collation）是指在同一字符集内字符之间的比较规则。只有确定字符序后，才能在一个字符集上定义什么是等价的字符，以及字符之间的大小关系。一个字符集可以包含多种字符序，每个字符集有一个默认的字符序（Default Collation）。MySQL 字符序命名的规则是：以字符序对应的字符集名称开头，以国家名居中（或以 general 居中），以 ci、cs 或 bin 结尾。以 ci 结尾的字符序表示大小写不敏感，以 cs 结尾的字符序表示大小写敏感，以 bin 结尾的字符序表示按二进制编码值比较。例如，latin1 字符集有 latin1_swedish_ci、latin1_general_cs 和 latin1_bin 等字符序，其中，在字符序 latin1_swedish_ci 规则中，字符“a”和“A”是等价的。

为了更好地支持中文检索以防止乱码问题，建议将 MySQL 的字符集设置为 gbk 简体中文字符集或 utf8 字符集。可以通过修改 my.ini 配置文件来修改 MySQL 默认的字符集，具体方法是将 my.ini 配置文件中的 client 选项组中的 default-character-set 参数修改为 utf8，将 mysqld 选项组中的 character-set-server 参数值修改为 utf8，重启 MySQL 服务，这些字符集设置将生效。

6.1.4 MySQL 数据库的 SQL 语法基础

结构化查询语言（SQL，Structured Query Language）可以完成对数据库的管理操作，如数据查询、添加、修改和删除等。

1. 添加数据

可以使用 SQL 语句的 insert 命令向表中插入数据，insert 语句格式如下。

```
insert into 表名[(列名列表)]
values（值列表）[, (值列表), …]
```

此语句将一行或多行新记录插入指定表中。其中，值列名的值应该与列名列表的列一一对应。列名列表中未出现的属性列将取空值。如果列名列表省略，则值列表应该与基本表的列一一对应。

向 area 表中插入如下 3 条记录，如 ex6-1.php 所示。

ex6-1.php

```
insert into area VALUES (null, '中国'), (null, '日本'), (null, '美国');
```

2. 更新数据

更新数据即修改表中数据的操作，SQL 中更新数据的命令是 UPDATE，其语法格式如下。

```
update <表名>
set <列名 1>=<表达式 1> [, <列名 2>=<表达式 2>,…]
[where <条件>]
```

其中，set 子句指定要更新的列并计算更新后的值，如果需要更新多列，则用逗号分隔开；利用 WHERE 子句可以实现条件更新。

更新 area 表中 aid 为 4 的记录信息，如 ex6-2.php 所示。

ex6-2.php

```
update area set areaname='中国' where aid=4;
```

3. 删除数据

SQL 删除数据的命令是 delete，其一般格式如下。

```
delete from <表名>
[where <条件>]
```

该语句的功能是从指定表中删除满足<条件>的所有元组。如果省略 WHERE 子句，表示删除表中全部数据。

删除 area 表中 aid 为 6 的记录信息，如 ex6-3.php 所示。

ex6-3.php

```
delete from area where aid=6;
```

4. 查询数据

查询的 SQL 命令是通过使用 SELECT 语句来实现的，其功能是从数据库中检索满足条件的数据。数据的来源可以是一张表，也可以是多张表。查询的结果是由 0 行（没有满足条件的数据）或多行记录组成的一个记录集合（结果集），并且可以选择一个或多个字段作为输出字段。SELECT 语句还能实现对查询的结果进行排序或汇总等，该语句具有灵活的使用方式，其一般格式如下。

```
select [distinct]<字段 1 [as 别名 1]>[, <字段 2 [as 别名 2]>]…  /* 查询哪些列 */
    from <表名>[, <表名>]…                  /* 来自哪些表 */
     [where <检索条件>]                       /* 根据什么条件 */
     [group by <字段> [having <组提取条件>] ]   /*按哪列分组及分组的过滤条件*/
     [order by <列名 2>[asc|desc] ]           /*按一个或多个字段排序查询*/
     [limit count|number1,number2];          /*限制查询结果的数量*/
```

该语句的功能是从 from 子句中的表或视图中找出满足 where 子句中的条件的元组，再将这些元组在 select 子句中规定的列上进行投影，最后得到一个结果关系。其余子句都是对得到的结果关系进行再处理。

（1）group by 子句将结果关系按<列名 1>的值进行分组。

（2）having 子句用于指定组的选择条件。

（3）order by 子句是将结果关系中的数据按<列名 2>的值进行升序或降序排列。

（4）limit 是 MySQL 对标准的 SQL 查询语句的一个功能扩充，它能限定显示查询结果的行，可以是前 count 行记录，也可以是中间的从 number1 到 number2 的记录行。

模糊搜索 videos 表中视频名包含“特工”的视频信息，如 ex6-4.php 所示。

ex6-4.php

```
select * from videos where videoname like '%特工%';
```

查询点击率排行在前 10 名的视频信息，如 ex6-5.php 所示。

ex6-5.php

```
select * from videos order by clicks desc limit 0,10;
```

查询所有视频的视频信息，视频类型显示类型名，如 ex6-6.php 所示。

ex6-6.php

```
select * from videos join areatype on videos.aid=areatype.aid;
```

6.1.5 数据库用户权限管理

1. MySQL 用户权限系统介绍

MySQL 的优点之一是支持复杂的权限系统。权限是对特定对象执行特定操作的权力，它与特定用户相关，其概念类似于文件的权限。当在 MySQL 中创建一个用户时，就赋予了该用户一定的权限，这些权限指定了该用户在本系统中可以做什么与不可以做什么。

最少权限原则可以用来提高任何计算机系统的安全性。它是一个基本的但又是非常重要的，而且容易被忽略的原则。该原则是：一个用户应该拥有能够执行分配给他的任务的最低级别的权限。例如，只需要在网站上进行查询的用户并不需要 root 用户所拥有的所有权限。因此，应该为该网站应用创建另一个用户，他只拥有访问网站数据库的必要权限，如查询。

2. 设置用户与权限

一个 MySQL 系统可能有许多用户。为了安全起见，root 用户通常只用作管理目的。对于每个需要使用该系统的用户，应该为他们创建一个账号和密码。这些用户名和密码尽量不要与 MySQL 之外的用户名称和密码相同。对于系统用户和 MySQL 用户，最好使用不同的密码，尤其对 root 用户更应该这样。

为用户设置密码不是必需的，但是强烈建议为所有创建的用户设定密码。要建立一个 Web 数据库，最好为每个网站应用程序建立一个用户。

可以使用下面的命令创建一个用户 neuuser，密码也是 neuuser。

```
create user 'neuuser'@'localhost' identified by 'neuuser';
```

赋予用户权限使用 GRANT 命令，其语法如下。

```
grant 权限列表[(列名)] on 对象名
to 用户名 [identified by '密码']
[with grant option]
```

（1）权限列表的权限可以分为 4 个级别：全局级、数据库级、表级和列级。一般权限是限定到表级的，如果想限定到列级，可以使用“权限名（列名列表）”的形式，比如“grant select(name，price)on book to user1”，即把 book 表中的 name 和 price 两列的查询权限授予 user1 用户。一般情况下，insert、update、delete、select、create、alter、drop、index 权限适用于一般用户。

（2）对象名是权限所应用的数据库或表。*.*表示权限作用于当前服务器中的所有数据库的所有表，这一权限是全局级权限。数据库名.*表示权限作用于特定数据库的所有表，这是数据库级别的权限。数据库名.表名指定权限作用于特定数据库的单张表，这是表级别的权限。表名（列名）用来限定权限到特定的列，属于列级权限。如果输入命令时正在使用一个数据库，则表名本身将被解释成当前数据库中的一个表。

（3）用户名是用户登录 MySQL 所使用的名称，它不必与登录系统时所使用的用户名相同，它还可以包含一个主机名，如用户名@localhost 或用户名@somewhere.com。

（4）with grant option 选项，如果指定，则表示允许指定的用户向其他人授予自己所拥有的权限。例如，下面的 grant 语句实现将 neuvideo 数据库的全部表的增、删、改、查权限授予用户 neuuser。

```
grant select , insert , delete , update on neuvideo.* to 'neuuser'@'localhost' identified by 'neuuser';
```

收回用户权限的命令是 revoke，它的语法与 grant 十分相似。

```
revoke 权限列表[(列名)] on 对象名 from 用户名
```

如果已经给出了 with grant option 子句，可以按如下方式撤销它（以及所有其他权限）。

```
revoke all privileges, grant from 用户名
```

6.2 认识 Navicat

Navicat 软件可以从其官方网站下载安装。Navicat Premium 是一套数据库管理工具，可以同时连接到 MySQL、MariaDB、SQL Server、SQLite、Oracle 和 PostgreSQL 数据库。Navicat Premium 可满足现今数据库管理系统的使用功能，包括存储过程、事件、触发器、函数、视图等。本节将介绍 Navicat 管理 MySQL 数据库的方法。

1. 启动 Navicat

首先启动 xampp Server 程序。xampp Server 启动后，再启动 MySQL 服务器。MySQL 服务器启动后，选择“开始”→“程序”→“Navicat Premium 12”或直接单击桌面快捷方式，启动 Navicat，主界面如图 6-1 所示。

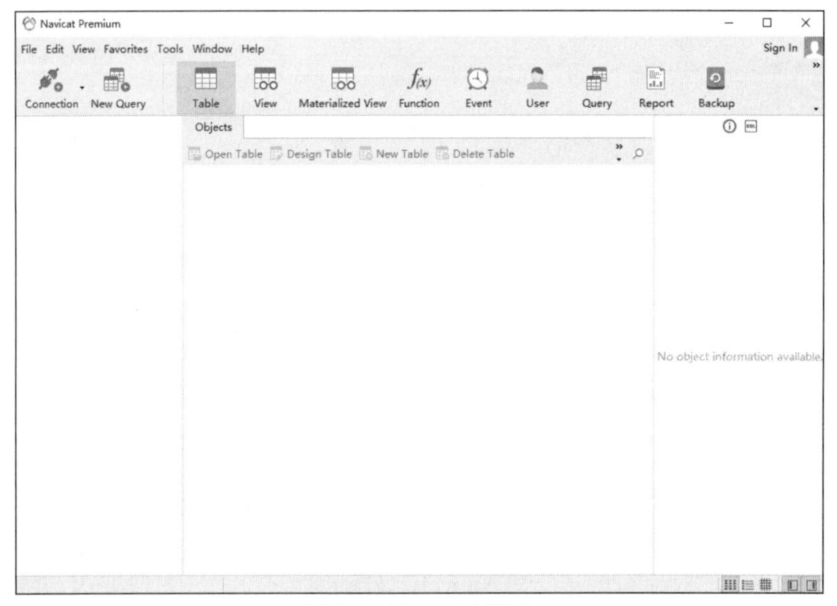

图 6-1 Navicat 主界面

2. 配置连接

在图 6-1 中，单击工具栏中的“Connection”图标，在下拉菜单中选择“MySQL”后，弹出配置连接的窗口，如图 6-2 所示。

在图 6-2 中的“General”选项卡中，输入连接名（myCon）、MySQL 服务器的主机名或 IP 地址（localhost）、端口号（3306）、连接 MySQL 时所用的用户名（root）和密码（空，不需填写）后，单击“Test Connection”按钮，在出现“连接成功”的提示后，单击“OK”按钮。在左侧连接栏中，双击“myCon”连接，如图 6-3 所示。

图 6-2　配置连接的窗口

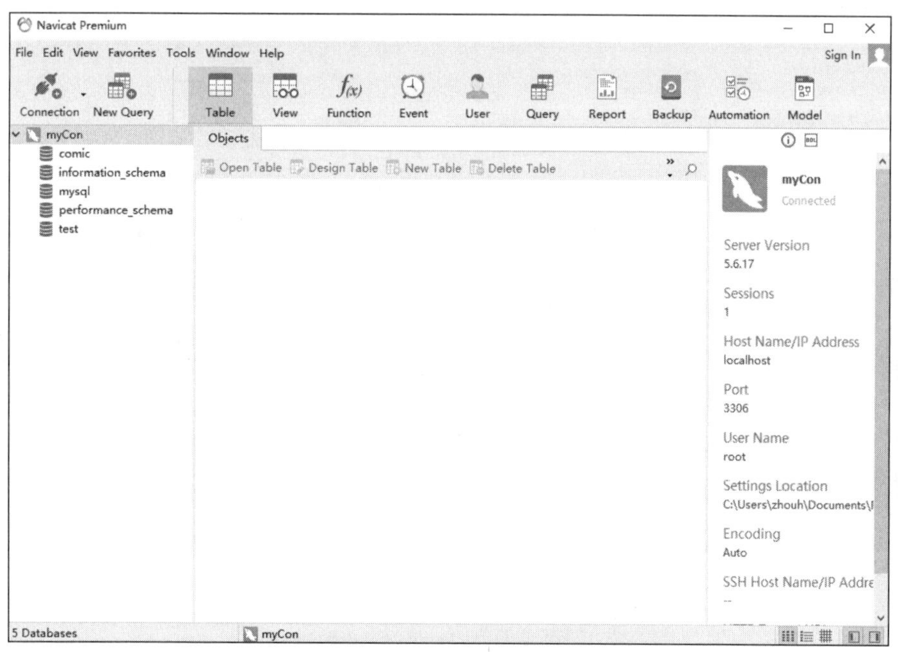

图 6-3　创建 myCon 连接后的 Navicat 主窗口

3. 创建数据库

选中“myCon”连接，单击鼠标右键，选择“New Database...”，将会出现图 6-4 所示的窗口。例如，这里需要创建一个名为 videosystem 的数据库，需要在窗口中输入数据库的名字（videosystem）。Character set 和 Collation 的设置如图 6-4 所示。

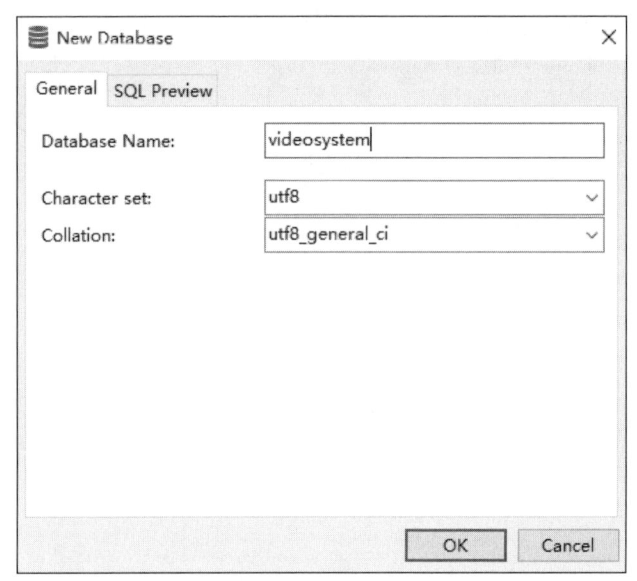

图 6-4　Character set 和 Collation 的设置

在图 6-4 中单击“OK”按钮后，在左侧栏中双击选项“videosystem”，打开刚刚创建的数据库，如图 6-5 所示。

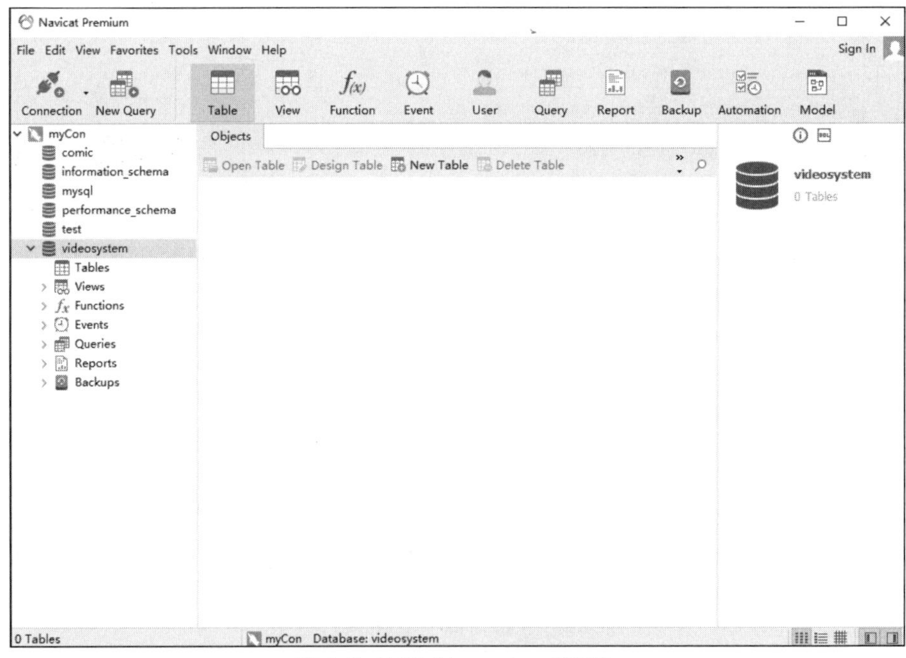

图 6-5　查看 videosystem 数据库

4. 新建数据库表

在图 6-5 中选择“Tables”，单击鼠标右键，选择“New Table”，将会弹出新建数据库表的窗口，如图 6-6 所示。

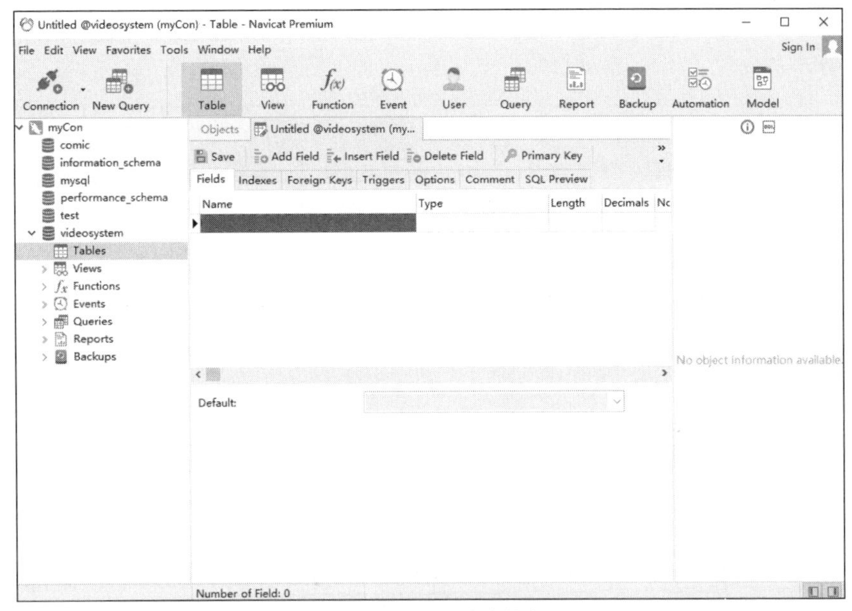

图 6-6　新建数据库表的窗口

在图 6-6 中，如果要创建一个存储管理员信息的数据库表 admins，需要输入 admins 表的字段信息，如图 6-7 所示。输入各个字段名，选择数据类型、输入长度，如果不可以取空值，则将“Not null”的复选框选中。主键字段需要点选“Key”，将选择项设置为主键，admins 表中 adminid 为主键字段，同时勾选“Auto Increment”。Auto Increment 意味着此字段会随着插入记录而自动增长。通常用作主键 ID 的自动生成，MySQL 会自动维护这个值的增长，每次插入新数据时，会自动为该值+1。在默认情况下，AUTO_INCREMENT 的开始值是 1，每条新记录递增 1。

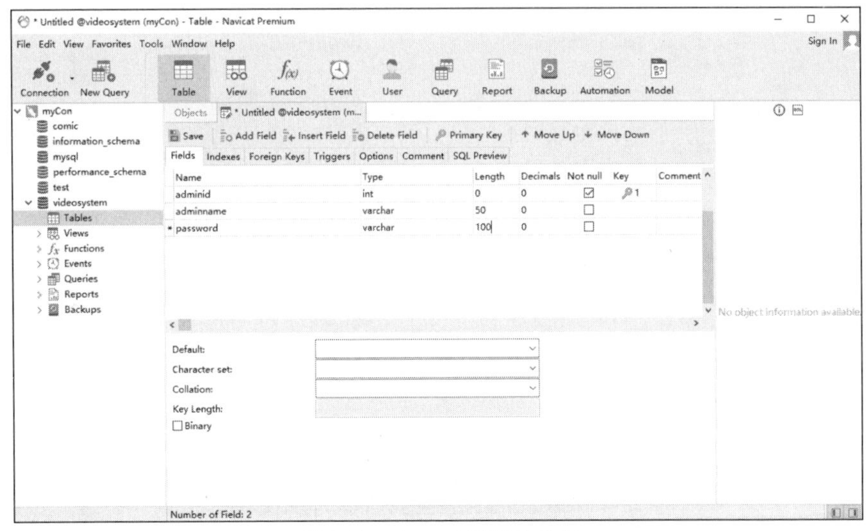

图 6-7　admins 表的结构信息

注意

如果表中的栏位存在外键关联，需要在图 6-7 中的“Foreign Keys”选项卡中添加。

在图 6-7 中，单击工具栏中的“save”按钮保存数据库表，在弹出的窗口中输入表名“admins”，如图 6-8 所示。

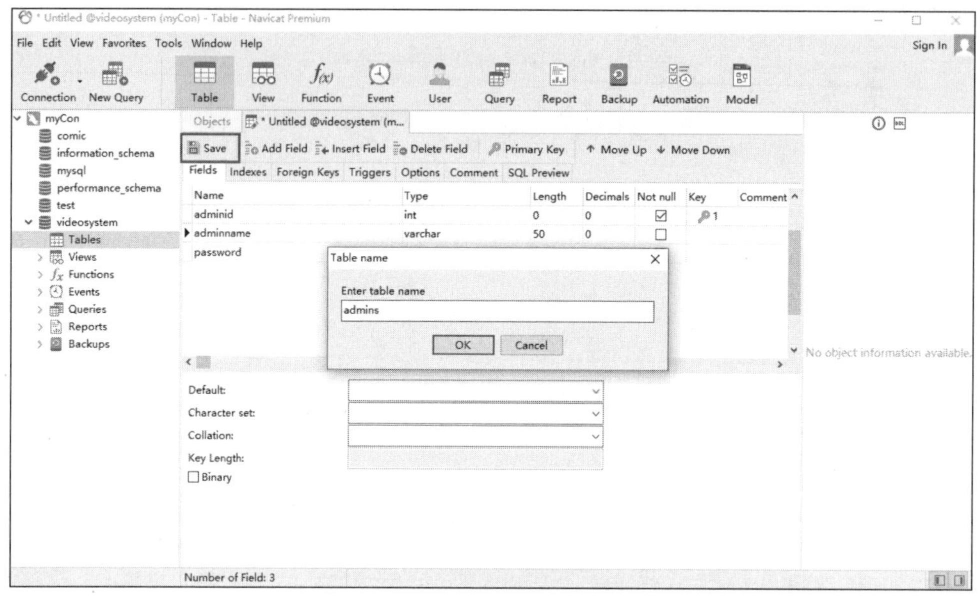

图 6-8　保存新建数据表为 admins

在图 6-8 中单击“OK”按钮后，admins 表创建成功，如图 6-9 所示。

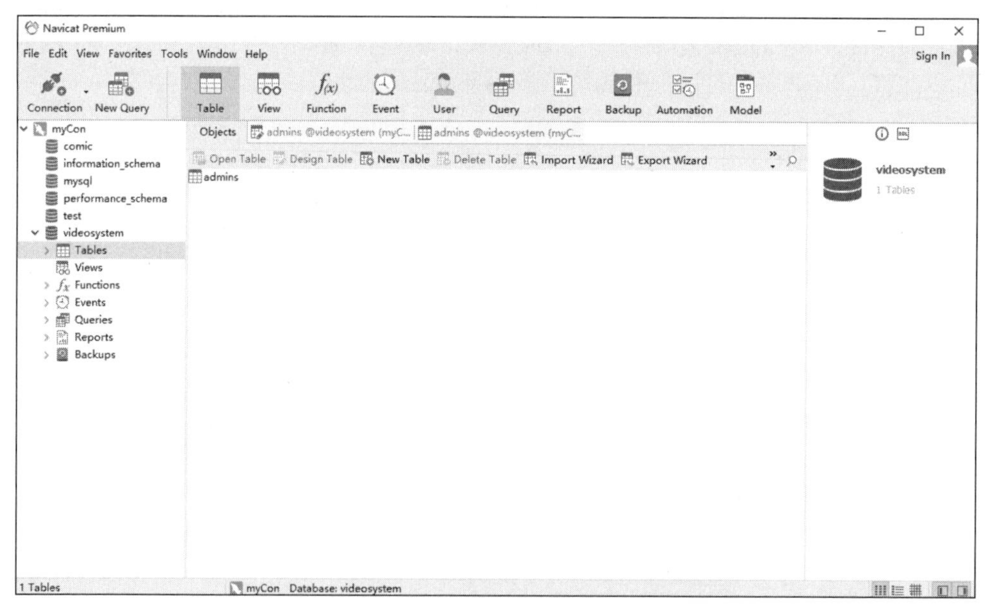

图 6-9　创建 admins 表后的 videosystem 数据库

5. 操作 SQL

例如，通过 SQL 语句向 admins 表中添加管理员的信息，需要打开 Navicat 的 SQL 界面编写 SQL 语句。选中 videosystem 数据库，单击鼠标右键，选择“New Query”，打开 SQL 界面，如图 6-10 所示。

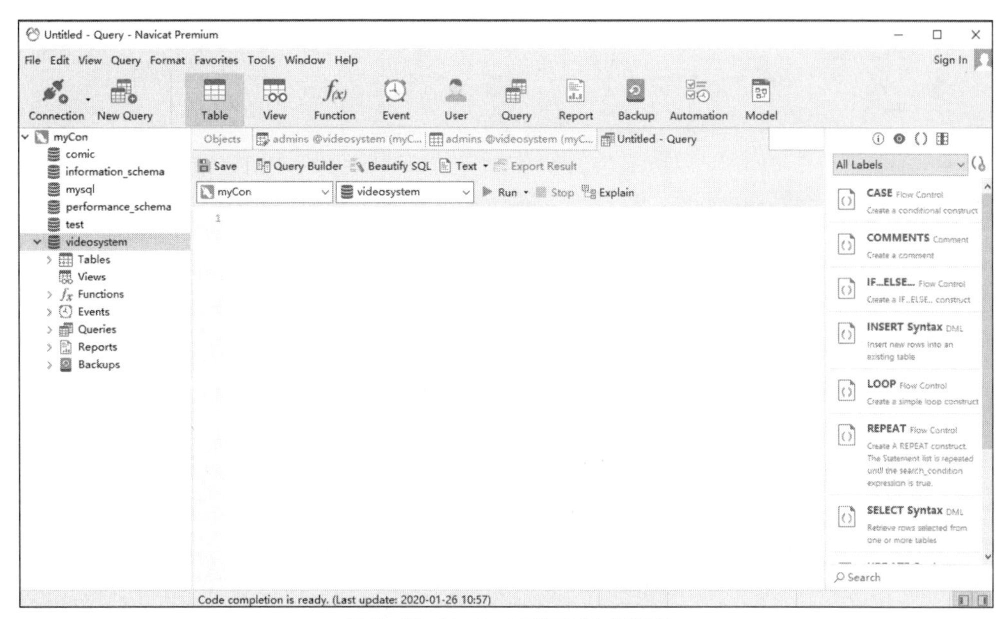

图 6-10　Navicat 操作 SQL 的界面

此时，可以在 SQL 窗口中编写特定功能的 SQL 语句来完成对数据库表的增、删、改、查等操作。例如，向 admins 表中添加一条管理员的信息，可以编写如下 SQL 语句，然后单击窗口上方的“Run”按钮执行 SQL 语句，如图 6-11 所示。

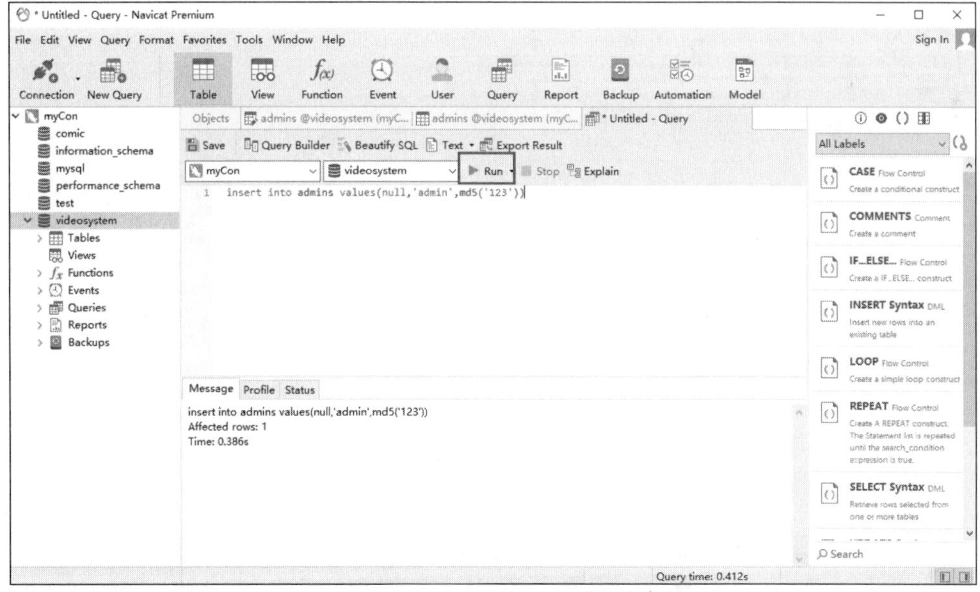

图 6-11　编写 SQL 语句并执行

双击打开左侧栏的 admins 表可见该表的数据信息，如图 6-12 所示。

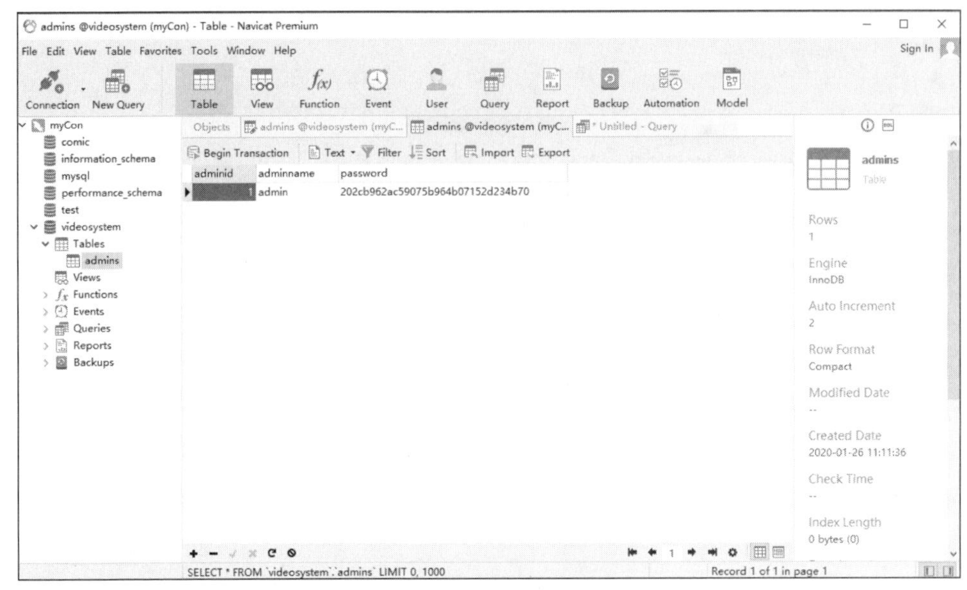

图 6-12　admins 表中的数据

6. 导出数据库

在项目开发过程中，要及时对数据进行备份，即导出数据库。选中 videosystem 数据库，单击鼠标右键，选择“Dump SQL File”，可以选择只导出数据表结构或选择导出数据表结构和数据，如图 6-13 所示。

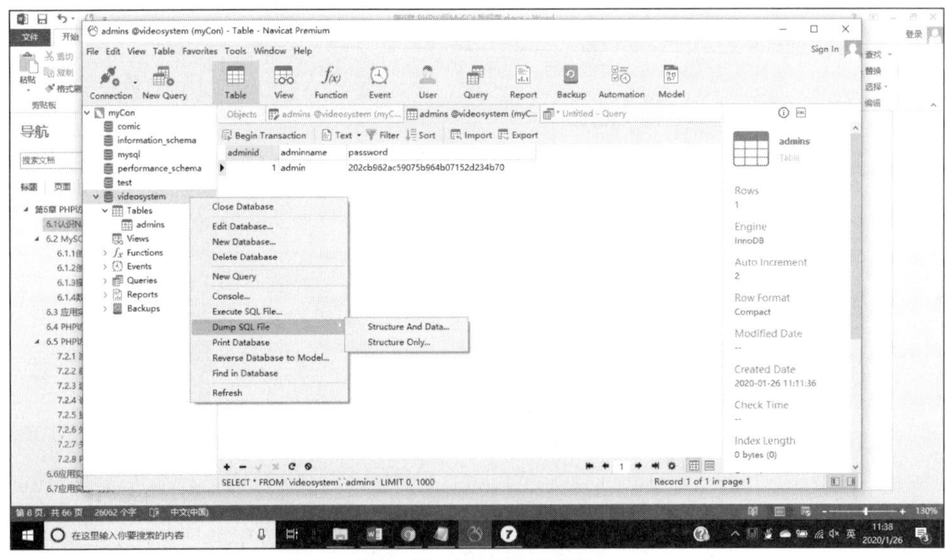

图 6-13　导出数据库命令

导出的数据库为 videosystem.sql 文件，文件名为数据库名，文件扩展名默认为.sql，可以用记事本打开读取。用户可以指定该文件的存储路径，如图 6-14 所示。导出的数据库可以作为数据库的导入源文件，在部署网站时经常用到。

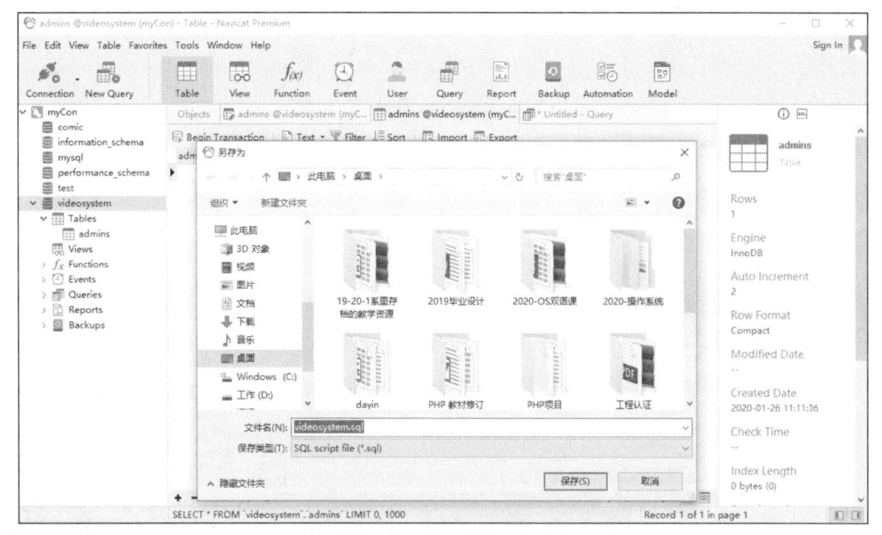

图 6-14　导出的数据库文件

单击图 6-14 的“保存”按钮后，提示数据库文件导出成功，如图 6-15 所示。

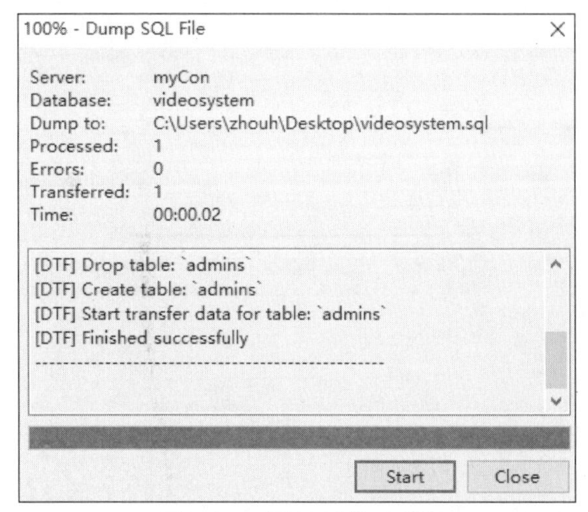

图 6-15　成功导出数据库文件

7. 导入数据库

在项目开发过程中，有时需要在开发人员的计算机上重新创建数据库并导入已有数据。导入数据库的操作能够一次性导入某个数据库的多张表的结构和数据。在导入数据库之前，确认已经创建好了数据库。名字需要与待导入数据库文件同名。例如，要导入 videosystem.sql 中的信息，需要先在 navicat 中建立一个名为 videosystem 的数据库，然后选中 videosystem 数据库，单击鼠标右键，执行命令“Execute SQL File…”，如图 6-16 所示。命令的执行结果会打开选择待导入数据库文件的界面，如图 6-17 所示，在该页面中选择已有的 videosystem.sql 文件，即可导入 sql 文件中的所有数据表及其数据。

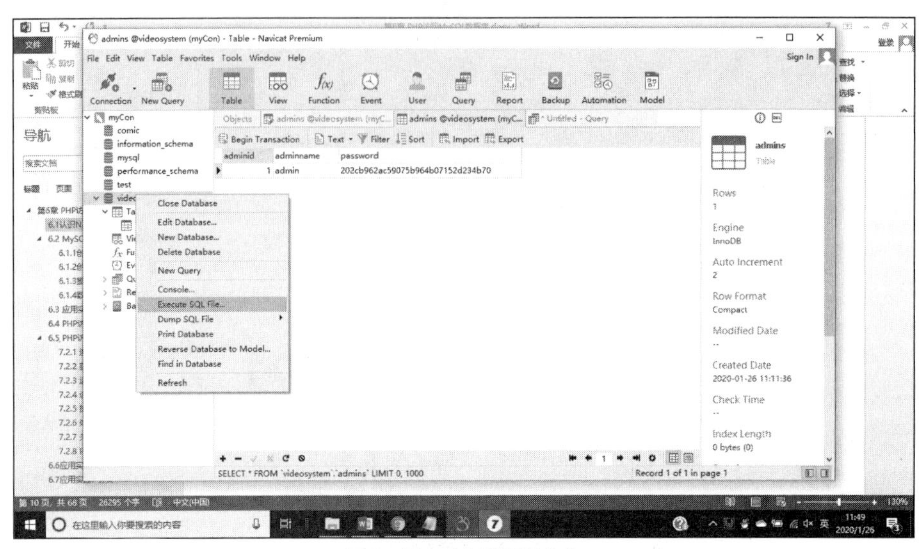

图 6-16　导入数据库命令

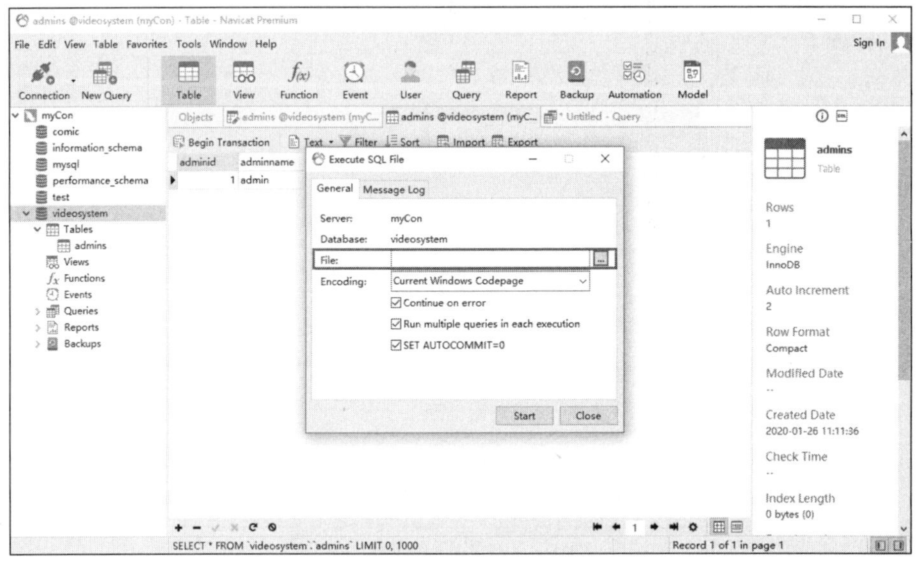

图 6-17　选择待导入的 sql 文件页面

6.3　应用实践：设计动漫电影信息网站的数据库

创建动漫电影信息网站的后台数据库 comic，在数据库中创建 7 张数据表：用户表 users、管理员信息表 admins、地区表 area、视频信息表 videos、评论信息表 comments、评分表 levels 和收藏表 collect。

1. 用户信息表 users

users 表用来存储注册用户的信息，字段包括用户 ID、用户名、密码、性别、电话、上传的头像和电子邮箱信息。users 表的结构见表 6-5。

表 6-5 users 表的结构

列名	数据类型	约束	备注
uid	int(11)	PRIMARY KEY AUTO_INCREMENT	用户 ID
uname	varchar(40)	NOT NULL	用户名
password	varchar(50)	NOT NULL	密码
gender	tinyint(4)	NOT NULL	性别
tel	varchar(20)	NOT NULL	电话
pic	varchar(50)	NOT NULL	上传的头像
email	varchar(50)	NOT NULL	电子邮箱
createtime	datetime	NOT NULL	注册时间
updatetime	timestamp	NOT NULL	更新时间

2. 管理员信息表 admins

admins 表用来存储管理员的信息，字段包括管理员 ID、管理员用户名、密码信息。admins 表的结构见表 6-6。

表 6-6 admins 表的结构

列名	数据类型	约束	备注
adminid	int(11)	PRIMARY KEY AUTO_INCREMENT	管理员 ID
adminname	varchar(40)	NOT NULL	管理员用户名
password	varchar(50)	NOT NULL	密码

3. 地区表 area

area 表用来存储地区信息，该信息在添加动漫电影视频时会用到。字段包括地区 ID、地区名信息。area 表的结构见表 6-7。

表 6-7 area 表的结构

列名	数据类型	约束	备注
aid	int(11)	PRIMARY KEY AUTO_INCREMENT	地区 ID
areaname	varchar(20)	NOT NULL	地区名

4. 电影视频信息表 videos

videos 表用来存储视频信息，字段包括视频 ID、视频名称、地区 ID、视频海报图片、视频简介、视频上传时间、上传人、点击量、下载量、下载地址信息。videos 表的结构见表 6-8。

表 6-8 videos 表的结构

列名	数据类型	约束	备注
vid	int(11)	PRIMARY KEY AUTO_INCREMENT	视频 ID
videoname	varchar(30)	NOT NULL	电影名称
aid	int(11)	NOT NULL　FOREIGN KEY	所属地区

续表

列名	数据类型	约束	备注
pic	varchar(30)	NOT NULL	电影海报图片
intro	varchar(2000)	NOT NULL	电影简介
createtime	datetime	NOT NULL	电影上传时间
updatetime	timestamp	NOT NULL	电影更新时间
clicks	int(11)	NOT NULL DEFAULT '0'	点击量
downloads	int(11)	NOT NULL DEFAULT '0'	下载量
link	varchar(200)	NOT NULL	下载地址

5. 评论信息表 comments

comments 表用来存储登录后的用户对视频发表的评论信息，字段包括留言 ID、留言内容、留言发表的时间、发表留言的用户 ID、被留言的视频 ID。comments 表的结构见表 6-9。

表 6-9　comments 表的结构

列名	数据类型	约束	备注
cid	int(11)	PRIMARY KEY AUTO_INCREMENT	留言 ID
content	varchar(600)	NOT NULL	留言内容
cdate	datetime	NOT NULL	留言日期
uid	int(11)	NOT NULL FOREIGN KEY	用户 ID
vid	int(11)	NOT NULL FOREIGN KEY	电影 ID

6. 评分表 levels

levels 表用来存储登录后的用户对视频的评分，字段包括评分 ID、被评分的视频 ID、打分的用户 ID、评分的分值。levels 表的结构见表 6-10。

表 6-10　levels 表的结构

列名	数据类型	约束	备注
lid	int(11)	PRIMARY KEY AUTO_INCREMENT	级别 ID
vid	int(11)	NOT NULL FOREIGN KEY	电影 ID
uid	int(11)	NOT NULL FOREIGN KEY	打分用户 ID
score	int(11)	NOT NULL	评分

7. 收藏表 collect

collect 表用来存储用户收藏的视频，字段包括收藏 ID、被收藏的视频 ID、打分的用户 ID。collect 表的结构见表 6-11。

表 6-11　collect 表的结构

列名	数据类型	约束	备注
clid	int(11)	PRIMARY KEY AUTO_INCREMENT	收藏 ID
vid	int(11)	NOT NULL FOREIGN KEY	电影 ID
uid	int(11)	NOT NULL FOREIGN KEY	收藏用户 ID

根据上述 7 张数据表的设计，在 MySQL 数据库中实现数据库的创建及数据表的创建。创建数据库和数据表的方法有两种，一种是使用 Navicat 软件来实现，相关操作在 6.2 节中已经介绍，读者可以参考完成。另一种创建数据表的方式是执行 SQL 命令，通常按照以下步骤来完成。

1. 编写 SQL 命令代码。
2. 导入命令代码到控制台或直接在 Navicat 的 SQL 运行界面中运行。
3. 执行成功后查看创建的表。

创建 admins 表的命令如下。

```
CREATE TABLE admins (
adminid int(11) NOT NULL AUTO_INCREMENT,
adminname varchar(40) NOT NULL,
password varchar(50) NOT NULL,
PRIMARY KEY (adminid)) engine=innodb;
```

创建 area 表的命令如下。

```
CREATE TABLE area (
  aid int(11) NOT NULL AUTO_INCREMENT,
  areaname varchar(20) NOT NULL,
  PRIMARY KEY (aid)) engine=innodb;
```

创建 videos 表的命令如下。

```
CREATE TABLE videos (
    vid int(11) NOT NULL AUTO_INCREMENT,
    videoname varchar(50) NOT NULL,
    aid int(11) NOT NULL,
    pic varchar(30) NOT NULL,
    intro text NOT NULL,
    createtime datetime NOT NULL,
    updatetime timestamp NOT NULL,
    clicks int(11) NOT NULL DEFAULT '0',
    downloads int(11) NOT NULL DEFAULT '0',
    link varchar(200) NOT NULL,
    PRIMARY KEY (vid),
FOREIGN KEY (aid) REFERENCES   comic.area (aid)
    ) engine=innodb
```

创建 comments 表的命令如下。

```
CREATE TABLE comments (
     cid int(11) NOT NULL AUTO_INCREMENT,
      content   varchar(600) NOT NULL,
     cdate datetime NOT NULL DEFAULT '0000-00-00 00:00:00',
     uid int(11) NOT NULL,
```

```
    vid int(11) NOT NULL,
    PRIMARY KEY (`cid`),
FOREIGN KEY (uid) REFERENCES  comic.users (uid),
FOREIGN KEY (vid) REFERENCES  comic.videos (vid)
)  engine=innodb;
```

创建 levels 表的命令如下。

```
CREATE TABLE levels (
   lid int(11) NOT NULL AUTO_INCREMENT,
   vid int(11) NOT NULL,
   uid int(11) NOT NULL,
   score int(11) NOT NULL,
   PRIMARY KEY (`lid`),
FOREIGN KEY (uid) REFERENCES  comic.users (uid),
FOREIGN KEY (vid) REFERENCES  comic.videos (vid)
)  engine=innodb;
```

创建 collect 表的命令如下。

```
CREATE TABLE collect (
    clid int(11) NOT NULL AUTO_INCREMENT,
    vid int(11) NOT NULL,
    uid int(11) NOT NULL,
    PRIMARY KEY (`clid`),
FOREIGN KEY (uid) REFERENCES  comic.users (uid),
FOREIGN KEY (vid) REFERENCES  comic.videos (vid)
)  engine=innodb;
```

已创建的数据表如图 6-18～图 6-24 所示。

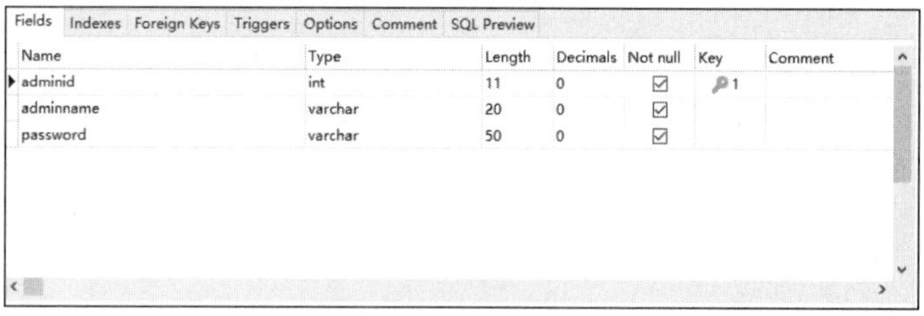

Fields | Indexes | Foreign Keys | Triggers | Options | Comment | SQL Preview

Name	Type	Length	Decimals	Not null	Key	Comment
adminid	int	11	0	☑	1	
adminname	varchar	20	0	☑		
password	varchar	50	0	☑		

图 6-18　admins 表

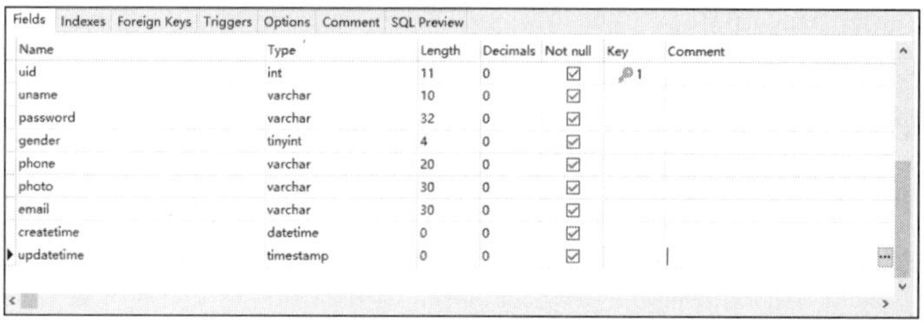

Fields | Indexes | Foreign Keys | Triggers | Options | Comment | SQL Preview

Name	Type	Length	Decimals	Not null	Key	Comment
uid	int	11	0	☑	1	
uname	varchar	10	0	☑		
password	varchar	32	0	☑		
gender	tinyint	4	0	☑		
phone	varchar	20	0	☑		
photo	varchar	30	0	☑		
email	varchar	30	0	☑		
createtime	datetime	0	0	☑		
updatetime	timestamp	0	0	☑		

图 6-19　users 表

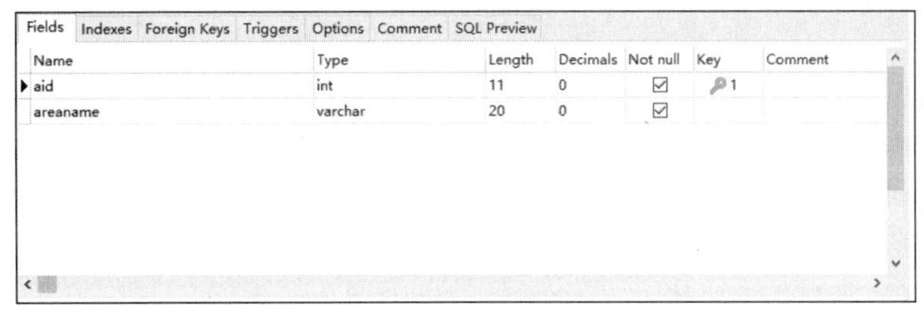

Name	Type	Length	Decimals	Not null	Key	Comment
aid	int	11	0	☑	1	
areaname	varchar	20	0	☑		

图6-20　area 表

Name	Type	Length	Decimals	Not null	Key	Comment
vid	int	11	0	☑	1	
videoname	varchar	50	0	☑		电影名称
aid	int	11	0	☑		区域
pic	varchar	30	0	☑		海报
intro	text	0	0	☑		简介
createtime	datetime	0	0	☑		
updatetime	timestamp	0	0	☑		

图6-21　videos 表

Name	Type	Length	Decimals	Not null	Key	Comment
cid	int	11	0	☑	1	
content	text	0	0	☑		
cdate	datetime	0	0	☑		
uid	int	11	0	☑		
vid	int	11	0	☑		

图6-22　comments 表

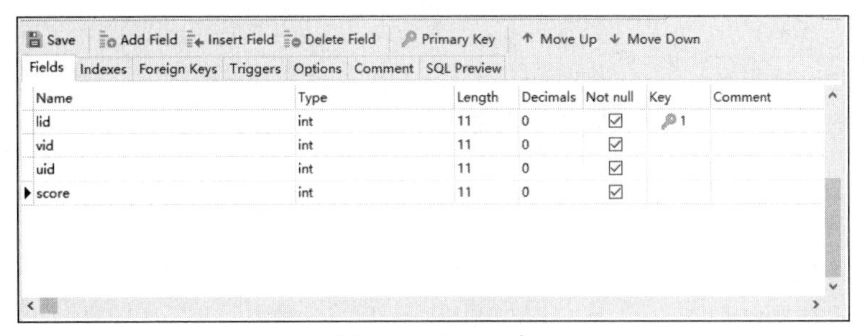

Name	Type	Length	Decimals	Not null	Key	Comment
lid	int	11	0	☑	1	
vid	int	11	0	☑		
uid	int	11	0	☑		
score	int	11	0	☑		

图6-23　levels 表

Name	Type	Length	Decimals	Not null	Key	Comment
clid	int	11	0	☑	1	
uid	int	11	0	☑		
vid	int	11	0	☑		

图6-24　collect 表

6.4 PHP 访问 MySQL 数据库的流程

通过前面的学习，我们了解到，想要完成对 MySQL 数据库的操作，首先需要启动 MySQL 数据库服务器，输入用户名和密码，然后选择要操作的数据库，执行具体的 SQL 语句，最后获取到结果。

同样，在 PHP 的应用中，可以使用 PHP 中的 MySQL 扩展函数来访问 MySQL 数据库，要想完成与 MySQL 服务器的交互，原理和操作步骤与直接使用 MySQL 的客户端软件来访问 MySQL 数据库服务器是相同的。在 PHP 中，访问 MySQL 数据库的步骤如下。

（1）通过用户名和口令连接 MySQL 数据库服务器。

（2）选择数据库。

（3）设置字符集。

（4）编写 SQL 语句。

（5）将 SQL 语句发送到数据库服务器。

（6）处理结果。

（7）关闭数据库连接。

常用的 PHP MySQL 函数见表 6-12。

表 6-12　　PHP 中的 MySQL 函数

函数	描述
mysqli_affected_rows()	获取前一次 MySQL 操作所影响的记录行数
mysqli _character_set_name()	返回当前连接的默认字符集的名称
mysqli _close()	关闭 MySQL 连接
mysqli _connect()	打开一个 MySQL 连接
mysqli _data_seek()	移动内部结果指针
mysqli _errno()	返回上一个 MySQL 操作中的错误信息的数字编码
mysqli _error()	返回上一个 MySQL 操作产生的文本错误信息
mysqli _fetch_array()	从结果集中取得一行作为关联数组或数字数组，或二者兼有
mysqli _fetch_assoc()	从结果集中取得一行作为关联数组
mysqli _fetch_field()	从结果集中取得列信息并作为对象返回
mysqli _fetch_lengths()	获取结果集中每个字段的内容的长度
mysqli _fetch_object()	从结果集中取得一行作为对象
mysqli _fetch_row()	从结果集中取得一行作为数字数组
mysqli_field_seek()	将结果集中的指针设定为指定的字段偏移量
mysqli_free_result()	释放结果内存
mysqli_get_client_info()	获取 MySQL 客户端信息
mysqli_get_host_info()	获取 MySQL 主机信息
mysqli_get_proto_info()	获取 MySQL 协议信息
mysqli_get_server_info()	获取 MySQL 服务器信息
mysqli_info()	获取最近一条查询的信息
mysqli_insert_id()	获取上一步 INSERT 操作产生的 ID
mysqli_field_count()	获取结果集中字段的数目

续表

函数	描述
mysqli_num_rows()	获取结果集中行的数目
mysqli_ping()	Ping 一个服务器连接，如果没有连接，则重新连接
mysqli_query()	发送一条 MySQL 查询
mysqli_select_db()	选择 MySQL 数据库
mysqli_set_charset()	设置数据库的字符集
mysqli_stat()	获取当前系统状态
mysqli_thread_id()	返回当前线程的 ID

下面将按照 PHP 访问 MySQL 服务器的流程，介绍最常用的 MySQLi 扩展函数。

6.5 PHP 访问 MySQL 数据库的函数

6.5.1 连接 MySQL 数据库服务器的函数

要想访问数据库，必须首先创建到数据库的连接。在 PHP 中，mysqli_connect()函数用于连接数据库，该连接可以使用 mysqli_close()关闭函数。如果连接成功，函数将返回一个表示数据库连接的对象（$link）；如果连接失败，函数将返回 FALSE，并向 Web 服务器发送一条 Warning 级别的出错消息。语法格式如下。

```
mysqli_connect(host,username,password,dbname,port,socket);
```

mysqli_connect()函数的参数说明见表 6-13。

表 6-13　　mysqli_connect()函数的参数说明

参数	描述
host	可选。规定主机名或 IP 地址
username	可选。规定 MySQL 用户名
password	可选。规定 MySQL 密码
dbname	可选。规定默认使用的数据库
port	可选。规定尝试连接到 MySQL 服务器的端口号
socket	可选。规定 socket 或要使用的已命名 pipe

为了更好地掌握 mysqli_connect()函数的用法，接下来，通过一个案例来演示如何进行数据库连接，如 ex6-7.php 所示。

ex6-7.php

```
<?php
 //连接数据库
  $link=mysqli_connect("localhost","root","","comic","3306");
//查看连接数据库是否正确
  echo $link?"连接数据库成功":"连接数据库失败";
?>
```

上述代码表示连接的 MySQl 数据库服务器主机为“localhost”，用户为“root”，密码为空，选择的数据库为“comic”，端口号为 3306（MySQL 数据库服务器的端口号为 3306，此处可省略此参数的传递）。接下来，在浏览器中运行该程序，成功时返回“数据库连接成功”的提示；但如果将密码修改为“abc”，则会出现图 6-25 所示的连接失败的提示。

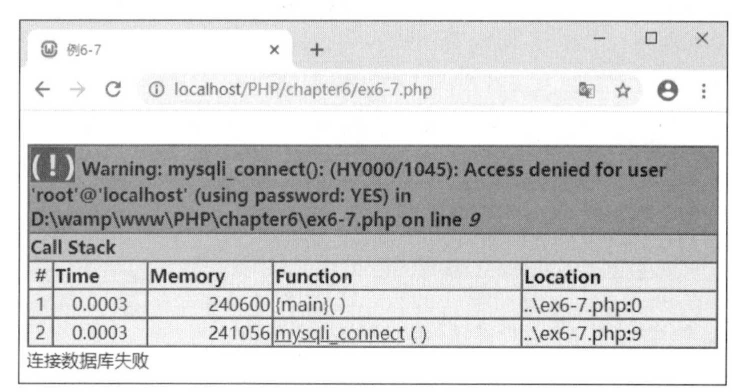

图 6-25　连接数据库失败

另外，当需要输出详细的错误信息时，可以通过 mysqli_connect_error()函数来获取，ex6-7.php 修改如下。

```
<?php
 //连接数据库
    $link=mysqli_connect("localhost","root","a","comic","3306") or die ('数据库连接失败<br/>ERROR '.':'.mysqli_connect_error());
 //查看连接数据库是否正确
  echo $link?"连接数据库成功":"连接数据库失败";
 ?>
```

在上述代码中，“or” 是逻辑或运算符，只有左边表达式的值为 false，才会执行右边的表达式；die()函数用于停止脚本，同时可以输出参数中的信息，结果如图 6-26 所示。

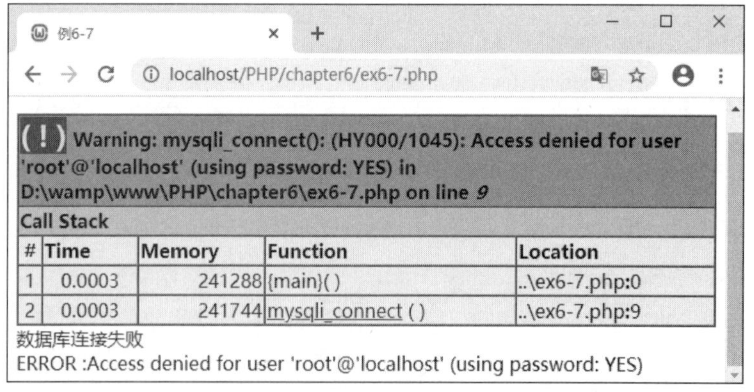

图 6-26　连接数据库失败的详细信息

值得一提的是，需要在 PHP 中设置字符集，用到的函数是 mysqli_set_charset()，具体代码如下。

```
<?php
```

```
//连接数据库
  $link=mysqli_connect("localhost","root","a","comic","3306") or die ('数据库连接失败<br/>
ERROR '.':'.mysqli_connect_error());
//设置字符集
   mysqli_set_charset($link,"utf8");//成功返回 true，失败返回 false
?>
```

注意 **只有保持 PHP 脚本文件、Web 服务器返回的编码、网页的<meta>标签、PHP 访问数据库使用的字符集都统一，才能避免出现中文乱码的问题。**

6.5.2 获取 MySQL 错误信息的函数

在连接数据库、执行 SQL 语句的过程中，都可能会发生错误而导致操作失败，这时，就要获取错误信息，查找错误原因。

要获取 MySQL 数据库的错误信息，常用的函数是 mysqli_error()。

mysqli_error() 函数返回上一个 MySQL 操作产生的文本错误信息，如果没有出错，则返回空字符串，语法如下。

```
mysqli_error(connection);
```

mysqli_ error()函数的参数说明见表 6-14。

表 6-14 mysqli_error()函数的参数说明

参数	描述
connection	必需。规定要使用的 MySQL 连接

ex6-8.php 给出了 mysqli_error()函数的使用示例。假定数据库服务器的主机 IP 地址：localhost；用户名：root；密码：无；数据库：comic。

ex6-8.php

```
<?php
$con=mysqli_connect("localhost","root","","comic");
if (mysqli_connect_errno($con))
{
    echo "连接 MySQL 失败: " . mysqli_connect_error();
}
//设置字符集
mysqli_set_charset($link,"utf8");
// 执行查询，检查错误
if (!mysqli_query($con,"INSERT INTO admins VALUES ('admin')"))
{
    echo("错误描述: " . mysqli_error($con));
}
```

```
mysqli_close($con);
?>
```

在上述代码中，执行 SQL 语句“INSERT INTO admins VALUES ('admin') ”失败，mysqli_error()函数获取到的错误信息如图 6-27 所示。

图 6-27　mysqli_error()函数应用

6.5.3　执行 SQL 语句的函数

完成 PHP 与 MySQL 服务器的连接后，就可以通过 SQL 语句操作数据库了。在 MySQLi 扩展中，通常使用 mysqli_query()函数将 SQL 语句发送到 MySQL 数据库服务器，由 MySQL 数据库服务器执行该 SQL 语句。函数 mysqli_query()的语法如下。

```
mysqli_query(connection,query,resultmode);
```

mysqli_ query ()函数的参数说明见表 6-15。

表 6-15　mysqli_query()函数的参数说明

参数	描述
connection	必需。规定要使用的 MySQL 连接
query	必需，规定查询字符串
resultmode	可选。一个常量，可以是下列值中的任意一个： • MYSQLI_USE_RESULT（如果需要检索大量数据，请使用这个）； • MYSQLI_STORE_RESULT（默认）

mysqli_query()函数仅对 select、show、explain 或 describe 语句返回一个资源类型的结果集，如果查询执行不正确，则返回 false。对于其他类型的 SQL 语句，例如 insert、delet、update 等，mysqli_query()函数在执行成功时返回 true，否则返回 false。

ex6-9.php 给出了 mysqli_query()函数的使用示例。

ex6-9.php

```
<?php
$con=mysqli_connect("localhost","root","","comic");
if (mysqli_connect_errno($con))
{
    echo "连接 MySQL 失败: " . mysqli_connect_error();
}
//设置字符集
 mysqli_set_charset($con,"utf8");
//执行 sql 语句，并获取结果集
$result=mysqli_query($con,'show tables');
if (!$result) {
```

```
        die("错误信息".mysqli_error($con));
    }
    ?>
```

在上述代码中，使用 mysqli_query()函数执行了显示数据库 comic 中已有的数据库表的 SQL 语句。如果 mysqli_query()函数的返回值$result 为 false，则说明 SQL 执行失败，调用 mysqli_error()函数获取出错信息。

6.5.4 处理结果集的函数

由于 mysqli_query()函数执行 select、show、explain 或 describe 语句返回一个资源类型的结果集。因此，需要使用函数从结果集中获取信息。MySQLi 扩展中常用的处理结果集的函数见表 6-16。

表 6-16 MySQLi 扩展处理结果集的函数

函数名	描述
mysqli_num_rows()	获取结果中行的数量
mysqli_fetch_all()	获取所有的结果，并以数组方式返回
mysqli_fetch_array()	获取一行结果，并以数组方式返回
mysqli_fetch_assoc()	获取一行结果，并以关联数组方式返回
mysqli_fetch_row()	获取一行结果，并以索引数组方式返回

1. mysqli_fetch_array() 函数

mysqli_fetch_array() 函数从结果集中取得一行作为关联数组或数字数组，或二者兼有，其语法格式如下。

```
mysqli_fetch_array(result,resulttype);
```

mysqli_fetch_array ()函数的参数说明见表 6-17。

表 6-17 mysql_affected_rows()函数的参数说明

参数	描述
result	必需。规定由 mysqli_query()、mysqli_store_result() 或 mysqli_use_result() 返回的结果集标识符
resulttype	可选。规定应该产生哪种类型的数组。可以是以下值中的一个： • MYSQLI_ASSOC • MYSQLI_NUM • MYSQLI_BOTH

result 参数表示结果集，resulttype 参数是可选的，用于设置返回的数组形式，其值是一个常量，具体形式如下。

（1）MYSQL_ASSOC：表示返回的结果是一个关联数组。

（2）MYSQL_NUM：表示返回的结果是一个索引数组。

（3）MYSQL_BOTH：默认。表示返回结果中同时包含关联和索引数组。

2. mysqli_fetch_assoc() 函数

mysqli_fetch_assoc() 函数从结果集中取得一行作为关联数组，其语法格式如下。

```
mysqli_fetch_assoc(result);
```

mysqli_fetch_assoc()函数的参数说明见表 6-18。

表 6-18　　mysqli_fetch_assoc()函数的参数说明

参数	描述
result	必需。规定由 mysqli_query()、mysqli_store_result() 或 mysqli_use_result() 返回的结果集标识符

ex6-10.php 以读取数据表 area 信息为例，展示处理结果集函数的具体方法。

ex6-10.php

```
<html>
 <head>
  <meta charset="utf-8">
  <title>例 6-10</title>
</head>
 <body>
<?php
$con=mysqli_connect("localhost","root","","comic");
if (mysqli_connect_errno($con))
{
     echo "连接 MySQL 失败: " . mysqli_connect_error();
}
//设置字符集
 mysqli_set_charset($con,"utf8");
//执行 sql 语句，并获取结果集
$result=mysqli_query($con,'select * from area');
echo "<table>";
echo "<tr>";
echo "<th>id</th>";
echo "<th>name</th>";
echo "</tr>";
while ($row=mysqli_fetch_assoc($result)) {//一次取一条结果
     echo "<tr>";
     echo "<th>" . $row["aid"] . "</th>";
     echo "<th>" . $row["areaname"] . "</th>";
     echo "</tr>";
}
echo "<table>";
?>
</body>
</html>
```

在上述示例中，mysqli_fetch_assoc()函数每次获取结果集中的当前行，并使指针移向下一条数据。因此，要想返回结果集中的所有数据，通常需要与 while 循环语句配合使用，可以将结果集中的数据全部取出来，直到该函数取完所有记录返回 false，跳出 while 循环语句。ex6-5.php 最终的显示效果如图 6-28 所示。

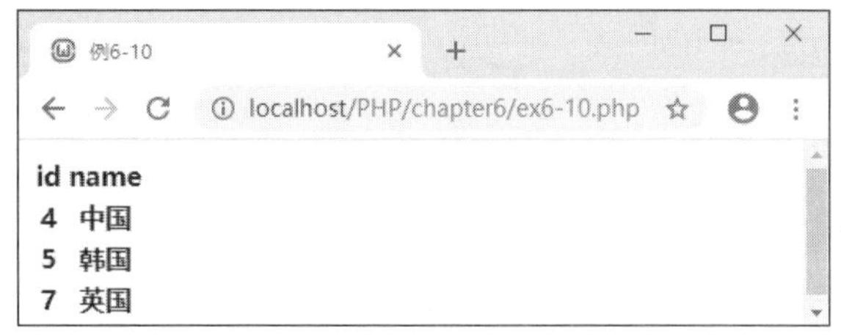

图 6-28 结果集处理结果

3. mysql_num_rows()函数

mysql_num_rows()函数返回结果集中行的数目。此命令仅对 select 语句有效。要取得被 insert、update 或者 delete 查询所影响到的行的数目，需要使用 mysql_affected_rows()函数。下面给出了统计结果集行数的应用代码。

```
<?php
$link = mysqli_connect("localhost", "mysql_user", "mysql_password");
mysql_select_db("database", $link);
$result = mysql_query("SELECT * FROM table1", $link);
$num_rows = mysql_num_rows($result);
echo "$num_rows Rows\n";
?>
```

4. mysqli_affected_rows()

mysqli_affected_rows()函数返回前一次 MySQL 操作（select、insert、update、replace、delete）所影响的记录行数。如果执行成功，则返回受影响的行的数目，0 表示没有受影响的记录。如果最近一次查询失败，则返回-1，语法如下。

```
mysqli_affected_rows(connection)
```

mysqli_ affected_rows ()函数的参数说明见表 6-19。

表 6-19 mysqli_affected_rows()函数的参数说明

参数	描述
connection	必需。规定要使用的 MySQL 连接

ex6-11.php 给出了 mysqli_affected_rows()函数的具体使用方法。

ex6-11.php

```
<html>
 <head>
  <meta charset="utf-8">
  <title>例 6-11</title>
</head>
 <body>
<?php
$con=mysqli_connect("localhost","root","","comic");
```

```
if (mysqli_connect_errno($con))
{
    echo "连接 MySQL 失败: " . mysqli_connect_error();
}
//设置字符集
 mysqli_set_charset($con,"utf8");
//执行删除 sql 语句
mysqli_query($con,"DELETE FROM area WHERE aid=7");
echo "受影响的行数: " . mysqli_affected_rows($con);
?>
</body>
</html>
```

在上例中，使用 mysqli_query()函数执行了一条删除语句，使用 mysqli_affected_rows()函数统计影响的行数，输出结果如图 6-29 所示。

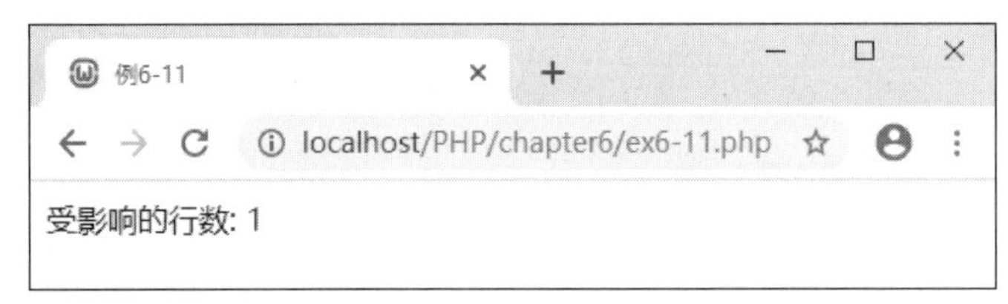

图 6-29　ex6-11.php 输出结果

5. mysqli_insert_id()

mysqli_insert_id()函数返回最后一次查询中自动生成的 ID（通过 AUTO_INCREMENT 生成）。如果上一次查询没有产生 AUTO_INCREMENT 的 ID，则 mysqli_insert_id()函数返回 0，语法如下。

```
mysqli_insert_id(connection)
```

mysqli_ insert_id ()函数的参数说明见表 6-20。

表 6-20　　mysqli_insert_id()函数的参数说明

参数	描述
connection	必需。规定要使用的 MySQL 连接

ex6-12.php 输出最后一次 INSERT 语句执行后生成的 ID。

ex6-12.php

```
<html>
 <head>
  <meta charset="utf-8">
  <title>例 6-12</title>
</head>
 <body>
<?php
$con=mysqli_connect("localhost","root","","comic");
```

```
if (mysqli_connect_errno($con))
{
    echo "连接 MySQL 失败: " . mysqli_connect_error();
}
//设置字符集
 mysqli_set_charset($con,"utf8");
//执行一条插入数据的操作
mysqli_query($con,"INSERT INTO area VALUES (null,'台湾')");

// 输出自动生成的 ID
echo "新 id 为: " . mysqli_insert_id($con);
?>
</body>
</html>
```

在上例中，使用 mysqli_query()函数执行了一条插入数据的 SQL 语句，使用 mysqli_insert_id ()函数得到了最后一次查询中自动生成的 ID，输出结果如图 6-30 所示。

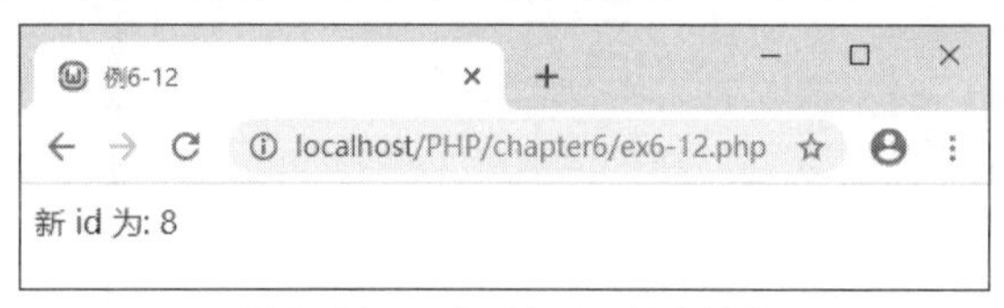

图 6-30　ex6-12.php 输出结果

6.5.5　关闭数据库连接的函数

1. mysqli_free_result()函数

mysqli_free_result()函数用于释放结果内存。事实上，在脚本结束后所有关联的内存都会被自动释放。因此，mysqli_free_result()函数仅需要在考虑到返回很大的结果集会占用多少内存时调用，语法如下。

```
mysqli_free_result(result);
```

mysqli_ free_result ()函数的参数说明见表 6-21。

表 6-21　mysqli_free_result()函数的参数说明

参数	描述
result	必需。规定由 mysqli_query()、mysqli_store_result()或 mysqli_use_result() 返回的结果集标识符

2. mysqli_close() 函数

mysqli_close()函数用于关闭非持久的 MySQL 连接。如果成功，则该函数返回 true；如果失败，则返回 false，语法如下。

```
mysqli_close(connection);
```

mysqli_ close ()函数的参数说明见表 6-22。

表 6-22　mysqli_close()函数的参数说明

参数	描述
connection	必需。规定要关闭的 MySQL 连接

通常很少使用 mysqli_close()函数，因为已打开的非持久连接会在脚本执行完毕后自动关闭。

下面的代码给出了使用 mysqli_close()函数的示例。

```
<?php
$con=mysqli_connect("localhost","my_user","my_password","my_db");

// ....一些 PHP 代码...

mysqli_close($con);
?>
```

6.6 应用实践：注册用户信息管理

在本书第 5 章介绍过用户注册的例子，例子中只是获取用户的注册信息并显示出来，但没有真正保存下来。接下来要做的是，当用户填写注册信息时，把用户信息保存到数据库的数据表中。这样，管理员登录后就可以查看所有用户的信息，并可以输入关键字进行搜索，也可以删除或修改指定用户的信息。

用户管理子系统使用的数据表为用户信息表 users 和管理员信息表 admins，见表 6-5 和表 6-6。

用户管理子系统中涉及的页面有用户注册页面、管理员登录页面、用户信息页面、修改用户信息页面。用户注册页面如图 6-31 所示。注册用户需要填写用户名、密码、性别、电话、头像及电子邮箱信息，单击“注册”按钮，用户信息将被写入 users 数据表中。

管理员需要先登录才能进行用户信息的管理。图 6-32 为管理员登录页面，如果登录失败，则返回登录页并给出提示信息，如图 6-33 所示；如果登录成功，页面跳转到欢迎页面，如图 6-34 所示。

单击欢迎页面的“注册用户管理”超链接，跳转到用户信息列表页面，如图 6-35 所示，该页面从 users 数据表中查询到所有注册用户的信息，在用户列表页面提供了每个用户的删除和修改功能的超链接，管理员单击某一用户信息的删除超链接，将会删除对应的用户信息，删除成功后将返回用户列表页面。

管理员单击某一用户信息的修改超链接，将显示该用户的原有注册信息，如图 6-36 所示，管理员在该页面可以修改用户的信息，单击“更新”按钮后，修改后的用户信息将被更新到 users 数据表中。

图 6-31　用户注册页面

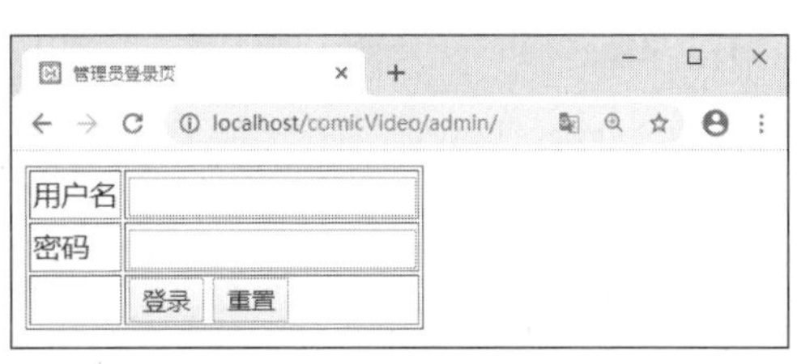

图 6-32　管理员登录页面

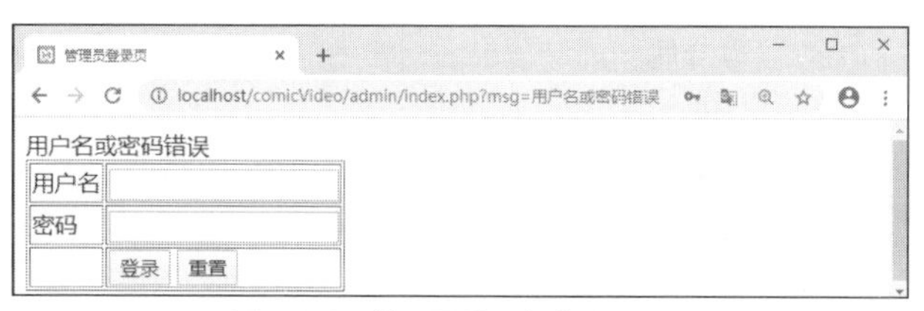

图 6-33 管理员登录失败返回页面

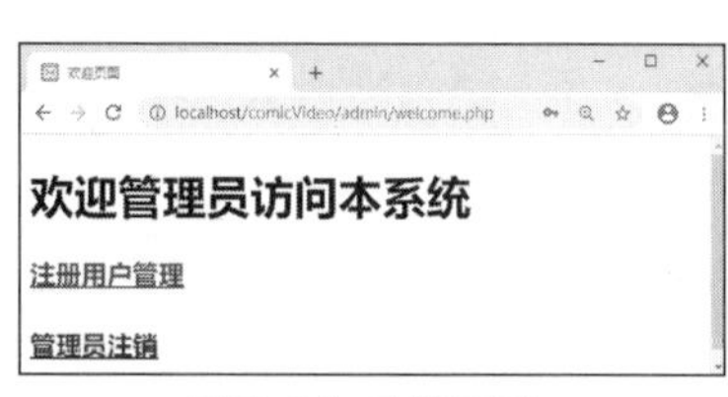

图 6-34 欢迎页面

图 6-35 用户信息列表页面

本应用实践需要实现注册用户信息管理子系统的功能，包括前台用户注册和后台管理员登录、管理员登录后显示用户列表并可以搜索用户、根据用户 ID 删除或者修改某一用户的信息等功能。用户管理子系统源代码目录结构如图 6-37 所示。其中，admin 文件夹中存放实现管理员相关操作的文件，images 文件夹中存放用户头像的图片文件。

图 6-36 修改用户信息页面

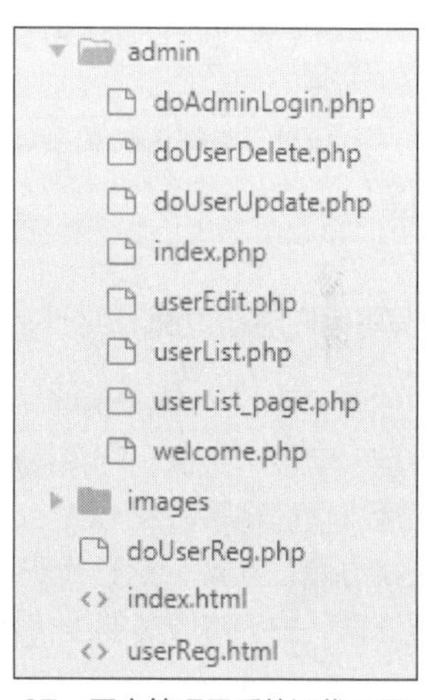

图 6-37 用户管理子系统源代码目录结构

本项目包含的文件如下。

- index.php：网站首页，提供普通用户注册超链接及管理员登录超链接。
- userReg.html：添加用户注册信息表单页，具体代码参见第 6 章的项目实现。
- doUserReg.php：处理用户注册信息表单页面 userReg.html 中提交的表单数据。该页面负责收集表单中的所有数据，将上传的头像图片存储到 images 目录中，将用户的所有信息存入数据库的 users 表中。
- admin/login.php：管理员登录页面。管理员通过账号登录后才可以管理用户信息。
- admin/doAdminLogin.php：获取用户输入信息，与数据库中的信息进行比较，判断是否是合法的管理员用户。

• admin/welcome.php：管理员用户成功登录后的欢迎界面，提供管理员相关操作的超链接，包括注册用户管理和管理员注销的超链接。

• admin/userList.php：单击 welcome.php 页面的“注册用户管理”超链接后跳转到该页面，以列表形式显示所有用户的信息，并提供修改和删除用户的超链接。

• admin/userEdit.php：显示修改用户的表单页，当在 userList.php 页面单击“修改”超链接时，将转向该页面，并将当前用户的信息显示在该页面的表单域中。

• admin/doUserUpdate.php：处理修改用户表单页面 userEdit.php 中提交的表单数据，当修改了某些用户信息，并单击“更新”按钮时，将修改后的信息更新到数据库表中。

• admin/doUserDelete.php：删除指定的用户，当在 userList.php 页面单击“删除”超链接时，从数据库表中删除当前用户的信息。

• admin/logout.php：管理员注销功能页面，此页面的具体实现将在第 7 章中介绍。

下面就按照上述项目功能分别介绍各功能页面的具体实现。

1. 编写网站首页 index.html

网站的首页，要求命名为 index.html（或者 index.php），此页面提供了普通用户注册的超链接和管理员登录的入口，在用户管理子系统中，首页比较简单，但是我们要建立首页即网站索引页的概念，通过首页提供的超链接可以进行页面的跳转，以访问网站中的其他页面。

首页的核心代码如下。

```
<h1>
	<a href="userReg.html">普通用户注册</a>
	<br>
	<a href="./admin/adminLogin.php">管理员登录</a>
</h1>
```

2. 编写用户注册页面 userReg.html

用户注册界面 userReg.html 提供了普通用户注册用的表单，如图 6-31 所示，包括用户名、用户密码、性别、电话、头像、邮箱信息，为了使表单元素排版整齐，需要采用表格来进行布局。单击“注册”按钮后，页面将跳转到 doUserReg.php 页面进行数据的处理。用户注册页面 useReg.html 的核心代码在第 5 章已实现，核心代码参见第 5 章的项目实现部分，这里不再重述。

但要注意，由于本章需要上传用户头像图片文件，因此，在 form 表单中需要添加 enctype 属性，代码如下。

```
<form action="doUserReg.php" method="post" enctype="multipart/form-data">
```

3. 编写处理用户注册信息的脚本文件 doUserReg.php

doUserReg.php 页面负责收集 userReg.html 页面中的表单元素的值，将用户上传的头像文件存储在 images 目录中，上传的头像文件以“文件上传时的时间+3 位随机数”的形式命名，并将用户的所有信息存入数据库的 users 表中。

doUserReg.php 页面的执行流程及核心代码如下。

（1）连接数据库。

（2）获取表单数据。

（3）检查用户名是否重名，如果重名，结束程序；否则继续下一步。
（4）检查上传文件是否出错，如果出错，给出错误原因结束程序，否则继续下一步。
（5）检查文件类型是否符合要求，如果不符合要求，结束程序，否则继续下一步。
（6）检查上传是否失败，如果失败，结束程序，否则继续下一步。
（7）编写 sql 语句，执行 sql 语句，判定注册成功还是失败。

```
<!DOCTYPE html>
<html>
<head>
	<meta charset="UTF-8">
	<title>处理用户注册页</title>
</head>
<body>

<?php
//连接数据库
$link=mysqli_connect("localhost","root","","comic") or die("数据库连接失败".mysql_error());
//设定字符集
mysqli_set_charset($link,"utf8");

//使用$_POST 数组获取表单中输入的数据
$username=$_POST["username"];
$password=$_POST["password"];
$gender=$_POST["gender"];
$tel=$_POST["tel"];
$email=$_POST["email"];
//判定注册用户不能重名
$sql0="select * from users where uname='$username'";
//echo $sql0;
$rs0=mysqli_query($link,$sql0);//结果集（多条记录组成的变量）
$num=mysqli_num_rows($rs0);//查询结果集中记录的条数
if ($num>0) {
	//如果注册用户名重名，则程序提前结束
	die("用户名重名，请选择新的用户名重新注册");
}
//处理文件上传
if($_FILES["pic"]["error"]>0){//文件上传出错的判定
	switch ($_FILES["pic"]["error"]) {
		case 1:
			echo "文件大小超过了配置文件中的最大值";
			break;
		case 3:
			echo "部分文件上传";
```

```
                break;
            case 4:
                echo "没有文件上传";
                break;

            default:
                echo "未知错误";
                break;
        }
    exit;
    }

    //获取文件扩展名
    $arr=explode(".", $_FILES["pic"]["name"]);
    $suffix=$arr[count($arr)-1];//获取扩展名
    //判断文件类型是否为图片类型
    $a=array("jpg","jpeg","png","bmp","gif","JPG","PNG","JPEG");
    if(!in_array($suffix, $a)){
        echo "您上传的文件类型不是图片类型，请重新上传！";
        exit;//结束程序
    }
    //指定服务器上的文件的存放路径和文件名
    $filepath="./images/";
    $randname=date("YmdHis").rand(100,999).".".$suffix;
    if(move_uploaded_file($_FILES["pic"]["tmp_name"], $filepath.$randname)){
        echo "图片上传成功！";
    }
     //编写 SQL 语句
    $sql="insert into users
values(null,'$username',md5('$password'),$gender,'$tel','$randname', '$email', now(),now())";
    //执行 sql 语句
    $rs=mysqli_query($link,$sql) or die("添加数据失败".mysql_error());
    if ($rs) {
        echo "用户注册成功";
    }else{
        echo "用户注册失败";
    }
    ?>
    </body>
    </html>
```

4. 在 admin 目录下，编写管理员登录页面 login.php

管理员登录页面提供了可供管理员登录的表单，包括管理员的用户名和密码的信息以及登录按钮，如图 6-32 所示。login.php 页面的核心代码如下。

```
<!DOCTYPE html>
<html lang="en">
<head>
        <meta charset="UTF-8">
        <title>管理员登录页</title>
</head>
<body>
<?php
//接收登录失败或者非法访问后台管理员端页面传递过来的 msg 参数
if (isset($_GET["msg"])) {//isset 用来判定$_GET["msg"]变量是否存在
        echo $_GET["msg"];
}
 ?>
<form action="doAdminLogin.php" method="post">
            <table border="1">
                <tr>
                    <td>用户名</td>
                    <td><input type="text" name="adminname"></td>
                </tr>
                <tr>
                    <td>密码</td>
                    <td><input type="password" name="password"></td>
                </tr>
                <tr>
                    <td></td>
                    <td><input type="submit" value="登录">
                        <input type="reset" value="重置">
                    </td>
                </tr>
            </table>
        </form>
</body>
</html>
```

5. 在 admin 目录下，编写处理管理员登录信息页面 doAdminLogin.php

doAdminLogin.php 获取管理员用户输入信息，与数据库中的信息进行比较，判断是否是合法的管理员用户。doAdminLogin.php 页面的执行流程及核心代码如下。

（1）获取管理员登录页面的表单数据。

（2）连接数据库。

（3）对比表单中的用户名、密码和数据库中的管理员的用户名、密码。

（4）如果能找到匹配的用户名和密码，则登录成功，跳转到欢迎界面。

（5）如果未能找到匹配的用户名和密码，则登录失败，给出提示信息后跳转回登录页重新登录。

```
<!DOCTYPE html>
<html>
<head>
        <meta charset="UTF-8">
        <title>处理管理员登录页</title>
</head>
<body>
<?php
//接收登录页表单数据
$adminname=$_POST["adminname"];
$password=$_POST["password"];

//连接数据库
 $link=mysqli_connect("localhost","root","","comic") or die("数据库连接失败".mysql_error());
//设定字符集
mysqli_set_charset($link,"utf8");
//编写 SQL 语句并执行
$sql="select * from admins where adminname='$adminname' and password=md5('$pass
word')";

$rs=mysqli_query($link,$sql);//sql 语句执行成功返回结果集
$num=mysqli_num_rows($rs);//统计结果集中记录的条数

if ($num>0) {
        //echo "登录成功！";
        header("location:welcome.php");//立即跳转到欢迎页
}else{
        //echo "登录失败！";
        //立即跳转到登录页从新登录，同时传递参数 msg，提示用户跳转原因
        header("location:login.php?msg=用户名或密码错误");
}
?>
</body>
</html>
```

登录成功后，页面将跳转到管理员的欢迎页面 welcome.php，该页面提供了管理员功能的超链接，包括用户管理超链接和管理员注销功能超链接。该页面比较简单，但是提供了管理员功能的索引，核心代码如下。

```
<!DOCTYPE html>
```

```
<html>
<head>
        <meta charset="UTF-8">
        <title>欢迎页面</title>
</head>
<body>
<h1>欢迎管理员访问本系统</h1>
        <h3>
        <a href="userList.php">注册用户管理</a>
        <br><br>
        <a href="logout.php">管理员注销</a>
        <br>
        </h3>

</body>
</html>
```

6. 在 admin 目录下，编写显示用户信息列表的页面 userList.php

userList.php 页面将显示数据库 users 表中的所有数据，以列表的形式呈现，并提供修改和删除用户的超链接，如图 6-35 所示。userList.php 页面的执行流程及核心代码如下。

（1）连接数据库。

（2）编写 sql 语句，执行 sql 语句，得到存储用户信息的结果集并计算结果集中记录的条数。

（3）设计存储用户信息列表的表格。

（4）循环读取结果集中的数据并显示到表格的各行中。

```
<!DOCTYPE html>
<html lang="en">
<head>
    <meta charset="UTF-8">
    <title>用户列表页</title>
</head>
<body>
    <?php
//连接数据库
  $link=mysqli_connect("localhost","root","","comic") or die("数据库连接失败".mysqli_error());
//设定字符集
  mysqli_set_charset($link,"utf8");

//编写查询用户的 sql 语句
  $sql="select * from users";
  $rs=mysqli_query($link,$sql)or die('查询失败！ '.mysqli_error());

  $num=mysqli_num_rows($rs);//$num 记录了结果集中的结果条数
```

```
        if ($num==0) {
            echo "未找到符合条件的记录";
            exit;
        }
    ?>
    <!--存储用户信息列表的表格-->
     <table border="1" align="center">
     <caption>注册用户信息列表(共<?php echo $num; ?>名用户)</caption>
     <tr>
        <th>用户编号</th>
        <th>用户名</th>
        <th>性别</th>
        <th>电话</th>
        <th>头像</th>
        <th>电子邮件</th>
        <th>操作</th>
     </tr>

    <?php
    //定义$i 变量记录用户序号，注意这里不是用户 uid
    $i=1;
    //循环获取结果集中的每条记录并保存于关联数组$row 中
    while ($row=mysqli_fetch_assoc($rs)) {//从结果集中获取一条记录

    ?>
    <tr>
        <th><?php echo $i++; ?></th>
        <th><?php echo $row["uname"]; ?></th>
        <th><?php
        if ($row["gender"]==0) {
            echo "男";
        }else{
            echo "女";
        }
         ?></th>
        <th><?php echo $row["phone"]; ?></th>
        <th>
    <img src="../images/<?php echo $row["photo"]; ?>" alt="" width="80" height="80"></th>
        <th><?php echo $row["email"] ?></th>
        <th>
            <a href="userEdit.php?uid=<?php echo $row['uid']; ?>">修改</a>
         |
         <a href="doUserDelete.php?uid=<?php echo $row["uid"]; ?>" onclick="return confirm('真的
```

```
要删除吗? ')">删除</a>
        </th>
        </tr>
      <?php
      }
        ?>
      </table>
      </body>
      </html>
```

在编写本页面的过程中，会涉及 PHP 代码和 HTML 代码混编的情况，例如，在循环中需要显示从 users 表中读取的用户信息，并把信息放到如图 6-38 所示的用户信息表中，既可用获取后台数据库数据的 PHP 代码，又可用显示表格和超链接的 HTML 代码，此时推荐以 HTML 代码为主体去编写，所以大家会发现在 while 循环处使用 PHP 标记将“{ }”断开了，目的就是方便编写 HTML 代码。

在图 6-38 的第 5 列显示注册用户的头像图片，由于文件上传时将用户头像图片传到了网站根目录的 images 文件夹中，而在数据表 users 中存储的是图片的名字，因此，在用<img>标签显示图片时需要添加路径信息，同时给定图片的宽和高。

图 6-38 的最后一列提供了“修改”和“删除”超链接，这也是在网页中常用的一种提交请求的方式，默认是以 get 方式提交。由于修改和删除都是按照用户 ID（uid）来操作的，所以在超链接的 href 属性中除了要给出目标页面的名称，还要向该页面传递 uid 参数，传递参数的写法是：页面名称+? +参数名称=参数值。例如，userList.php 页面中的修改超链接可以表示为：<a href="userEdit.php?uid=<?php echo $row["uid"];?>">修改</a>，目标页面 userEdit.php 在接收以超链接方式传来的参数时，可以使用$_GET 数组来接收：$uid=$_GET["uid"]。

值得一提的是，如果需要传递多个参数，需要在参数之间加上“&”符号。例如，超链接<a href="videoList.php?key=我&page=1">搜索列表</a>中传递了“key=我”和“page=1”两个参数。

下面考虑在 userList.php 页面添加搜索功能。按照用户名模糊查询用户信息，搜索结果仍通过本页面显示。由于搜索结果页面和用户列表页面形式相近，因此，都以表格形式呈现结果，不同之处仅在于 sql 语句，因此，搜索功能页面不需要重新创建新的页面，使用 userList.php 即可。

完成搜索功能需要做如下工作。

（1）在 userList.php 页面添加搜索表单，如图 6-38 所示。

请输入用户名： [ ] 搜索

用户编号	用户名	性别	手机号码	头像	电子邮件	操作
1	王思琪	女	135××××××××		wang@163.com	修改 | 删除
2	张小英	男	186××××××××		zhangxiaoying@163.com	修改 | 删除
3	赵晶晶	女	135××××××××		zhaojingjing@163.com	修改 | 删除
4	李晓明	男	186××××××××		lixiaoming@163.com	修改 | 删除

图 6-38　搜索用户信息表单

在 userList.php 页面显示用户列表之前添加搜索表单，代码如下。

```
<form action="">
    请输入用户名:
  <input type="text" name="key">
  <input type="submit" value="搜索">
 </form>
```

form 表单的 action 属性值为空，意味着将表单提交给自己，即 userList.php 页面；提交方式没有填写，默认以 get 方式提交。

（2）修改 sql 语句，代码如下。

```
$sql="select * from users";//没有搜索输入时的 sql 语句
if($_GET['key']){ //如果有搜索输入，需要接收表单中的用户名并修改 sql
  $key = trim($_GET['key']); //接收搜索表单中提交的用户名关键字
  $sql = $sql." where uname like '%{$key}%' "; //编写模糊查询的 sql 语句，注意 where 前有一个空格
    }
```

此时，如果用户在搜索栏中输入“王”关键字查询，会得到图 6-39 所示的运行结果。

请输入用户名：王 搜索

用户编号	用户名	性别	手机号码	头像	电子邮件	操作
1	王思琪	女	135××××××××		wang@163.com	修改 | 删除
2	王聪聪	女	133××××××××		wangcongcong@qq.com	修改 | 删除

共2条记录 首页 上一页 第1页 下一页 尾页 第1页/共1页 页码 转到

图 6-39　搜索结果页

如果没有找到符合条件的记录，会提示用户“未找到符合条件的记录”。例如，用户在搜索栏中输入“孙”关键字查询，会得到图 6-40 所示的运行结果。

图 6-40　未搜索到信息的结果页面

7. 在 admin 目录下，编写删除用户信息的页面 doUserDelete.php

当在 userList.php 页面单击“删除”超链接时，从数据库表 users 中删除当前用户的信息，同时从服务器上删除用户的头像文件。doUserDelete.php 页面的执行流程及核心代码如下。

（1）接收用户列表页面传来的 uid 参数。

（2）连接数据库。

（3）删除记录前先获取该记录对应的头像图片，根据 uid 查询到该记录的头像图片名称，使用 unlink 函数从头像存储目录中删除该头像。

（4）根据 uid 删除记录，编辑 sql 语句，执行 sql 语句。

（5）删除成功返回用户列表页面。

```
<!DOCTYPE html>
<html>
<head>
      <meta charset="UTF-8">
      <title>删除用户信息页</title>
</head>
<body>
<?php
//待删除用户 uid 是通过 userList.php 页面中的超链接传递的参数，使用$_GET 数组接收
$uid=$_GET["uid"];
//连接数据库
  $link=mysqli_connect("localhost","root","","comic") or die("数据库连接失败".mysqli_error());
//设定字符集
  mysqli_set_charset($link,"utf8");

//先删除头像
$sql0="select photo from users where uid=$uid";
$rs0=mysqli_query($link,$sql0);//查询出来的结果集
$row0=mysqli_fetch_assoc($rs0);//取出结果集中的这条记录
$filename="../images/".$row0["photo"];
//如果头像图片文件存在，则删除头像文件
if (file_exists($filename)) {//判定文件是否存在
   unlink($filename);
}

//删除数据库相应用户信息
$sql="delete from users where uid=$uid";
//执行 sql 语句
$rs=mysqli_query($link,$sql);
if ($rs) {
      echo "删除成功,3 秒后跳转回列表页";
      header("refresh:3;url='userList.php'");
}else{
      echo "删除失败";
}
?>
```

```
    </body>
</html>
```

8. 在admin目录下，编写修改用户信息的表单页面userEdit.php

当在userList.php页面单击“修改”超链接时，将跳转到userEdit.php页面，并将当前用户的信息显示在该页面的表单域中，如图6-36所示。userEdit.php表单页面和用户注册表单页面userReg.html类似，不同之处在于用户注册页各个表单元素的值需要用户填写，而userEdit.php页面的各个表单元素的值是根据用户uid从users表中查询得到的。userEdit.php页面的执行流程及核心代码如下。

（1）接收用户列表页面传来的uid参数。

（2）连接数据库。

（3）根据uid从数据库读取待修改用户的原有信息。

（4）将用户的各项信息显示在表单域中。

```
<?php
//待修改用户uid是通过userList.php页面中的超链接传递的参数，使用$_GET数组接收
$uid=$_GET["uid"];
//连接数据库
  $link=mysqli_connect("localhost","root","","comic") or die("数据库连接失败".mysqli_error());
//设定字符集
  mysqli_set_charset($link,"utf8");
//编写sql语句，根据uid取得待修改用户的信息并保存在$row数组中
$sql="select * from users where uid=$uid";
$rs=mysqli_query($link,$sql) or die('查询失败！ '.mysqli_error());
$row=mysqli_fetch_assoc($rs);//取出结果集中的记录
 ?>
```

将查询到的用户信息显示到用户修改的表单页面，如下面的代码所示，为了页面整齐，仍采用表格布局。注意，密码的修改不在此页完成，此页完成修改（除了密码以外）用户信息的功能。

```
<h2>请修改用户信息</h2>
  <form action="doUserUpdate.php" method="post" enctype="multipart/form-data">
    <input type="hidden" name="uid" value="<?php echo $row["uid"]; ?>">
  <table border="1">
    <tr>
       <td>用户名</td>
       <td>
       <input type="text" name="username" value="<?php echo $row["uname"];?>" readonly>
     </td>
       </tr>
       <tr>
     <td>性别</td>
     <td><input type="radio" name="gender" value="0" <?php
```

```
        if ($row["gender"]==0) {
            echo "checked";
        }
        ?>>男
        <input type="radio" name="gender" value="1" <?php
        if ($row["gender"]==1) {
            echo "checked";
        }
         ?>>女</td>
    </tr>
    <tr>
        <td>电话</td>
        <td><input type="number" name="tel" value="<?php echo $row["tel"]; ?>"></td>
    </tr>
    <tr>
        <td>头像</td>
        <td>
            <input type="file" name="pic">
            原头像
            <img src="../images/<?php echo $row["photo"]; ?>" alt="" width="100" height="100">
            </td>
    </tr>
    <tr>
        <td>邮箱</td>
        <td>
            <input type="email" name="email" value="<?php echo $row["email"]; ?>">
        </td>
    </tr>
    <tr>
         <td colspan="2"><input type="submit" value="更新"> </td>
    </tr>
  </table>
</form>
```

从表单中可见，action 属性指定了表单提交后的处理页面为 doUserUpdate.php 页面，由于有文件上传的处理，表单的提交方式采用 post 方式，并且要设置 enctype 的值。表单中的第一个元素（用户名）的值是不允许修改的，设置成 readonly 属性。值得一提的是，在表单中用到了隐藏域类型的表单元素，如下。

```
<input type="hidden" name="uid" value="<?php echo $row["uid"]; ?>">
```

该隐藏域存储了用户 uid 的名值对，当表单提交时将会随着表单的其他元素一起提交到处理页面 doUserUpdate.php，因为 doUserUpdate.php 页面需要在数据库中更新一条用户信息，此时需要用户 uid。通常表单中的隐藏域多用于传递 id。

9. 在 admin 目录下，编写处理修改用户信息的页面 doUserUpdatc.php

当在 userEdit.php 中修改了用户的某些信息，并单击“更新”按钮时，会将修改后的信息更新到数据库表 users 中。注意：如果用户修改了头像，则需要上传新的头像文件，并删除原来的头像文件。doUserUpdate.php 页面的执行流程及核心代码如下。

（1）接收 userEdit.php 页面传来的表单数据。

（2）连接数据库。

（3）如果没有上传新图片，则根据 uid 在数据表 users 中更新除图片以外的其他信息。

（4）如果上传了新图片，要先使用 unlink 函数删除图片目录中的旧的图片文件，再根据 uid 在数据库中更新包括图片在内的所有信息。

（5）更新成功，返回列表页。

```
<!DOCTYPE html>
<html>
<head>
        <meta charset="UTF-8">
        <title>修改用户信息页</title>
</head>
<body>
<?php
//连接数据库
$link=mysqli_connect("localhost","root","","comic") or die("数据库连接失败".mysqli_error());
//设定字符集
mysqli_set_charset($link,"utf8");
//获取表单数据
$uid=$_POST["uid"];
$username=$_POST["username"];
$gender=$_POST["gender"];
$tel=$_POST["tel"];
$email=$_POST["email"];
//判定是否要进行文件上传
//文件上传出错的判定
if($_FILES["pic"]["error"]>0){
        switch ($_FILES["pic"]["error"]) {
                case 1:
                        echo "文件大小超过了配置文件中的最大值";
                        break;
                case 3:
                        echo "部分文件上传";
                        break;
                case 4:
                        echo "没有文件上传";
                        //如果未选择图片，则编写更新其他数据的 sql 语句
```

```
                $sql="update users set uname='$username',gender=$gender,tel='$tel',email=
'$email' where uid=$uid";
                break;

            default:
                echo "未知错误";
                break;
        }
    }else{//有文件上传

    //获取文件扩展名
        $arr=explode(".", $_FILES["pic"]["name"]);
        $suffix=$arr[count($arr)-1];
        //判断文件类型是否为图片
        $allowtype=array("jpg""jpeg""png""gif""Bmp""flv""JPG");
        if(!in_array($suffix,$allowtype))
        {
          echo "文件类型为$suffix！<br/>";
          echo "文件类型不正确！只能选择扩展名为 jpg jpeg png gif Bmp flv JPG 类型的文件！"; exit;
        }

        //指定服务器上的文件的存放路径和文件名
        $filepath="../images/";
        $randname=date("YmdHis").rand(100,999).".".$suffix;

    if(move_uploaded_file($_FILES["pic"]["tmp_name"], "../images/$randname")){
          echo "头像文件上传成功！";
          //删除原来的头像文件
          $sql0="select * from users where uid=$uid";
          $result=mysqli_query($link,$sql0);
          $row=mysqli_fetch_assoc($result);
          $filename=$filepath.$row["photo"];
          //删除原来的头像文件
          if(file_exists($filename)) {
           unlink($filename);
           }

    }

    //用户上传了新的头像，在 sql 语句中需要更新所有数据
    $sql="update users set uname='$username',gender=$gender,tel='$tel',email='$email',photo=
'$randname' where uid=$uid";
    }
```

```
$rs=mysqli_query($link,$sql);
if ($rs) {
        echo "更新成功，3 秒后返回列表页";
        header("refresh:3;url='userList.php'");
}else{
        echo "更新失败";
}
?>
</body>
</html>
```

至此，注册用户管理子系统的增、删、改、查功能基本完成。6.7 节将讨论如何优化代码及如何优化系统功能，优化后可以使代码编写更高效，系统使用起来更方便。

6.7 应用实践：分页

前面介绍过显示用户信息列表页面 userList.php 的具体实现，如果注册的用户比较多，用户信息列表就会很长，浏览起来不是很方便，此时需要增加页面的分页显示功能。下面就以用户列表页的分页显示为例介绍分页实现的具体思路。在 admin 目录下新建 userList_page.php 页面，在 userList.php 基础上增加分页显示信息的功能，在页面下方显示首页、上一页、下一页、尾页、第 X 页的超链接，并能跳转到指定页。如图 6-41 所示。

请输入用户名： 搜索

用户编号	用户名	性别	手机号码	头像	电子邮件	操作
1	王思琪	女	135××××××××		wang@163.com	修改 | 删除
2	张小英	男	186××××××××		zhangxiaoying@163.com	修改 | 删除
3	赵晶晶	女	135××××××××		zhaojingjing@163.com	修改 | 删除
4	李晓明	男	186××××××××		lixiaoming@163.com	修改 | 删除
5	王聪聪	女	133××××××××		wangcongcong@qq.com	修改 | 删除

共6条记录 首页 上一页 第1页 第2页 下一页 尾页 第1页/共2页 页码 转到

图 6-41 用户信息列表分页显示

分页显示功能需要提供如下信息。

（1）当前的页号$page，在未传递参数的情况下，默认第 1 页。

（2）每页显示多少条记录$rowsperpage，由编程人员自定。

（3）共有多少条记录$totalrows，统计结果集中的记录条数。

（4）共分了多少页$totalpages，总记录数除以每页记录数后取整。

（5）每页的起始记录编号$start，$start=($page-1)*$rowsperpage。

（6）分页的超链接形式有 3 种，页面跳转时需要传递两个参数：当前页号$page 和搜索关键字$key。

核心代码如下。

```
<?php
//连接数据库
$link=mysqli_connect("localhost","root","","comic") or die("数据库连接失败".mysqli_error());
//设定字符集
mysqli_set_charset($link,"utf8");
//当前的页号$page，在未传递参数的情况下，默认第 1 页
if (!isset($_GET["page"])) {
  $page=1;
}else{
    $page=$_GET["page"];
}
//每页显示多少条记录$rowsperpage
$rowsperpage=5;
//总共有多少条记录$totalrows
      $sql="select * from users";
  $key="";
      if(isset($_GET['key'])){      //如果根据用户名搜索，需要修改 sql 语句
    $key = trim($_GET['key']);
    $sql = $sql." where uname like '%{$key}%' "; //where 前有一空格
    }
    $rs = mysqli_query($link,$sql) or die('查询失败！ '.mysql_error());
    $totalrows=mysqli_num_rows($rs);//$num 记录了结果集中的结果条数
    if ($totalrows==0) {
      echo "没有找到记录";
      exit;
    }
  //共分了多少页$totalpages，总记录数除以每页记录数后向上取整
  if($totalrows%$rowsperpage==0)
    $totalpages=$totalrows/$rowsperpage;
  else{
    $totalpages=ceil($totalrows/$rowsperpage);
  }
 //每页的起始记录编号$start
$start=($page-1)*$rowsperpage;
?>

<!--搜索功能的表单-->
<form   action="">
    请输入用户名:
  <input type="text" name="key">
  <input type="submit" value="搜索">
```

```
</form>

<!--存储用户信息列表的表格-->
<table border="1" align="center">
 <caption>注册用户信息列表</caption>
 <tr>
   <th>用户编号</th>   <th>用户名</th>      <th>性别</th>   <th>电话</th>
   <th>头像</th>   <th>电子邮件</th>   <th>操作</th>
 </tr>
 <?php
 $sql=$sql." limit $start,$rowsperpage"; //编写获取当前页面包含记录的 sql 语句
 $rs=mysqli_query($link,$sql);
 $i=1;
  while($row = mysqli_fetch_assoc($rs))
  {
  ?>
<tr>
  <td><?php echo $i++; ?></td>
  <td><?php echo $row["uname"]; ?></td>
  <td><?php if($row["gender"]==0) echo "男"; else echo "女";?></td>
  <td><?php echo $row["tel"]; ?></td>
  <td><img src="../images/<?php echo $row["photo"]; ?>" width=60 height=60 alt=""></td>
  <td><?php echo $row["email"]; ?></td>
  <td><a href="userEdit.php?uid=<?php echo $row["uid"];?>">修改</a> | <a href="user Delete.
php?uid=<?php echo $row["uid"];?>" onclick="return confirm('确认删除吗? ')">删除</a></td>
</tr>
 <?php
   }
 ?>
</table>
```

3 种分页超链接的实现：在页面下方显示首页、上一页、下一页、尾页，第 X 页的超链接，表单填写页码实现直接跳转到指定页，核心代码如下。

```
<!--存储分页超链接的表格-->
<table align="center" width="70%">
 <tr>
  <td colspan="8" align="center">
<?php
echo "共".$totalrows."条记录分".$totalpages."页  ";

//第 1 种分页显示的形式，首页、尾页、上一页、下一页
//如果不是第 1 页，则显示第 1 页和上一页的超链接，否则只显示文字
```

```
    if($page>1){
      $first = "<a href=?key={$key}&page=1>首页</a>";
      $pre = "<a href=?key={$key}&page=".($page-1).">上一页</a>";
    }else{
      $first = '首页';
      $pre = '上一页';
    }
    //如果不是最后一页，则显示下一页和最后一页的超链接，否则只显示文字
    if($page<$totalpages){
      $last = "<a href=?key={$key}&page=$totalpages>尾页</a>";
      $next = "<a href=?key={$key}&page=".($page+1).">下一页</a>";
    }else{
      $last = '尾页';
      $next = '下一页';
    }
  echo $first." ".$pre." ";

  //第 2 种分页显示的形式，循环显示第*页超链接
  for ($i=1; $i <=$totalpages; $i++) {
  echo "<a href=?page=$i&key=$key>第{$i}页</a> ";
  }

  echo $next." ".$last." ";
   ?>
   </td>

  <td>
  <!--第 3 种分页显示的形式，跳转到*页-->
   <form action="">
   <!--搜索关键字通过隐藏字段传递-->
   <input type="hidden" name="key" value=<?php
    if(isset($_GET["key"]))
         echo $_GET["key"];
    ?>>
    <input type="text" name="page">
    <input type="submit" value="GO">
   </form>
    </td>
  </tr>
  </table>
```

完善的视频信息管理系统的其他列表显示页面也将采用分页显示的形式。例如，系统中会涉及视频信息列表、留言列表的显示等。

管理员登录页面即管理员的首页，读者可以自行将admin/login.php页面更名为admin/index.php，注意doAdminLogin.php页面中的页面跳转部分的代码需要进行相应的调整。

6.8 应用实践：抽取系统公共文件

在编写注册用户管理子系统的过程中，我们会发现在很多页面中出现相同的操作，比如连接数据库的操作和根据操作结果完成的页面跳转，基本上每个页面都会用到，而这些操作在每个页面都写一遍其实是在做重复的工作。而且，如果有需要修改的地方，每个页面都要修改，降低了代码编写和维护的效率。这时需要将系统各页面中重复性的操作做成公共文件提取出来，当页面需要这些操作时，使用文件包含的形式即可引用相关操作，这样不仅提高了编写代码的效率，同时也降低了代码维护的成本。

在本网站的根目录中创建 system 文件夹用来存放自定义函数库。在admin目录下创建inc_admin.php文件用来包含管理员操作需要包含的文件。抽取公共文件后的网站目录结构如图6-42所示。

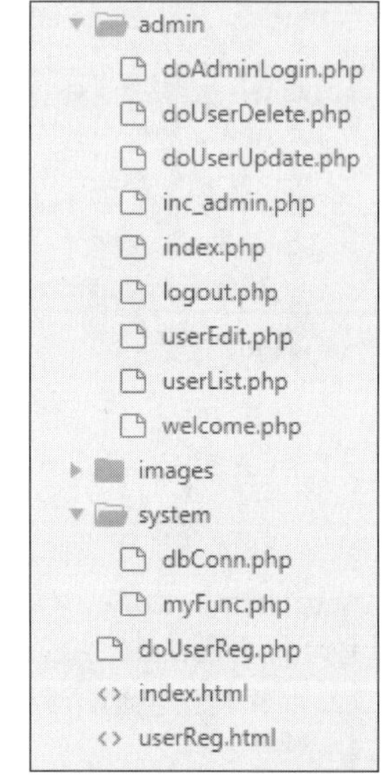

图6-42 抽取公共文件后的网站目录结构

共抽取出如3个公共文件，存放于system目录下。

（1）dbConn.php：PHP连接数据库的代码。为避免在需要连接数据库的每一个脚本文件中编写同样的代码，将连接服务器、指定数据库、设置编码方式的代码提取出来作为一个函数connect()。当需要连接数据库时，只需要使用include()函数或require()函数把该文件包含进来，并调用 connect()函数就可以了，核心代码如下。

```
<?php
  define('DB_HOST', 'localhost');
  define('DB_USER', 'root');
  define('DB_PWD', '');
  define('DB_CHARSET', 'UTF8');
  define('DB_DBNAME', 'comic');
  function connect (){
    //连接mysql
    $link=@mysqli_connect(DB_HOST,DB_USER,DB_PWD,DB_DBNAME) or die ('数据库
连接失败<br/>ERROR '.mysql_errno().':'.mysql_error());
    //设置字符集
    mysqli_set_charset($link,DB_CHARSET);
    return $link;
  }
?>
```

（2）myFunc.php：自定义函数库。函数 redirect()实现了输出提示信息，并在3 s后自动跳转到指定页面。当需要跳转页面时，只需要使用include()函数或 require()函数把该文件包含进来，并调用redirect()函数，传递合适的参数就可以了，核心代码如下。

```
<?php
  //自定义函数，输入提示信息，并在 3 s 后自动跳转到指定页面
  function redirect($url, $msg)
 {
        echo $msg.'<a href="'.$url.'">如果没有跳转，请点这里跳转</a>';
        header("refresh:3;url=$url");
 }
?>
```

（3）在 admin 目录下创建的文件 inc_admin.php：定义管理员操作需要用到的常量，包含所有管理员操作都需要包含的文件，核心代码如下。

```
<?php
      define('UserPhotoPath','../images/');            //用户头像存放的路径
      require_once('../system/myFunc.php');
      require_once('../system/dbConn.php');
 ?>
```

随着系统功能扩充，随时都可以将公用的文件抽取出来，放到自定义函数库中以供调用。下面以处理删除用户信息页 doUserDelete.php 为例来说明公用文件的使用方法，大家可以按照下面的方式修改系统的其他页面。在系统其他功能实现过程中，将使用同样的方法。

```
<?php
//用户 uid 通过 userList.php 页面中的超链接传递参数，使用$_GET 数组接收
$uid=$_GET["uid"];
require_once("inc_admin.php");
$link=connect();

//先删除头像
$sql0="select photo from users where uid=$uid";
$rs0=mysqli_query($link,$sql0);//查询出来的结果集
$row0=mysqli_fetch_assoc($rs0);//取出结果集中的这条记录
$filename="../images/".$row0["photo"];
//如果头像图片文件存在，则删除头像文件
if (file_exists($filename)) {//判定文件是否存在
      unlink($filename);
}

//删除数据库相应的用户信息
$sql="delete from users where uid=$uid";
//执行 sql 语句
$rs=mysqli_query($link,$sql);
if ($rs) {
      redirect('userList.php','删除成功，3 s 后返回用户列表页'); //页面跳转的实现
```

```
}else{
        echo "删除失败";
}
?>
```

6.9 本章小结

本章首先介绍了 MySQL 数据库的基础知识，以及访问 MySQL 数据库的常用工具软件 Navicat，接着介绍了 PHP 操作数据库的方法，最后按照 PHP 访问 MySQL 的基本步骤，介绍了 MySQL 扩展的相关函数。希望通过本章的学习，读者可以在项目开发中熟练地掌握 PHP 操作数据库的方法。

6.10 本章习题

1. 假设一个超市购物系统有如下 3 张表（表 6-23～表 6-25）：用户信息表 Users、商品信息表 Goods、购物记录表 Buys。请根据如下表格信息完成下面的题目。

表 6-23　　用户信息表 Users

列名	含义	数据类型	约束
userid	用户编号	INT(11)	PRIMARY KEY
username	用户名	VARCHAR(20)	NOT NULL
realname	真实名称	VARCHAR(16)	NOT NULL
age	年龄	INT(11)	大于 0 小于 150
balance	账户余额	DECIMAL(7,2)	默认值为 0

表 6-24　　商品信息表 Goods

列名	含义	数据类型	约束
goodsno	商品编号	INT(11)	PRIMARY KEY
goodsname	商品名称	VARCHAR(20)	NOT NULL
price	价格	DECIMAL(7.2)	大于 0
storage	库存数量	INT(11)	大于 0

表 6-25　　购物记录表 Buys

列名	含义	数据类型	约束
buyid	交易记录编号	INT(11)	PRIMARY KEY
userid	用户编号	INT(11)	FOREIGN KEY, NOT NULL
goodsno	商品编号	INT(11)	FOREIGN KEY, NOT NULL
quantity	购买数量	INT(11)	大于 0
buydate	购买日期	DATETIME	

（1）按照表中的要求创建表 Users、Goods 和 Buys。

（2）按照表 6-26～表 6-28 分别把数据添加到 3 张表 Users、Goods 和 Buys 中。

表 6-26　　Buys 表中的数据

buyno	userid	goodsno	quantity	buydate
1	1	1	1	2009-9-9
2	1	1	1	2009-10-10
3	1	2	3	2010-1-1
4	3	3	3	2012-2-2
5	3	2	2	2014-6-6
6	3	4	1	2015-2-8
7	7	5	1	2017-1-2
8	7	8	1	2017-2-1
9	4	9	10	2017-2-4
10	8	6	1234	2017-4-1
11	8	8	2345	2017-5-1
12	9	4	5	2017-6-1
13	5	7	34	2017-7-1

表 6-27　　Goods 表中的数据

goodsno	goodsname	price	storage
1	液晶电视	9999	100
2	手提电脑	8888	1000
3	键盘	55	1000
4	鼠标	66	100
5	cd	20	20
6	vcd	20	500
7	手机	2000	2000
8	耳机	150	200
9	相机	2400	234
10	摄像头	89	3456

表 6-28　　Users 表中的数据

userid	username	realname	age	balance
1	bird	冯坤	45	0
2	dragon	王蒙	43	232
3	fly	李飞	23	1234
4	happy	董乐		0
5	ldp	李大鹏	45	0
6	solo	张韧	23	0
7	wm	王明		0
8	wxm	王晓明	34	234
9	yanzi	杨燕青	100	3456
10	zhaoxiaoming	赵晓明	16	123

（3）向表 Goods 中插入商品信息（20，洗衣机，3200，10）。

（4）修改摄像头的商品价格和库存量，分别是 20，100。

（5）将用户名为 bird 的用户年龄改为 35，账户余额改为 150。

（6）修改表 Goods 中编号为 4 的商品单价为 40，数量为 80。

（7）删除 Buys 表中购买数量为 0 的购买记录。

（8）删除用户“李大鹏”的全部购买记录。

（9）删除“王明”购买“耳机”的购买记录。

（10）查询所有用户的 username 和 realname。

（11）查询 2017 年所有的购买信息。

（12）查询所有购买了编号为 1 的商品的 username。

（13）查询年龄大于 40 岁的用户信息。

（14）查询所有姓“李”的用户的 username 和 realname。

（15）查询哪些用户没有记录年龄。

（16）查询商品信息，按照价格从高到低排序。

（17）查询 2017 年购买数量排前五的全部购买记录。

（18）查询用户 bird 购买的 goodsno，goodsname，price。

（19）查询“李飞”购买的商品的 goodsno，goodsname，price。

（20）查询每个用户购买的商品信息和用户详细信息。

2. 为管理员添加一个重置注册用户密码的功能，当管理员用户单击用户列表的“重置密码”超链接时（如图 6-43 所示），将特定用户的密码重置为 123。

图 6-43　用户列表页

第7章 会话控制

07

内容导学

问题 1：用户在登录网站后，经常能在该站点的多个页面看到自己的用户名，但根据我们之前的学习内容，只有登录页表单的处理文件才能获取用户名，比如在 login.php 页面填写的用户名，只能在 dolog.php 文件中通过$_POST 数组获取，而在其他文件中是无法用$_POST 或者$_GET 获取 login.php 中的数据的。该问题普遍存在于收藏文章、商品购物车等功能中，即我们需要解决在多个页面中共享数据的问题。

问题 2：登录某些网站时可以选择自动登录，或者一周内、一个月内自动进入网站，还有的网站可以保存当前计算机的浏览信息，下次再使用该计算机访问网站时，会显示出之前的历史记录。即通过计算机保存网站的一部分信息。

Cookie 和 Session 可以用于临时保存数据，Session 将数据存储在服务端，Cookie 将数据保存在客户端。有了这两种技术，可以解决 HTTP 的无状态问题，实现数据在不同页面之间的传递和数据在客户端的持久保存。

学习目标

① 理解 Session 的工作原理和生命周期。
② 掌握 Session 的函数，并能运用函数解决多页面的数据共享问题。
③ 掌握 Cookie 的使用。
④ 理解 Header 函数的使用。

7.1 Session 工作原理

HTTP 是 Web 服务器与客户端（浏览器）相互通信的协议，它是一种无状态协议。所谓无状态，指的是 Web 服务器不会维护 HTTP 请求数据，HTTP 请求是独立的、非持久的。当用户请求一个页面，再请求同一个网站上的另一个页面时，HTTP 不会关心这两个请求是否来自同一个用户，而是会被当作独立的请求，并不会将这两次请求联系在一起。HTTP 的“脸盲症”导致一个简单的问题出现，假如用户在淘宝某个店铺买了几件衣服，那么购物系统怎样认定这几件衣服属于哪个人的？每买一件衣服都是新请求，这几件衣服在 HTTP 中是毫无关系的，这是非常不方便的，所以可以运用 Session 技术，以便跟踪特定用户的信息，Session 并不属于 HTTP 的内容，但各种 Web 开发动态语言中都支持 Session 技术，如 PHP、ASP、JSP 等。PHP 从 4.1 版本开始支持 Session 技术。

简单地说，Session 就是指用户进入网站到关闭浏览器的这段时间，工作原理如图 7-1 所示。

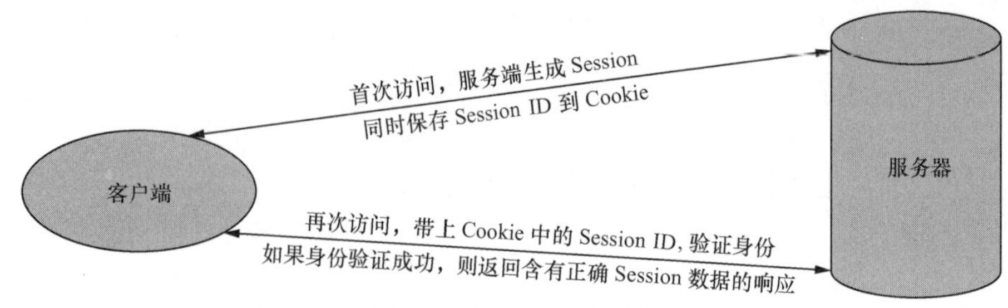

图 7-1　Session 工作原理

当用户向服务器的某个 PHP 文件发请求时，如果该文件调用了启动 Session 的函数 session_start()，则服务器会完成如下操作。

（1）检查该用户的请求是否包含 PHPSESSID。

（2）如果不包含，则创建新的 Session，并产生一个唯一的、不重复的 PHPSESSID。

（3）默认 Session 的存储方式为文件形式（php.ini：session.save_handler=files），Session 文件存于 session.save_path（在 php.ini 中设定）中。生成的 Session 文件名规则即为 sess_PHPSESSID。

（4）服务端生成响应返回客户端，并将 PHPSESSID 存入客户端的 Cookie 文件中。

（5）如果用户的请求中包含 PHPSESSID，则通过这个唯一的 Session ID 找到该用户原有的 Session，从而获取其中的数据。

7.2 Session 的生命周期

Session 用来存储各个用户的状态数据。PHP 设计管理 Session 方案与数据库表类似，Session 包含以下信息。

1. Session ID

用户 Session 唯一标识符，随机生成的一串字符串，具有唯一性、随机性，主要用于区分其他用户 Session 数据。当用户第一次访问 Web 页面时，PHP 的 Session 初始化函数调用会分配给当前来访用户一个唯一的 ID，称为 Session ID。

Session ID 也可以作为会话信息保存到数据库中，进行 Session 持久化。这样可以跟踪用户的登录次数、在线与否、在线时间等状态信息，从而维护 HTTP 无状态事务之间的关系。

2. Session 数据

需要通过 Session 保存的用户状态信息称为用户 Session 数据。Session 数据是键值对的列表，键是字符串类型，值可以是数字、字符串、对象等。

3. Session 文件

PHP 默认将 Session 数据存放在一个文件里，存放 Session 数据的文件称为 Session 文件，由特殊的 php.ini 设置 session.save_path 指定 Session 文件的存放路径。用户 Session 文件的名称以 sess_为前缀、以 Session ID 为结尾命名，比如 Session ID 为 vp8lfqnskjvsiilcp1c4l484d3，那么 Session 文件名就是 sess_vp8lfqnskjvsiilcp1c4l484d3。图 7-2 为 PHP 生成的 Session 文件列表，可用任意文本编辑工具打开，图 7-3 为 Session 文件中存储的数据形式。

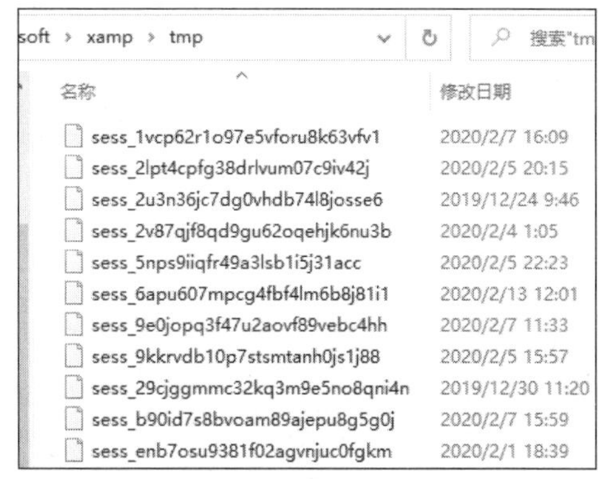

图 7-2　PHP 生成的 Session 文件列表

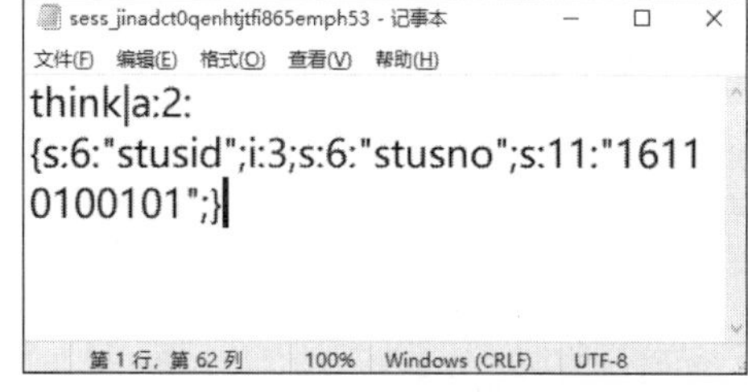

图 7-3　Session 文件中存储的数据

从初始化 Session 开始，直到注销 Session 为止，这段时间称为 Session 生命周期。

使用函数 session_start()进行 Session 初始化，开始了一个 Session 生命周期，可以使用相关函数操作$_SESSION 来管理 Session 数据。

那么 Session 何时过期呢?

首先，当用户将浏览器关闭再重新打开时，之前的 Session 数据就不可用了。

其次，当服务端调用 unset()或 session_destroy()函数删除 Session 数据时，之前的 Session 也将失效。

最后，一种情况是 PHP 的垃圾回收机制（GC）检查 Session 的存活时间是否到期。在 php.ini 中，session.gc_maxlifetime = 1440，初始值为 1440 s，即 24 min。每次 GC 启动后，会获取 Session 文件最后访问的 UNIX 时间，将当前时间减去该时间，如果大于 session.gc_maxlifetime，则会删除该文件。

7.3 操作 Session 的函数

以下是 Session 数据操作的 PHP 函数或变量。

1. session_start()

函数 session_start()会初始化 Session，开始 Session 新的生命周期。初始化 Session 操作，使用全局数组$_SESSION，映射寄存在内存中的 Session 数据。如果 Session 文件已经存在，并且保存了 Session 数据，则函数 session_start()会读取 Session 数据，填入$_SESSION 中，开始一个新的 Session 生命周期。

2. $_SESSION

$_SESSION 是一个全局变量，寄存在内存中，存储的是 Session 生命周期的 Session 数据。在 Session 初始化时，从 Session 文件中读取数据。在 Session 生命周期结束时，将$_SESSION 数据写回 Session 文件。ex7-1.php 和 ex7-2.php 实现了 Session 的存储和读取。

ex7-1.php

```
<?php
session_start();
// 存储 Session 数据
```

```
$_SESSION['book']='神奇校车';
?>
```

ex7-2.php

```
<?php
session_start();
//读取 Session 数据
echo "书名：". $_SESSION['book'];
?>
```

首先运行 ex7-1.php，浏览器页面无任何输出；然后运行 ex7-2.php，页面显示“书名：神奇校车”。如果颠倒两个文件的运行顺序，先运行 ex7-2.php，会提示出错“Undefined index: book”，因为此时 Session 中还没有存入 book 这个 Session 数据。

不同的浏览器的会话不能共享。

3. session_unset()

销毁当前的 Session 数据，或者使用$_SESSION = array();
如果要销毁个别的 Session 数据，则可以使用 unset ($_SESSION['varname'])。

4. session_destroy()

与函数 session_unset()销毁所有的 Session 数据不同，函数 session_destroy()销毁的是 Session 本身。使用了函数 session_unset()，页面中的 Session 数据便无法读取，而使用了函数 session_destroy()之后，该有的 Session 数据还存在，如果 GC 还没有去回收，那么它们仍然是可以读取到的，这当然是读者不愿意看到的，因此，在使用函数 session_destroy()之前往往还要调用函数 session_unset()。

ex7-3.php 代码如下，常用于网站的注销功能。

ex7-3.php

```
<?php
//常用于注销功能
session_start();
session_unset();
session_destroy();
//数据清空后回到登录页
header("location:login.php");
 ?>
```

7.4 Session 配置

在 php.ini 配置文件中进行如下设置。

1. session.save_handler = file

session.save_handler = file 用于读取/回写 Session 数据的方式，默认是 files。它会让 PHP 的 Session 管理函数使用指定的文本文件存储 Session 数据。

2. session.save_path = "d:/xampp/tmp"

session.save_path = "d:/xampp/tmp"指定保存 Session 文件的目录，可以指定到其他目录。当指定的目录不存在时，PHP Session 环境初始化函数是不会创建指定目录的，所以需要手工建立指定目录。

3. session.auto_start = 0

如果启用 session.auto_start = 0，用户的每次请求都会初始化 Session。建议不启用该设置，最好通过函数 session_start()显式地初始化 Session。

7.5 应用实践：保存用户登录信息

下面将使用 Session 完成一个维护不同用户登录状态和数据的实例，实现简单的数据录入功能。用户提供用户名登录系统后，使用 Session 维护用户状态。进入系统后，用户可以录入一些个人信息，系统对不同用户录入的数据有不同的显示结果。本次实例相关文件见表 7-1。

表 7-1　　相关文件列表

文件名	作用
login.php	用户登录页面
addinfo.php	用户输入性别、年龄和血型信息
printinfo.php	输出用户的所有信息

用户登录页面如图 7-4 所示。

login.php 代码如下，实现了图 7-4 所示的用户登录页面。

```
<html>
<head>
    <meta charset="UTF-8">
    <title>用户登录</title>
</head>
<body>
<form action="addinfo.php" method="post">
        用户名<input type="text" name="username"><br>
        <input type="submit" value="登录">
    </form>
</body>
</html>
```

用户输入了用户名，单击“登录”按钮提交后，数据将被提交到 PHP 程序 addinfo.php 进行处理，即需要显示一句带有登录用户名的问候语“您好，***！请录入如下信息提交”，同时还要显示该用户需要录入的信息，录入用户信息页面如图 7-5 所示。

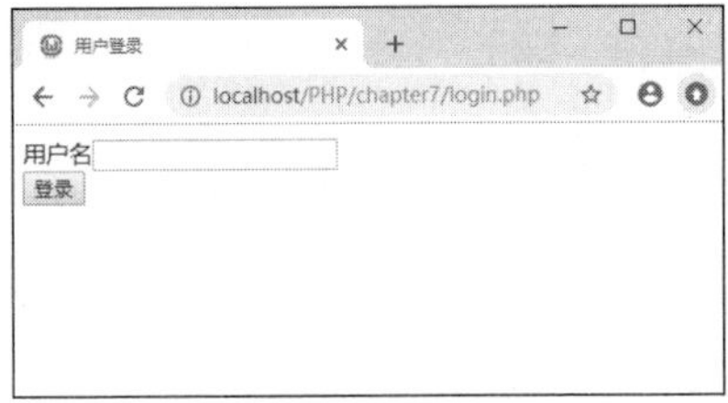

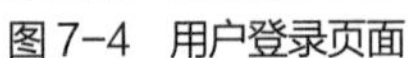
图 7-4　用户登录页面

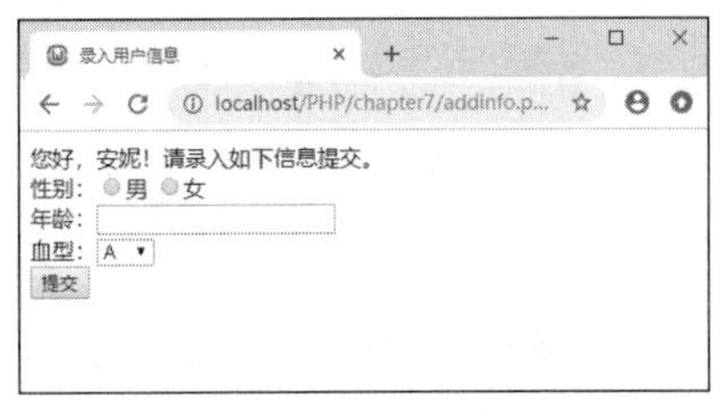

图 7-5　录入用户信息页面

addinfo.php 代码如下，实现了图 7-5 所示的录入用户信息页面。

```
<html>
<head>
        <meta charset="UTF-8">
        <title>录入用户信息</title>
</head>
<body>
<?php
            session_start();
            $username=$_POST['username'];
            echo "您好，{$username}！请录入如下信息提交。";
            $_SESSION["username"]=$username;
        ?>
        <form action="printinfo.php" method="post">
            性别：<input type="radio" name="gender" value="男">男
                  <input type="radio" name="gender" value="女">女
                  <br>
             年龄：<input type="number" name="age">
                   <br>
              血型：<select name="type" id="">
                  <option value="A">A</option>
                  <option value="B">B</option>
                  <option value="O">O</option>
                  <option value="AB">AB</option>
              </select>
              <br>
              <input type="submit" value="提交">
        </form>
    </body>
</html>
```

代码中使用$_POST['username']来获取用户输入的用户名，然后通过$_SESSION["username"]来保存该用户名。用户在图 7-5 页面填写了个人信息后，单击“提交”按钮之后，该页面的数据将提交至下一个 PHP 程序 printinfo.php 来处理，最终显示用户录入信息页面，如图 7-6 所示。

printinfo.php 代码如下，实现了图 7-6 所示的用户登录页面。

图 7-6　显示用户录入信息页面

```
    <html>
    <head>
        <meta charset="UTF-8">
        <title>处理录入信息</title>
    </head>
    <body>
        <?php
        session_start();
        $username=$_SESSION["username"];
        $gender=$_POST["gender"];
        $age=$_POST["age"];
        $type=$_POST["type"];
        echo "您好,{$username}！您录入的信息如下：";
        echo "<br>";
        echo "性别：$gender";
        echo "<br>";
        echo "年龄：$age";
        echo "<br>";
        echo "血型：$type";
         ?>
    </body>
</html>
```

上述代码使用了 Session 中保存的数据$_SESSION["username"]来继续显示欢迎语，使用$_POST 数组变量来获取表单中的各项数据并显示。

7.6 应用实践：登录权限验证

项目中的很多功能是要求用户登录之后才可以访问的，比如管理端，只有管理员登录之后才能对数据进行增、删、改、查。但是，在目前开发的功能中，只要使用者知道后台文件的名字，就可以直接在浏览器输入并访问，完全可以绕过登录功能，那么如何解决这个问题就是本节讨论的主题。

本实践相关文件见表 7-2。

表 7-2　相关文件列表

文件名	作用
adminlogin.php	用户登录页面
doadminlogin.php	用户输入性别、年龄和血型信息
home.php	输出用户的所有信息

1. 显示管理员欢迎界面的欢迎信息

管理员登录页面也是管理员功能的第一个页面（首页），所以习惯上命名为 index.php，主要包括账号和密码（代码略）。

管理员登录成功后，将跳转到 welcome.php 界面，欢迎界面需要将当前登录的管理员名字显示出来。这就需要管理员成功登录后将当前登录的管理员的用户名记录到 Session 中，doAdminLogin.php 页面的核心代码如下。

```
<?php
//连接数据库代码略
//取登录页表单数据
    $adminname=$_POST["adminname"];
    $password=$_POST["password"];

$sql="select * from admins where adminname='$adminname' and password=md5 ('$pass-
word')";
$rs=mysql_query($sql);
$num=mysql_num_rows($rs);
if ($num>0) {
    session_start();//启动 session
    $_SESSION["adminname"]=$adminname; //将管理员用户名写入 session
    header('location:welcome.php');
}else
{
    header('loation:index.php");
}
    ?>
```

welcome.php 界面的核心代码如下。

```
<h2>欢迎管理员【<?php
session_start();                    //启动 session
echo $_SESSION["adminname"];    //从 session 中读取成功登录的管理员用户名
    ?>】访问本系统</h2>
    <h3>
    <a href="userList.php">注册用户管理</a>
    <br><br>
    <a href="logout.php">管理员注销</a>
    <br>
    </h3>
```

2. 管理员权限验证

验证管理员的权限，实现如下场景。在管理员未登录的情况下，如果在地址栏请求 admin 目录下的其他页面，将被视为非法操作，页面请求失败，并会跳转到管理员登录页，给出提示信息：您没有权限，请登录后访问。

在任意管理端的功能页面添加如下代码。

```
<?php
session_start(); //启动 session
//判定 Session 中是否记录有管理员登录的用户名，如果不存在，则页面跳转回登录页
if(!isset($_SESSION["adminname"]))
      header("location:index.php?msg=您没有权限，请登录后访问！");
?>
```

发生页面跳转时，我们会发现给登录页 index.php 传递了字符串参数 msg，值为提示信息"您没有权限，请登录后访问！"。那么，登录页 index.php 就需要接受该参数并显示到页面中。index.php 页面中需要添加如下代码。

```
<?php
        if (isset($_GET["msg"])) {
         echo $_GET["msg"];
        }
       ?>
```

$_GET["msg"]变量是否存在决定了该提示信息是否输出，如果$_GET["msg"]变量存在，就说明该登录页是用户非法访问了 admin 目录下的其他页面跳转过来的。

注意 **（1）在管理员正常登录的过程中是看不到上述提示信息的。**

（2）管理端除了登录页面、处理登录文件和注销文件，其他文件头部都应该添加上面的验证代码，建议把这段代码做成公有文件，包含到这些文件中。

3. 管理员注销

管理员单击"管理员注销"超链接，将销毁该管理员用户的 Session 数据，实现注销的页面为 logout.php。该页面的核心代码如下，前面已经介绍，不再赘述。

```
<?php
session_start();
session_unset();
session_destroy();
header("location:index.php");
?>
```

7.7 Cookie 的使用

Cookie 是一小段文本信息，伴随着用户请求和页面在 Web 服务器和浏览器之间传递。用户每次访问站点时，Web 应用程序都可以读取 Cookie 包含的信息。Cookie 的基本工作原理是，如果用户再次

访问站点上的页面，当该用户输入网页访问地址时，浏览器就会在本地硬盘上查找与该 URL 相关联的 Cookie。如果该 Cookie 存在，浏览器就将它与页面请求一起发送到站点。Cookie 相关设置如图 7-7 所示。

图 7-7 Cookie 相关设置

1. php 设置和获取 Cookie

函数原型：int setcookie（string name,string value,int expire,string path,string domain,int secure）

php 设置和获取 Cookie 的常用代码如下。

```
setcookie('cookiename','value');
echo($cookiename);
echo($HTTP_COOKIE_VARS['cookiename']);
echo($_COOKIE['cookiename']);
```

setcookie()函数的定义和用法如下。

setcookie()函数向客户端发送一个 HTTP Cookie。

Cookie 是由服务器发送到浏览器的变量。Cookie 通常是服务器嵌入用户计算机中的小文本文件。当同一台计算机通过浏览器请求页面时，就会发送这个 Cookie。

Cookie 的名称自动指定为相同名称的变量。例如，如果被发送的 Cookie 名为“user”，则会自动创建一个名为$user 的变量，包含 Cookie 的值。

必须在任何其他输出发送到客户端前对 Cookie 进行赋值。

语法如下。

```
setcookie(name,value,expire,path,domain,secure)
```

name

必需。

规定 Cookie 的名称。

value
必需。
规定 Cookie 的值。

expire
可选。
规定 Cookie 的过期时间。
time()+3600*24*30 将设置 Cookie 的过期时间为 30 天。如果没有设置这个参数，那么 Cookie 将在 Session 结束后（浏览器关闭时）自动失效。

path
可选。
规定 Cookie 的服务器路径。
如果路径设置为“/”，那么 Cookie 将在整个域名内有效。如果路径设置为“/test/”，那么 Cookie 将在 test 目录下及其所有子目录下有效。默认的路径值是 Cookie 所处的当前目录。

domain
可选。
规定 Cookie 的域名。
为了使 Cookie 在 example.com 的所有子域名中有效，需要把 Cookie 的域名设置为 ".example.com"。当把 Cookie 的域名设置为 www.example.com 时，Cookie 仅在 www 子域名中有效。

secure
可选。
规定是否需要在安全的 HTTPS 连接下传输 Cookie。如果 Cookie 需要在安全的 HTTPS 连接下传输，则设置为 TRUE。
默认是 FALSE。

返回值
如果成功，则该函数返回 TRUE。
如果失败，则返回 FALSE。

提示和注释如下。
提示：
可以通过$HTTP_COOKIE_VARS["user"]或$_COOKIE["user"]来访问名为“user”的 Cookie 的值。

注释：
在发送 Cookie 时，Cookie 的值会自动进行 URL 编码。
在接收 Cookie 时，Cookie 的值会自动进行 URL 解码。

如果不需要这样，可以使用函数 setrawcookie()代替。

实例 1

设置并发送 Cookie。

```
<?php
$value = "my cookie value";

// send a simple cookie
setcookie("TestCookie",$value);
?>

<html>
<body>

...
...

<?php
$value = "my cookie value";

// send a cookie that expires in 24 hours
setcookie("TestCookie",$value, time()+3600*24);
?>

<html>
<body>

...
...
```

实例 2

检索 Cookie 值的不同方法（在 Cookie 设置之后）。

```
<html>
<body>

<?php
// Print individual cookies
echo $_COOKIE["TestCookie"];
echo "<br />";
echo $HTTP_COOKIE_VARS["TestCookie"];
echo "<br />";
```

```
// Print all cookies
print_r($_COOKIE);
?>

</body>
</html>
```

实例 3

通过把失效日期设置为过去的日期/时间，删除一个 Cookie。

```
<?php
// Set the expiration date to one hour ago
setcookie ("TestCookie", "", time() - 3600);
?>

<html>
<body>

...
...
```

实例 4

创建一个数组 Cookie。

```
<?php
setcookie("cookie[three]","cookiethree");
setcookie("cookie[two]","cookietwo");
setcookie("cookie[one]","cookieone");

// print cookies (after reloading page)
if (isset($_COOKIE["cookie"]))
{
foreach ($_COOKIE["cookie"] as $name => $value)
{
echo "$name : $value <br />";
}
}
?>

<html>
<body>

...
...
```

2. 删除 Cookie

删除 Cookie 可以调用只带有 name 参数的函数 setcookie()，然后将失效时间设置为 time()或 time-1，常用代码如下。

```
<?php setcookie('name'); ?>
setcookie('cookiename');或 setcookie('cookiename',");或 setcookie("cookiename",false);
//setcookie('cookiename',",time()-3600);
echo($HTTP_COOKIE_VARS['cookiename']);
print_r($_COOKIE);
建议删除方法:
setcookie('cookiename',",time()-3600);
```

注意 **（1）setcookie()函数必须位于<html>标签之前。**

（2）在发送 Cookie 时，Cookie 的值会自动进行 URL 编码；在接收 Cookie 时，会进行 URL 解码。

（3）如果不需要这样，可以使用函数 setrawcookie()代替。

Cookie 和 Session 的区别如下。

（1）存放位置不同

Cookie 保存在客户端，Session 保存在服务端。

（2）存取方式不同

Cookie 中只能保存 ASCII 字符串，如果要存取 Unicode 字符或者二进制数据，则要先进行编码。Cookie 中也不能直接存取对象。如果要存储稍微复杂的信息，运用 Cookie 是比较艰难的，而 Session 中能够存取任何类型的数据。

（3）安全性（隐私策略）不同

Cookie 存储在浏览器中，对客户端是可见的，客户端的一些程序可能会窥探、复制，甚至修正 Cookie 中的内容。而 Session 存储在服务器上，对客户端是透明的，不存在敏感信息泄露的风险。假如选用 Cookie，比较好的方法是，敏感的信息（如账号密码等）尽量不要写到 Cookie 中，而是像 Google 公司、Baidu 公司那样对 Cookie 信息进行加密，提交到服务器后再进行解密，只要保证 Cookie 中的信息本人能读得懂即可。

（4）有效期不同

只需要将 Cookie 的过期时间属性设置为一个很大的数字，Cookie 就可以在浏览器中保存很长时间。而 Session 则是只要关闭浏览器就失效。

7.8 应用实践：自动登录

本实例涉及 3 个文件，见表 7-3。

表 7-3 相关文件列表

文件名	作用
autologin.php	用户登录页面
doautologin.php	处理用户登录页面
home.php	登录后进入的网站首页

用户登录页面、处理用户登录页面、欢迎页面如图 7-8～图 7-10 所示。

图 7-8　用户登录页面　　　　图 7-9　处理用户登录页面

图 7-10　欢迎页面

autologin.php 代码如下。

```
<?php
session_start();
if(isset($_COOKIE["username"])){
        $_SESSION["username"]=$_COOKIE["username"];
        header("location:home.php");
}
?>
<!DOCTYPE html>
<html>
<head>
        <title>自动登录示例</title>
</head>
<body>
        <form action="doautologin.php" method="post">
        用户名<input type="text" name="username" required><br>
        密码<input type="password" name="pw" required><br>
        <input type="checkbox" name="isauto" value="1">允许下次自动登录<br>
                <input type="submit" value="登录">
        </form>
</body>
</html>
```

doautologin.php 代码如下。

```
<?php
    session_start();
$username=$_POST["username"];
$pw=$_POST["pw"];
//假设用户名为安妮，密码为 123
if($username=="安妮" && $pw=="123"){
    //登录成功,判断用户是否单击“允许下次自动登录”复选框
    if(isset($_POST["isauto"])){
        setcookie("username",$username,time()+60*60*24*30);//将用户名写入 Cookie,30
天内有效
    }
    $_SESSION["username"]=$username;

    header("location:home.php");
}else{
    echo "<script>alert('用户名密码错误,请重新登录');
    location.href='autologin.php';</script>";
}
 ?>
```

home.php 代码如下。

```
<?php session_start(); ?>
<!DOCTYPE html>
<html>
<head>
    <title>自动登录示例</title>
</head>
<body>
欢迎<?php echo $_SESSION["username"]; ?>来到本网站首页
</body>
</html>
```

7.9 Header 函数和输出缓存

前面使用了header("location:login.php")语句来表示页面跳转到login.php,这里的header()是PHP中比较常用的一个函数。header()函数的作用是向客户端发送原始的 HTTP 报头，语法格式如下。

```
void header ( string $string [, bool $replace = true [, int $http_response_code ]] )
```

参数$string 表示 HTTP 头信息，有两种特别的头。第一种是以“HTTP/”开头的，将会被用来计算将要发送的 HTTP 状态码。例如，如果在 Apache 服务器上用 PHP 脚本来处理不存在文件的请求（使用 ErrorDocument 指令），就会希望脚本响应正确的状态码，代码为 header("HTTP/1.0 404 Not

Found")。第二种特殊情况是 "Location:" 的头信息。它不仅把报文发送给浏览器，还将返回给浏览器一个 REDIRECT（302）的状态码，除非状态码已经事先被设置为了 201 或者 3xx。代码如下。

```
header("location: http://www.baidu.com/")
```

可选参数$replace 表明是否用后面的头替换前面相同类型的头，默认情况下会替换。如果传入 FALSE，就通知浏览器该页面不存在。

可选参数$http_response_code 强制指定 HTTP 响应的值。注意，这个参数只有在报文字符串（string）不为空的情况下才有效。

下面列举 header()函数的一些常用的用法。

```
<?php
header('HTTP/1.1 200 OK'); // ok 正常访问
header('HTTP/1.1 404 Not Found'); //通知浏览器页面不存在
header('HTTP/1.1 301 Moved Permanently'); //设置地址被永久重定向 301
header('location: http://www.baidu.com/'); //跳转到一个新的地址
header("REfresh:3");
//页面每隔 3 s 自动刷新
header('Refresh:3; url=http://www.baidu.com/'); //延迟转向，也就是 3 s 后跳转，url 可以是本项目文件
header('X-Powered-By: PHP/6.0.0'); //修改 X-Powered-By 信息
header('Content-language: en'); //设置文档语言
header('Content-Length: 1234'); //设置内容长度
header('Last-Modified: '.gmdate('D, d M Y H:i:s', $time).' GMT'); //告诉浏览器最后一次修改时间
header('HTTP/1.1 304 Not Modified'); //告诉浏览器文档内容没有发生改变

//设置网页的内容类型
header('Content-Type: text/html; charset=utf-8'); //网页形式，编码为 UTF-8
header('Content-Type: text/plain'); //纯文本格式
header('Content-Type: image/jpeg'); //JPG、JPEG
header('Content-Type: application/zip'); // ZIP 文件
header('Content-Type: application/pdf'); // PDF 文件
header('Content-Type: audio/mpeg'); // 音频文件
header('Content-type: text/css'); //css 文件
header('Content-type: text/javascript'); //js 文件
header('Content-type: application/json'); //json
header('Content-type: application/pdf'); //pdf
header('Content-type: text/xml'); //xml
header('Content-Type: application/x-shockw**e-flash'); //Flash 动画

//通知浏览器需要下载的文件信息
header('Content-Type: application/octet-stream');
header('Content-Disposition: attachment; filename="ITblog.zip"');
header('Content-Transfer-Encoding: binary');
```

```
readfile('test.zip');
//对当前文档禁用缓存
header('Cache-Control: no-cache, no-store, max-age=0, must-revalidate');
header('Expires: Tue, 31 Wed 2020 05:00:00 GMT');
//显示一个需要验证的登录对话框
header('HTTP/1.1 401 Unauthorized');
header('WWW-Authenticate: Basic realm="Top Secret"');
//声明一个需要下载的 xls 文件
header('Content-Disposition: attachment; filename=ithhc.xlsx');
header('Content-Type: application/vnd.openxmlformats-officedocument.spreadsheetml.sheet');
header('Content-Length: '.filesize('./test.xls'));
header('Content-Transfer-Encoding: binary');
header('Cache-Control: must-revalidate');
header('Pragma: public');
readfile('./test.xls');
?>
```

输出缓冲（Output Buffer）是一种缓存机制，通过内存预先保存 PHP 脚本的输出内容，当缓存的数据量达到设定大小时，再将数据输出到浏览器，这种方式对性能有好处。但是，如果输出缓冲中已经有了一些内容，再用 header()、session_start()、setcookie()等函数则无法设置消息头，因为消息头要在消息体数据发送之前设置。

输出缓冲在 PHP 中是默认开启的，在 php.ini 中，配置项为 output_buffering=4096，单位是字节。控制输出缓冲区的函数如下。

（1）ob_start()：启动输出缓冲。

（2）ob_get_contents()：返回当前输出缓冲区的内容。

（3）ob_end_flush()：发送内部缓冲区的内容到浏览器，并且关闭输出缓冲区。

（4）ob_end_clean()：删除内部缓冲区的内容，并且关闭内部缓冲区。

第 8 章 PHP进阶

内容导学

在前面，我们已经学习了 PHP 的一些基础知识，本章介绍 PHP 与其他技术或者第三方插件结合，开发一些项目中比较常见的通用功能。关于 Ajax 和 jQuery 技术，本章只是用几个实例让读者了解 PHP 和这些技术的结合方式，具体内容还需要阅读相关书籍教程。本章介绍 Ueditor、PHPMailer、Echarts、PHPExcel 等第三方插件，并附带说明文档供读者扩展学习。

学习目标

① 理解 Ajax 技术并独立完成 8.1.3 节的应用实践练习。
② 了解 jQuery 技术。
③ 了解常见的富文本插件。
④ 理解 PHPMailer 的使用。
⑤ 运用 Echarts 插件生成图表。

8.1 PHP 与 Ajax

网络社会正在从 Web 1.0、Web 2.0 时代向 Web 3.0 时代进发。Web 1.0 时代是网民们被动地接受网络信息的时代，Web 2.0 时代，网民真正参与到了网络生活中，可以交互、发表自己的观点、看法等；而 Web 3.0 时代，则要实现双向交互，网民可以提出需求，企业也能根据网民日常产生的数据对网民的喜好做出分析判断和推荐。我们可以发现，网络是朝着更人性化、更好的用户体验的方向发展的，基于此，Ajax 技术被广泛应用到网页开发中。

8.1.1 Ajax 概述

Ajax，全称为异步 JavaScript 和 XML（Asynchronous JavaScript and XML），是指一种创建交互式网页应用的网页开发技术，Ajax 将几种已有技术融合到一起，它并非是一种独立的编程语言，主要包含以下技术。

（1）基于 Web 标准的 XHTML+CSS，用于页面展示。
（2）使用 DOM 技术进行动态操作页面。
（3）使用 XML 和 XSLT 进行数据交换及相关操作。
（4）使用 XMLHttpRequest 对象进行异步数据查询、检索。
（5）使用 JavaScript 将所有的东西绑定在一起。

并不是每个功能都要应用以上技术，但 XMLHttpRequest 是核心。Ajax 将支持以上技术的 Web 浏览器作为运行平台，目前，这些浏览器包括 Mozilla、Firefox、Internet Explorer、Opera、Konqueror 及 Safari 等。

图 8-1 和图 8-2 是 QQ 空间截图，打开 QQ 空间，发表一个“说说”。当用户对这条“说说”点

赞和评论时，如果按照传统 Web 应用的做法，会有表单提交、页面刷新和等待的过程，但实际上用户没有感觉到等待，而是立刻就看到了点赞和评论的结果，此时的后台数据也默默进行了更新，这里就使用了 Ajax 的无刷新技术：既改变了页面内容，又操作了服务器端数据，让用户的体验更好。

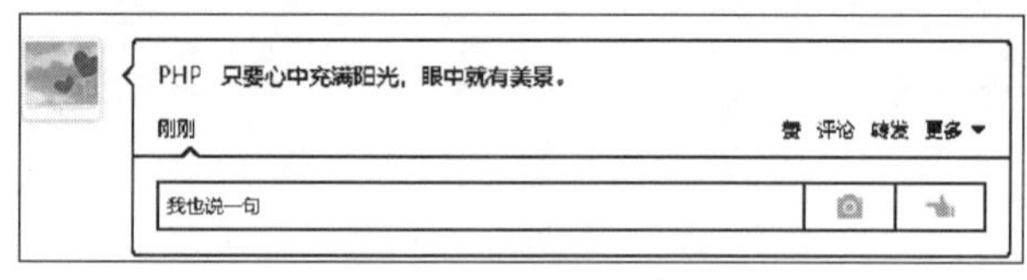

图 8-1 QQ 空间说说

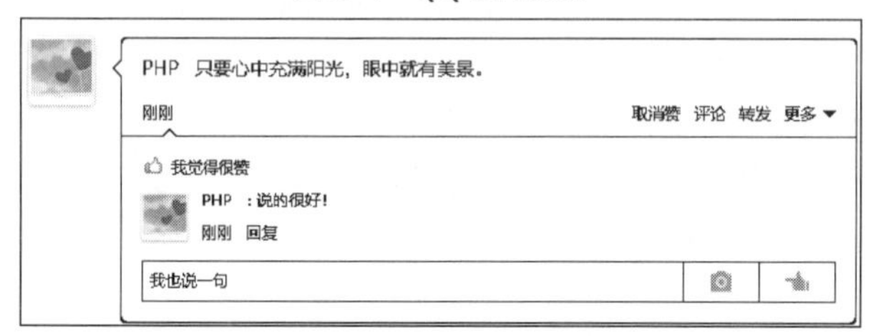

图 8-2 点赞和评论 QQ 说说

Ajax 应用程序的优势如下。

（1）通过异步模式，提升了用户体验。

（2）优化了浏览器和服务器之间的传输，减少了不必要的数据往返，减少了带宽占用。

（3）Ajax 引擎在客户端运行，承担了一部分本来由服务器承担的工作，从而减少了大用户量下的服务器负载。

8.1.2 XMLHttpRequest 对象

Ajax 包括的技术太多，我们重点讨论 XMLHttpRequest 对象的语法。XMLHttpRequest 对象是 Ajax 中最核心的技术，它提供了对 HTTP 的完全的访问，包括进行 POST 和 HEAD 请求，以及普通的 GET 请求的能力。XMLHttpRequest 可以同步或异步地返回 Web 服务器的响应，并且能够以文本或者一个 DOM 文档的形式返回内容。尽管名为 XMLHttpRequest，但它并不限于和 XML 文档一起使用，它可以接收任何形式的文本文档。

下面通过实例来了解 Ajax 语法，如下。

ex8-1.php

```
<script>
    var xhr = new XMLHttpRequest();
    xhr.open('GET', 'ex8-2.php', true);
    xhr.send();
    xhr.onreadystatechange=function(){
        if(xhr.readyState==4 && xhr.status==200){
            alert(xhr.responseText);
        }
    }
</script>
```

ex8-2.php

```
<?php
```

```
echo "这里是 ex8-2.php";
 ?>
```

使用谷歌等支持 Ajax 的浏览器运行 ex8-1，运行结果如图 8-3 所示。

图 8-3　示例实例运行结果截图

需要注意，首先 ex8-1.php 中并没有 PHP 代码，所以也可以将扩展名改为 ex8-1.html；其次 JavaScript 的错误比较难以察觉，比如我们把“xhr.open('GET', 'ex8-2.php', true);”改成“xhr.open('GET', '88.php', true);”，请求一个不存在的文件 88.php，运行时界面不会弹出提示框，但不会提示出错，调试方式就是在浏览器页面上单击鼠标右键，在弹出的菜单中选择“检查”或“审查元素”等选项，然后通过控制台 console 查看错误，如图 8-4 所示。

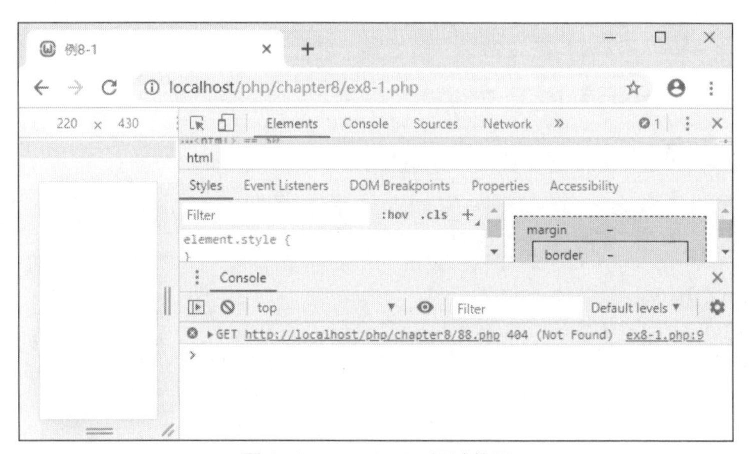

图 8-4　JavaScript 调试截图

通过上面的实例，我们来了解一下 XMLHttpRequest 的具体使用方法。

1. 创建 XMLHttpRequest 对象

```
var xhr = new XMLHttpRequest();
```

所有现代浏览器(IE7+、Firefox、Chrome、Safari 及 Opera)都内建了 XMLHttpRequest 对象。但 XMLHttpRequest 对象不支持 IE6，需要使用 ActiveX 对象通过传入参数 Microsoft.XMLHTTP 来实现。我们封装一个函数来创建一个通用的 xhr 对象，代码如下。

```
//创建 xhr 对象
```

```
function createXhr() {
    //支持 XMLHttpRequest 的浏览器
    if (window.XMLHttpRequest) {
        return new XMLHttpRequest();
    }
    //IE6-
    return new ActiveXObject("Microsoft.XMLHTTP");
}
```

2. open()方法

该方法并不会真正发送请求，只是启动一个请求以备发送。它接受 3 个参数：要发送的请求类型（get、post）、请求的 URL、表示是否异步的 true 或 false，true 表示脚本会在 send()方法之后继续执行，而不等待来自服务器的响应。

```
var xhr = createXhr();
xhr.open('GET', 'ex8-2.php', true);
```

3. send()方法

该方法用于发送 HTTP 请求。如果是异步请求（默认为异步请求），则此方法会在请求发送后立即返回；如果是同步请求，则此方法直到响应到达后才会返回。XMLHttpRequest.send()方法接受一个可选的参数，其作为请求主体；如果请求方法是 GET 或者 HEAD，则应将请求主体设置为 null。

```
xhr.send();//或 xhr.send(null);
```

如果请求方法是 post，需要提交数据，代码如下。

```
//发送合适的请求头信息
xhr.setRequestHeader("Content-type", "application/x-www-form-urlencoded");
xhr.onload = function () {
    // 请求结束后,在此处写处理代码
};
xhr.send("name=Mike&age=18");
```

4. 事件句柄 onreadystatechange 和状态属性 readyState

当请求被发送到服务器时，请求状态会保存在 readyState 属性中，当 readyState 改变时，就会触发 onreadystatechange 事件。readyState 属性用数字表示，含义如下。

0：请求未初始化。

1：服务器连接已建立。

2：请求已接收。

3：请求处理中。

4：请求已完成，且响应已就绪。

```
var xhr = createXhr();
```

```
xhr.open('GET', 'ex8-2.php', true);
xhr.send();
xhr.onreadystatechange=function(){
 alert(xhr.readyState);
}
```

测试上述代码，会发现弹出多个警告框，提示 readyState 状态码的值。

5. 响应数据和状态码

当请求发送到服务器端，收到响应后，响应的数据会自动填充 xhr 对象的属性，一共有 4 个属性。

（1）responseText：作为响应主体被返回的文本。

（2）responseXML：如果响应主体内容类型是“text/xml”或“application/xml”，则返回包含响应数据的 XML 文档，否则是 null。

（3）statusText：HTTP 状态的说明。

（4）status：响应的 HTTP 状态，一般如果 HTTP 状态代码为 200，则表示请求服务器成功。另外，还有 400（语法错误导致服务器不识别）、401（请求需要用户认证）、404（指定的 URL 在服务器上找不到）等状态代码。

```
xhr.onreadystatechange=function(){
        if(xhr.readyState==4 && xhr.status==200){
                alert(xhr.responseText);
        }
}
```

当 readyState=4 同时 status=200 时，说明请求发送完毕，请求服务器成功，响应就绪，此时就可以通过 responseText 等属性接收服务端的数据。

8.1.3 应用实践：验证用户名是否可用

在注册功能中，需要判断一个用户名是否已经在服务端存在，之前的编码方式是，当所有的注册数据都送到服务端时才开始判断，如果此时用户名不可用，那么传输的大量数据浪费了带宽和时间等资源。所以，本次采用 Ajax 技术，提前验证用户名是否可用。

本例中使用的数据库表如第 6 章的表 6-5 所示，涉及的文件列表见表 8-1。

表 8-1 相关文件列表

文件名	作用
reg.html	显示注册页面
checkusername.php	检查用户名是否可用

在实现页面无刷新功能中，第一步要判断何时进行用户名的验证，页面如图 8-5 所示。

常见手段是在文本框后面加一个验证用户名的按钮，用户单击时开始验证；或者在输入用户名，光标离开该文本框时开始验证，本例采用后者，这就需要在文本框中加入失去焦点的事件处理代码 onblur="checkuser()"。由于上面的注册代码在前面出现多次，此处不再赘述，仅给出重要代码，如下。

图 8-5　用户注册页面

reg.html

```
<tr>
    <th class="user">用户名</th>
    <td><input  id="user"  name="user"  type="text" placeholder="用户名"  value="" size="50"  required onblur="checkuser()" >
    <span  id="reginfo"></span>
    </td>
</tr>
```

在 JavaScript 函数 checkuser()中获取用户输入的用户名，并通过 Ajax 请求发送到服务器端进行判断，代码如下。

reg.html

```
<script type="text/javascript">
    //创建 xhr 对象
    function createXhr() {
     //支持 XMLHttpRequest 的浏览器
     if (window.XMLHttpRequest) {
          return new XMLHttpRequest();
     }
     //IE6-
     return new ActiveXObject("Microsoft.XMLHTTP");
    }
    function checkuser(){
        //当用户名文本框失去焦点时，获取其中的数据
        var user=document.getElementById("user").value;
        var xhr = createXhr();
        //发送请求访问 checkusername.php 文件
        xhr.open('GET', 'checkusername.php?uname='+user, true);
        xhr.send();
```

```
        xhr.onreadystatechange=function(){
            if(xhr.readyState==4 && xhr.status==200){
            alert(xhr.responseText);
        }
        }
    }
</script>
```

checkusername.php 接收到 Ajax 请求和 uname 参数后，通过$_GET 数组获取数据，连接数据库，根据查询结果判断用户名是否可用，发送响应字符串。客户端则通过 xhr.responseText 属性接收并提示。需要注意，在编写 checkusername.php 文件时一定要精简代码，不要添加不必要的 HTML 格式代码，因为所有 HTML 代码都会以响应的形式反馈到客户端的 xhr.responseText 属性中。

checkusername.php

```
<?php
//连接数据库，查询用户名是否可用
$con=mysqli_connect("localhost","root","","phpbook");
//设置字符集
mysqli_set_charset($con,"utf8");
$uname=$_GET["uname"];
$sql="select * from users where uname='$uname'";
$rs=mysqli_query($con,$sql);//结果集（多条记录组成的变量）
$num=mysqli_num_rows($rs);//查询结果集中记录的条数
if($num) echo "用户名已存在！";
else echo "用户名可用！";
 ?>
```

运行效果如图 8-6 所示。

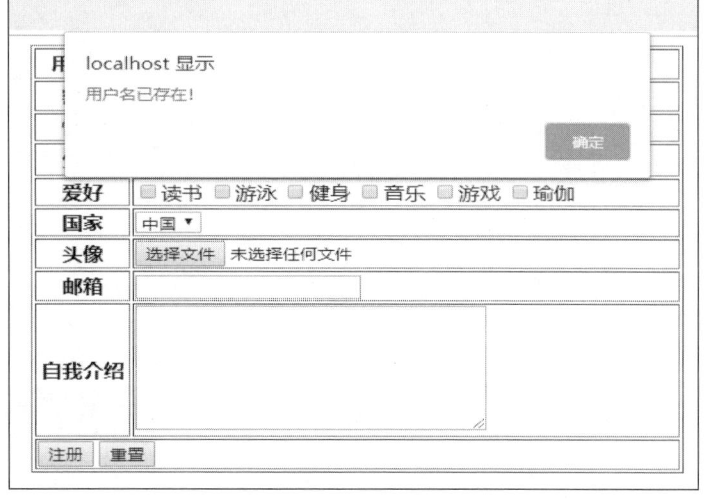

图 8-6　验证用户名是否可用

8.1.4 jQuery 中的 Ajax

jQuery 是一个快速、简洁的 JavaScript 框架，是继 Prototype 之后又一个优秀的 JavaScript 代码库（或 JavaScript 框架）。jQuery 设计的宗旨是"Write Less，Do More"，即倡导写更少的代码，做更多的事情。它封装 JavaScript 常用的功能代码，提供一种简便的 JavaScript 设计模式，优化 HTML 文档操作、事件处理、动画设计和 Ajax 交互。直接写 Ajax 代码操作 XMLHttpRequest 对象比较烦琐，jQuery 对异步提交封装得很好，大大简化了用户的操作。下面将 8.1.3 节中的应用实践通过 jQuery 进行改编。

使用 jQuery 首先要上网下载库文件，jQuery 库是一个 JavaScript 文件，可在 jQuery 官方网站下载，可以使用 HTML 的<script>标签引用它，如下。

```
<head>
<script src="jquery.js"></script>
</head>
```

有两个版本的 jQuery 可供下载。

（1）Production version：生产版，用于实际的网站中，已被精简和压缩。

（2）Development version：开发版，用于测试和开发（未压缩，是可读的代码）

本书采用的是 jquery-3.4.1.js 版。注册页面的 jQuery 版本部分重要代码如下。

reg_jquery.html

```
<script src="jquery-3.4.1.js"></script>
..............................
<tr>
    <th class="user">用户名</th>
    <td><input   id="user"   name="user"   type="text"  placeholder="用户名"   value=""
size="50"  required>
    <span  id="reginfo"></span>
    </td>
</tr>
..............................
<script type="text/javascript">
$(document).ready(function(){
  $("#user").blur(function(){
    var user=$("#user").val();
    $.get('checkusername.php',{uname:user},function(data){
      alert(data);
    });
  });
});
</script>
```

checkusername.php 内容不变，注册页面的 JavaScript 代码经过 jQuery 对象的简化更加清晰易读。

8.2 PHP 中富文本的应用

8.2.1 什么是富文本

富文本（Rich Text）或者叫作富文本格式，简单来说，就是在文档中可以使用多种格式，比如字体颜色、图片和表格等。它是相对纯文本（Plain Text）而言的，比如 Windows 上的记事本就是纯文本编辑器，而 Word 就是富文本编辑器。

在 Web 编程中，一般的文本内容通过文本框、文本区等表单控件就可以输入，但如果想完成图文混排（如发表文章、撰写 QQ 日记等）功能，就需要富文本编辑器。

富文本编辑器不同于文本编辑器，程序员可到网上下载免费的富文本编辑器内嵌于自己的网站或程序中（当然付费的文本编辑器的功能会更强大些），方便用户编辑文章或信息。比较好的文本编辑器有 KindEditor、FCKEditor、UEditor 等。

本书将介绍 UEditor，这是由百度 Web 前端研发部开发的所见即所得的富文本 Web 编辑器，具有轻量、可定制、注重用户体验等特点，开源基于 MIT 协议，允许用户自由使用和修改代码。可在 UEditor 官方网站访问下载 UEditor 的 PHP 版本源码。本书使用的是 UEditor 1.4.3 版。

8.2.2 应用实践：使用 UEditor 进行新闻发布

本实例用于发表图文混排的新闻，本例中涉及的文件列表见表 8-2。

表 8-2　相关文件列表

文件名	作用
addnews.html	显示添加新闻的表单页面
addnews.php	处理新闻添加功能的 PHP 文件
ueditor143 文件夹	UEditor 插件文件夹

创建数据库 phpbook，编码方式选择 UTF8，创建数据表 news，字段如图 8-7 所示，title 存储新闻标题、content 存储新闻内容、cdate 存储新闻发布时间，id 为主键，自增长。

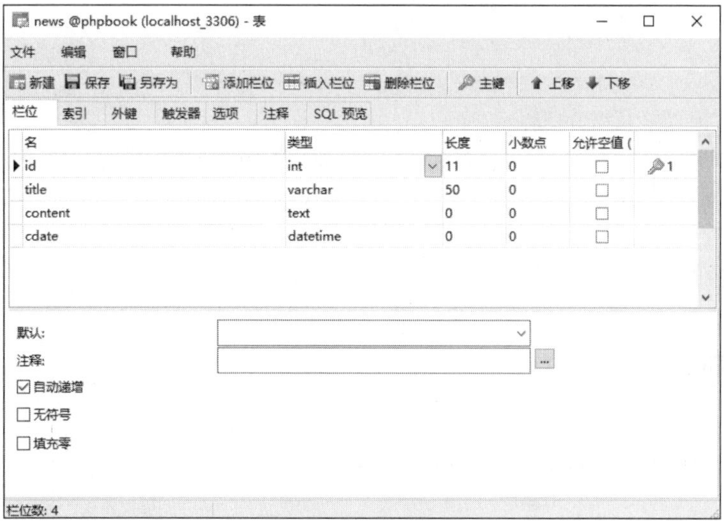

图 8-7　news 表截图

UEditor 富文本编辑器实例如图 8-8 所示。

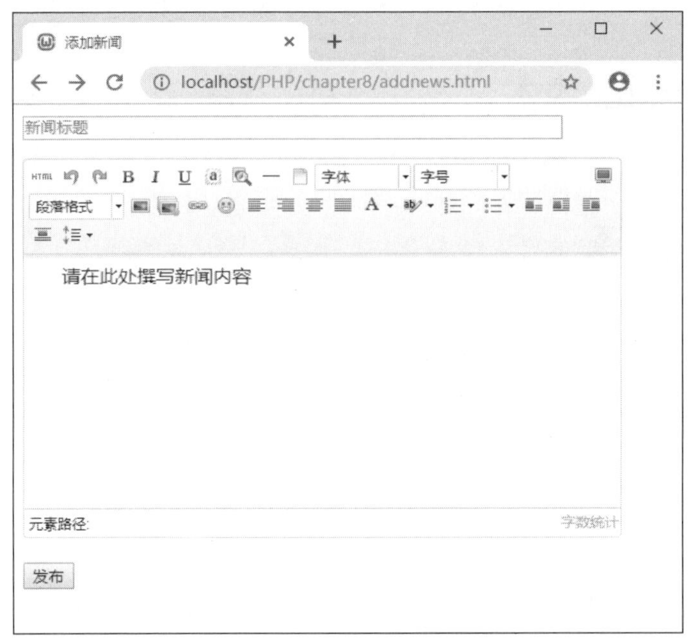

图 8-8　UEditor 富文本编辑器实例

使用 UEditor 分为以下几步，具体内容见 addnews.html。

1. 在页面中引入 UEditor 的配置文件和编辑器源码文件，注意正确设置相对路径

```
    <!-- 导入配置文件 -->
    <script src="ueditor143/ueditor.config.js"></script>
    <!-- 导入编辑器源码文件 -->
    <script src="ueditor143/ueditor.all.min.js"></script>
```

2. 在表单的合适位置加载编辑器的容器

```
<form method="post" action="addnews.php">
    <input type="text" name="title" placeholder="新闻标题"><p>
    <!-- 加载编辑器的容器 -->
    <script id="container" name="content" type="text/plain">
        请在此处撰写新闻内容
   </script><br>
   <input type="submit" value="发表">
</form>
```

3. 实例化编辑器

```
<script type="text/javascript">
        var ue = UE.getEditor('container');
</script>
```

如果用户对编辑器效果不够满意，还可以定制编辑器的各项功能。

```
UE.getEditor('container', {
            theme:"default", //皮肤
            lang:"zh-cn", //语言
            initialFrameWidth:500,   //初始化编辑器宽度
            initialFrameHeight:220,
            toolbars: [
                [
                    'source',
                    'undo', //撤销
                    'redo', //重做
                    'bold', //加粗
                    'italic', //斜体
                    'underline', //下划线
                    'selectall', //全选
                    'preview', //预览
                    'horizontal', //分隔线
                    'cleardoc', //清空文档
                    'fontfamily', //字体
                    'fontsize', //字号
                    'paragraph', //段落格式
                    'simpleupload', //单图上传
                    'insertimage', //多图上传
                    'link', //超链接
                    'emotion', //表情
                    'justifyleft', //居左对齐
                    'justifyright', //居右对齐
                    'justifycenter', //居中对齐
                    'justifyjustify', //两端对齐
                    'forecolor', //字体颜色
                    'backcolor', //背景色
                    'insertorderedlist', //有序列表
                    'insertunorderedlist', //无序列表
                    'fullscreen', //全屏
                    'imagenone', //默认
                    'imageleft', //左浮动
                    'imageright', //右浮动
                    'imagecenter', //居中
                    'lineheight', //行间距
                        ]
                    ]
                });
```

4. 编写处理文件

addnews.php 代码如下。

```
<?php
    $title=$_POST["title"];
    $content=$_POST["content"];
    $con=mysqli_connect("localhost","root","","phpbook");
    mysqli_set_charset($con,"utf8");
    $sql="insert into news values(null,'$title','$content',now())";
    $rs=mysqli_query($con,$sql);
    if($rs)echo "发布成功";else echo "发布失败";
?>
```

本例操作中采用直接复制已有网页新闻的方式，粘贴到编辑框中，如图 8-9 所示。

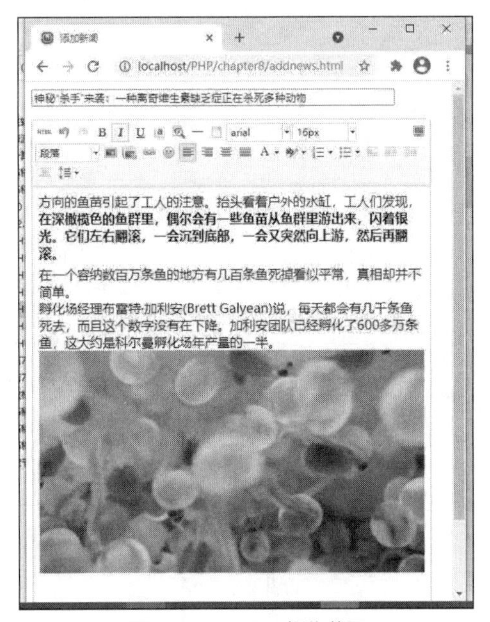

图 8-9　UEditor 操作截图

8.2.3　UEditor 中的上传路径配置

在上面的实践中，成功添加新闻后，查看 news 表中的 content 字段，能够发现图片部分的数据大致如下。

```
<img id="0" src="/ueditor/php/upload/image/20200308/1583598203865947.jpg" alt="" style="margin: 0px auto; padding: 0px; border: 0px none; vertical-align: top; display: block; max-width: 640px; width: 408px; height: 160px;" width="408" height="160"/>
```

图片并没有直接存储在数据库中，存储的是 img 标签，而图片的路径则是/ueditor/php/upload/image/20200308/1583598203865947.jpg。这个路径是 UEditor 的配置文件配置的，用户可以自己修改，文件路径为 ueditor/php/config.json。配置文件中的配置项主要包括如下内容。

（1）图片上传：imagePathFormat、imageUrlPrefix。

（2）涂鸦上传：scrawlPathFormat、scrawlUrlPrefix。

（3）截屏上传：snapscreenPathFormat、snapscreenUrlPrefix。

（4）附件上传：filePathFormat、fileUrlPrefix。

（5）视频上传：videoPathFormat、videoUrlPrefix。

以图片上传 imagePathFormat 为例，其他配置方法类同。

1. imagePathFormat 的作用

用于指定文件的上传路径和返回路径，支持格式化。

2. 路径配置

路径配置项无论是否以“/”开头，都是相对于网站根目录的路径。例如，假设网站根目录是："D://apache/www/"，以下是 imagePathFormat 的配置值及对应的存放目录。

```
"/upload/{filename}" --> "D://apache/www/upload/"
"upload/{filename}" --> "D://apache/www/upload/"
"./upload/{filename}" --> "D://apache/www/upload/"
"../upload/{filename}" --> "D://apache/upload/"
```

3. 格式化上传路径和文件名

由于上传文件名容易冲突，编辑器提供了配置上传文件路径和文件名格式的方法，可以在 config.json 配置 imagePathFormat 项，后台上传文件会按照配置的格式命名，格式化字符串的参数如下。

```
{filename}   //会替换成文件名 [要注意中文文件乱码问题]
{rand:6}     //会替换成随机数,后面的数字是随机数的位数
{time}       //会替换成时间戳
{yyyy}       //会替换成四位年份
{yy}         //会替换成两位年份
{mm}         //会替换成两位月份
{dd}         //会替换成两位日期
{hh}         //会替换成两位小时
{ii}         //会替换成两位分钟
{ss}         //会替换成两位秒
```

如果按照模板命名文件依旧出现冲突，那么会采用直接覆盖同名文件的方式，所以建议 imagePathFormat 使用时间戳和随机数，这样才会减少冲突。后台会过滤模板上的非法字符，如 \ : * ? " < > |，将它们替换为空。

8.3 用 PHP 发送邮件

8.3.1 PHPMailer

PHP 本身提供了一个邮件发送函数 mail()，可以在程序中直接发送电子邮件，该函数要求服务器支持 sendmail 或者必须设置一台不需要中继的邮件发送服务器，但要找到一台不需要身份验证的邮件发送中继几乎是不可能的，所以使用 mail()函数往往无法成功发送邮件。

如果用户熟悉 SMTP，结合 socket 功能就可以编写高效稳定的邮件发送程序，但对一般用户来说太困难。好在互联网上已经有很多已编写好的邮件发送模块，用户只需要下载后简单调用即可，十分方

便。PHPMailer 是一个用于发送电子邮件的 PHP 函数包，直接用 PHP 就可以发送，无须搭建复杂的 Email 服务。它提供的功能如下。

（1）在发送邮件时指定多个收件人、抄送地址、暗送地址和回复地址。

（2）支持 SMTP 验证。

（3）支持带附件的邮件和 HTML 格式的邮件。

（4）自定义邮件头。

（5）支持在邮件中嵌入图片。

（6）调试灵活。

（7）经测试兼容的 SMTP 服务器包括 Sendmail、qmail、Postfix、Imail、Exchange 等。

（8）可运行在任何平台上。

以 QQ 邮箱为例，PHPMailer 的使用流程如下。

（1）下载 PHPMailer 安装包（可在 github 官方网站下载）。

（2）开启 sockets 和 openssl 扩展。

PHPMailer 需要 PHP 的 sockets 扩展支持，而登录 QQ 邮箱的 SMTP 服务器必须通过 SSL 加密，所以 PHP 还需要包含 openssl 的支持。可以使用 phpinfo()函数查看 sockets 和 openssl 扩展信息，如图 8-10 所示。

sockets

Sockets Support	enabled

openssl

OpenSSL support	enabled
OpenSSL Library Version	OpenSSL 1.0.1p 9 Jul 2015
OpenSSL Header Version	OpenSSL 1.0.1p 9 Jul 2015
Openssl default config	c:/usr/local/ssl/openssl.cnf

图 8-10　phpinfo 函数

如果没有开启，请打开 php.ini 文件进行开启，去掉下面语句前面的分号。

```
;extension=openssl
;extension=sockets
```

（3）开启 QQ 邮箱的 SMTP 服务。

所有的主流邮箱都支持 SMTP，但并非所有邮箱都默认开启，我们可以在邮箱的设置中手动开启。单击 QQ 邮箱中的“我的邮箱”进入邮箱首页，单击“设置”，单击“账户”，如图 8-11 所示，开启任一包含 SMTP 服务的选项。

POP3/IMAP/SMTP/Exchange/CardDAV/CalDAV服务

开启服务：
POP3/SMTP服务（如何使用 Foxmail 等软件收发邮件？） 已关闭 | 开启
IMAP/SMTP服务（什么是 IMAP，它又是如何设置？） 已关闭 | 开启
Exchange服务（什么是Exchange，它又是如何设置？） 已关闭 | 开启
CardDAV/CalDAV服务（什么是CardDAV/CalDAV，它又是如何设置？） 已关闭 | 开启
（POP3/IMAP/SMTP/CardDAV/CalDAV服务均支持SSL连接。如何设置？）

图 8-11　QQ 邮箱服务设置

（4）获取授权码。

开启服务时使用我们的密保手机发送短信“配置邮件客户端”到指定号码，有些企业邮箱使用邮箱密码即可发送邮件，但 QQ 邮箱需要的是这里获取的授权码，如图 8-12 和图 8-13 所示。

图 8-12 发送短信获取授权码

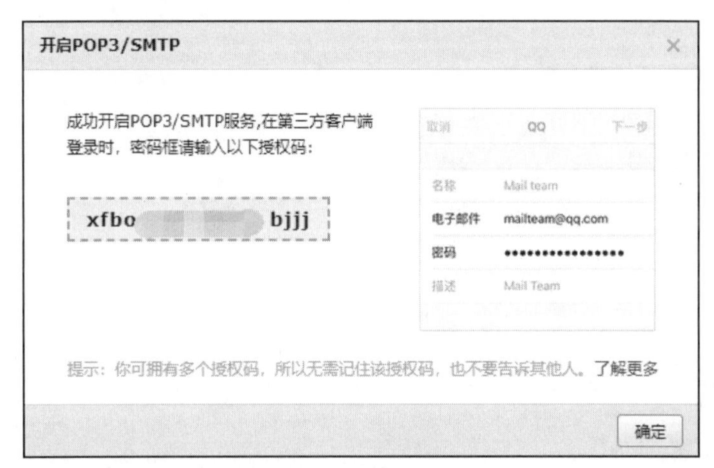

图 8-13 授权码页面

（5）使用 PHP 发送邮件。

functions.php 用于将发送邮件的代码封装为一个函数，代码如下。

```
<?php
function sendMail($to, $title, $content){
// 引入 PHPMailer 的核心文件
require_once("PHPMailer/PHPMailerAutoload.php");
// 实例化 PHPMailer 核心类
$mail = new PHPMailer();
// 设置使用 ssl 加密方式登录鉴权
$mail->SMTPSecure = 'ssl';
$mail->SMTPOptions = array(
        'ssl' => array(
                'verify_peer' => false,
                 'verify_peer_name' => false,
                 'allow_self_signed' => true
```

```
                    )
                );
    // 是否启用 smtp 的 debug 进行调试，开发环境建议开启，生产环境注释掉即可，默认关闭 debug
调试模式
    $mail->SMTPDebug = 1;
    // 使用 smtp 鉴权方式发送邮件
    $mail->isSMTP();
    // smtp 需要鉴权，这个必须是 true
    $mail->SMTPAuth = true;
    // 链接 qq 域名邮箱的服务器地址
    $mail->Host = 'smtp.qq.com';
    // 设置 ssl 连接 smtp 服务器的远程服务器端口号
    $mail->Port = 465;
    // 设置发送的邮件的编码
    $mail->CharSet = 'UTF-8';
    // 设置发件人昵称，收件人可以在邮件中看到
    $mail->FromName = '熊猫';
    // smtp 登录的账号，QQ 邮箱即可
    $mail->Username = '123456@qq.com';
    // smtp 登录的密码，使用生成的授权码
    $mail->Password = 'xxxxxx';//
    // 设置发件人邮箱地址，同登录账号
    $mail->From = '123456@qq.com ';
    // 邮件正文是否为 html 编码，注意此处是一个方法
    $mail->isHTML(true);
    // 设置收件人邮箱地址
    $mail->addAddress($to);
    // 添加多个收件人，多次调用方法即可
    //$mail->addAddress('654321@163.com');
    // 添加该邮件的主题
    $mail->Subject = $title;
    // 添加邮件正文
    $mail->Body = $content;
    // 为该邮件添加附件
    //$mail->addAttachment('./example.pdf');
    // 发送邮件，返回状态
    return $mail->send();
     //echo $mail->ErrorInfo;
    }
    ?>
```

上述代码中使用了 QQ 邮箱，相关信息要参看 QQ 邮箱的设置要求。如果使用其他邮箱，如公司邮箱、学校邮箱等，一般没有授权码，直接使用邮箱密码即可，其他如 SMTP 服务器、端口设置等信息，

都可以咨询邮箱服务商。

测试文件 testmailer.php 代码如下。

```
<?php
header("content-type:text/html;charset=utf-8");
//引入 functions.php 文件
require_once("functions.php");
//调用 sendMail 函数发送邮件
echo sendMail("xxx@qq.com""你好""欢迎来到 PHP 世界");
    ?>
```

8.3.2 应用实践：使用邮件找回密码

本节将使用 PHPMailer 来实现邮件找回密码的功能，数据库表参见第 6 章的表 6-5。本例中涉及的文件列表见表 8-3。

表 8-3 相关文件列表

文件名	作用
login.php	登录页面
findpwd.php	找回密码页面 1——输入用户名和邮件
code.php	找回密码页面 2——显示验证码页面
resetpwd.php	找回密码页面 3——重置密码页面
doresetpwd.php	找回密码页面 4——处理重置密码
functions.php	封装发送邮件函数文件

页面效果如图 8-14～图 8-18 所示。

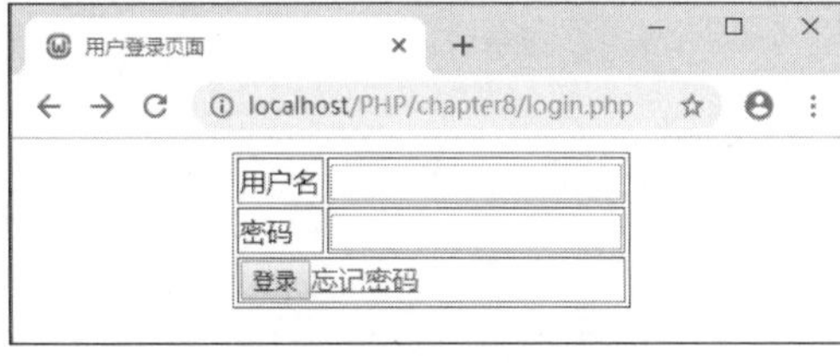

图 8-14 用户登录页面

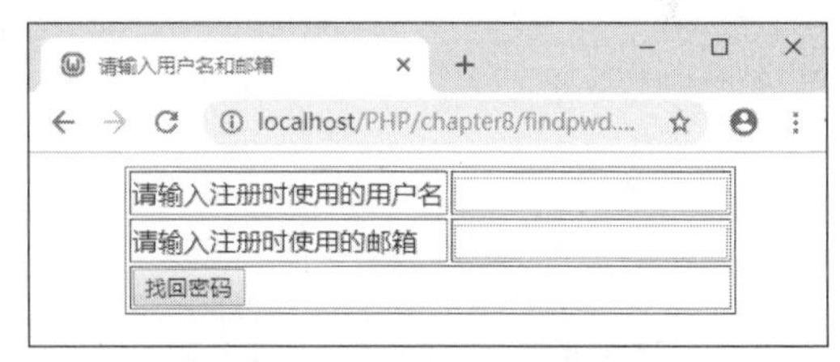

图 8-15 输入用户名和邮箱页面

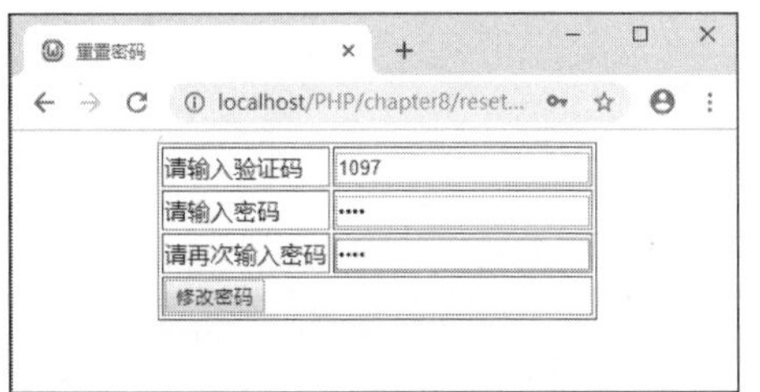

图 8-16 重置密码页面

图 8-17 验证密码页面

图 8-18　重置结果页面

login.php 文件核心代码如下。

```
<form method="post" action="dologin.php">
<table border="1" align="center">
        <tr>
              <td>用户名</td>
              <td><input type="text" name="user" required></td>
        </tr>
        <tr>
              <td>密码</td>
              <td><input type="password" name="pwd" required></td>
        </tr>
        <tr>
              <td colspan="2"><input type="submit" value="登录"><a href="findpwd. php">忘记
密码</a></td>
        </tr>
</table>
</form>
```

这段代码主要显示一个登录的表单页面和一个“忘记密码”的超链接，界面效果读者可以自行发挥。

findpwd.php 文件代码如下。

```
<form method="post" action="code.php">
              <table border="1" align="center">
              <tr>
                    <td>请输入注册时使用的用户名</td>
                    <td><input type="text" name="user" required></td>
              </tr>
              <tr>
                    <td>请输入注册时使用的邮箱</td>
                    <td><input type="email" name="email" required></td>
              </tr>
              <tr>
                    <td colspan="2"><input type="submit" value="找回密码"></td>
```

```
        </tr>
    </table>
    </form>
```

这段代码要求用户输入注册时提交的邮件和用户名，提交给 code.php。

code.php 代码如下。

```
<?php
//开启 session
session_start();
?>
<!DOCTYPE html>
<html>
<head>
  <meta charset="utf-8">
  <title>验证用户名和邮箱</title>
</head>
<body>
<?php
//获取表单提交的用户名和邮箱
$user=$_POST["user"];
$email=$_POST["email"];
//验证是否为空
if(empty($user)||empty($email)){
    echo "<script>alert('用户名邮箱不得为空');history.back();</script>";
    exit();
}
//判断是否在 users 数据库表中存在
$con=mysqli_connect("localhost","root","","phpbook");
//设置字符集
mysqli_set_charset($con,"utf8");
$sql="select * from users where uname='$user' and email='$email'";
$rs=mysqli_query($con,$sql);//结果集（多条记录组成的变量）
$num=mysqli_num_rows($rs);//查询结果集中记录的条数
if($num){    //用户名和邮箱正确，发送验证码，跳转到 resetpwd.php 重置密码页面
    require_once("functions.php");
    $_SESSION["user"]=$user;
    $_SESSION["email"]=$email;
    $code=rand(1000,9999);//生成 4 位随机码
    $_SESSION["code"]=$code;
    if(sendMail($email,"找回密码通知""您的验证码是$code")){
    header("location:resetpwd.php");
    }else{
```

```
        echo "<script>alert('无法向该邮箱发送邮件');history.back();</script>";
        exit();
        }
}
else{       //用户名和邮箱错误
        echo "<script>alert('请输入正确的用户名邮箱');history.back();</script>";
        exit();
}
?>
</body>
</html>
```

code.php 页面验证用户邮箱是否正确，如果正确，则生成 4 位随机码，发送到邮箱中，并将用户名、邮箱和随机码保存到 Session 中，然后跳转到 resetpwd.php 文件，等待用户输入验证码，两次输入密码。

resetpwd.php 代码如下。

```
<form method="post" action="doresetpwd.php">
            <table border="1" align="center">
            <tr>
                <td>请输入验证码</td>
                <td><input type="text" name="code" required></td>
            </tr>
            <tr>
                <td>请输入密码</td>
                <td><input type="password" name="pw1" required></td>
            </tr>
            <tr>
                <td>请再次输入密码</td>
                <td><input type="password" name="pw2" required></td>
            </tr>
            <tr>
                <td colspan="2"><input type="submit" value="修改密码"></td>
            </tr>
    </table>
    </form>
```

resetpwd.php 是一个简单的表单页面，提交表单到 doresetpwd.php 文件中。

doresetpwd.php 文件代码如下。

```
<?php
session_start();
//获取表单提交的验证码和 Session 中保存的验证码
$code=$_POST["code"];
```

```
    $codeold=$_SESSION["code"];
    if($code!=$codeold){
        echo "<script>alert('验证码错误');history.back();</script>";
        exit();
    }
    //获取两次密码
    $pw1=$_POST["pw1"];
    $pw2=$_POST["pw2"];

    if(empty($pw1)||empty($pw2)){
        echo "<script>alert('密码不得为空');history.back();</script>";
        exit();
    }else if($pw1!=$pw2){
        echo "<script>alert('两次密码必须一致');history.back();</script>";
        exit();
    }else{
        //获取 Session 中保存的用户名和邮箱
        $user=$_SESSION["user"];
        $email=$_SESSION["email"];
        //连接数据库，重置该用户的密码
        $con=mysqli_connect("localhost","root","","phpbook");
        //设置字符集
        mysqli_set_charset($con,"utf8");
        $sql="update users set password=md5('$pw1') where uname='$user' and email=
'$email'";
        $rs=mysqli_query($con,$sql);//结果集（多条记录组成的变量）
        if($rs){
            echo "<script>alert('重置密码成功，请重新登录');location.href='login.php';</script>";
            exit();
        }else{
            echo "<script>alert('重置密码失败，请重新找回密码');location.href='findpwd. php';
</script>";
            exit();
        }
    }
    ?>
```

8.4 用 PHP 生成图表

8.4.1 什么是 ECharts

很多数据使用图表显示，如饼状图、柱状图、折线图等会使数据可视化，便于统计、分析和决策。

图表的文字含量低，只有简单文字用来诠释或标注数据。图 8-19 所示是一个饼状图。

南丁格尔玫瑰图
纯属虚构

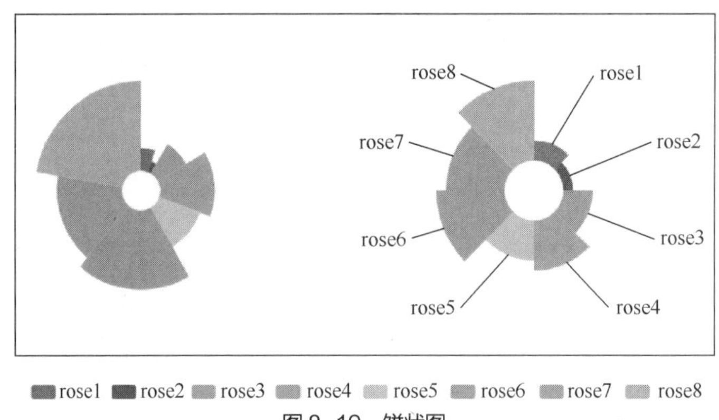

图 8-19　饼状图

图表的构成主要包括标题、坐标标签、数据标签、图例等几部分。开发包含图表类网页时，一般采用一些 JS 图表插件，常用的 JS 图表插件如下。

（1）Highcharts-6.0.7。

（2）百度的 EChart。

（3）FusionCharts。

本节讨论的主题是 ECharts。ECharts，一个用 JavaScript 实现的开源可视化库，可以流畅地运行在 PC 和移动设备上，兼容当前绝大部分浏览器（IE8/9/10/11、Chrome、Firefox、Safari 等），底层依赖矢量图形库 ZRender，提供直观、交互丰富、可高度个性化定制的数据可视化图表。ECharts 的详细信息可以在官网上获取，获取 ECharts 可以通过以下 4 种方式。

（1）从 Apache ECharts（incubating）官网下载界面获取官方源码包后构建。

（2）在 ECharts 的 GitHub 获取。

（3）通过 npm 获取 echarts、npm install echarts --save，详见“在 webpack 中使用 ECharts”。

（4）通过 jsDelivr 等 CDN 引入。

这些构建好的 ECharts 提供了下面 3 种定制版本。

（1）完全版：echarts/dist/echarts.js，体积最大，包含所有的图表和组件，所包含内容参见 echarts/echarts.all.js。

（2）常用版：echarts/dist/echarts.common.js，体积适中，包含常见的图表和组件，所包含内容参见 echarts/echarts.common.js。

（3）精简版：echarts/dist/echarts.simple.js，体积较小，仅包含最常用的图表和组件，所包含内容参见 echarts/echarts.simple.js。

下面介绍如何使用 ECharts。

步骤 1：在页面引入 echarts.js 文件。

```
<script src="echarts.js"></script>
```

步骤 2：在绘图前需要为 ECharts 准备一个具备大小（高宽）的 DOM 容器。

```
<body>
    <!-- 为 ECharts 准备一个具备大小（宽高）的 DOM -->
```

```
    <div id="main" style="width: 600px;height:400px;"></div>
</body>
```

步骤 3：通过 echarts.init()方法初始化一个 ECharts 实例，并通过 setOption()方法生成一个简单的柱状图，下面是完整代码。

```
<!DOCTYPE html>
<html>
<head>
    <meta charset="utf-8">
    <title>第一个 ECharts 实例</title>
    <!-- 引入 echarts.js -->
    <script src="echarts.js"></script>
</head>
<body>
    <!-- 为 ECharts 准备一个具备大小（宽高）的 DOM -->
    <div id="main" style="width: 600px;height:400px;"></div>
    <script>
        // 基于准备好的 DOM，初始化 ECharts 实例
        var myChart = echarts.init(document.getElementById('main'));

        // 指定图表的配置项和数据
        var option = {
            title: {
                text: '第一个 ECharts 实例'
            },
            tooltip: {},
            legend: {
                data:['销量']
            },
            xAxis: {
                data: ["衬衫","羊毛衫","雪纺衫","裤子","高跟鞋","袜子"]
            },
            yAxis: {},
            series: [{
                name: '销量',
                type: 'bar',
                data: [5, 20, 36, 10, 10, 20]
            }]
        };
        // 使用指定的配置项和数据显示图表
        myChart.setOption(option);
    </script>
```

```
</body>
</html>
```

上述代码的输出界面如图 8-20 所示。

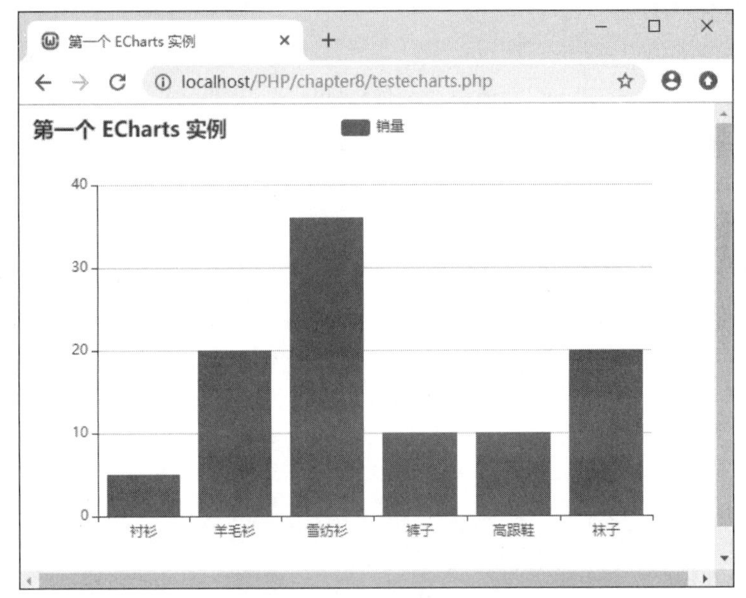

图 8-20　第一个 ECharts 实例图

一个网页中可以创建多个 ECharts 实例。每个 ECharts 实例中可以创建多个图表和坐标系等（用 option 来描述）。准备一个 DOM 节点（作为 ECharts 的渲染容器），可以在上面创建一个 ECharts 实例。每个 ECharts 实例独占一个 DOM 节点。

在 ECharts 里，系列（series）是指一组数值以及它们映射成的图。ECharts 中的系列类型（series.type）就是图表类型。系列类型至少有 line（折线图）、bar（柱状图）、pie（饼图）、scatter（散点图）、graph（关系图）、tree（树图）等。系列的数据从数据集中获取。

ECharts 的使用者使用 option 来描述其对图表的各种需求，包括有什么数据、要画什么图表、图表的样式、含有什么组件、组件能操作什么等。简而言之，option 表述了：数据、数据如何映射成图形、交互行为。

8.4.2　应用实践：使用 ECharts 统计用户信息

本节将使用 ECharts 实现用户信息统计功能，数据库表还是参见第 6 章的表 6-5。本例中涉及的文件列表见表 8-4。

表 8-4　相关文件列表

文件名	作用
echarts.js	官网下载的 ECharts 文件
user_gender.php	统计用户男性和女性的数量对比
user_email.php	统计用户邮箱所属服务器的数量对比

性别统计界面效果如图 8-21 所示。

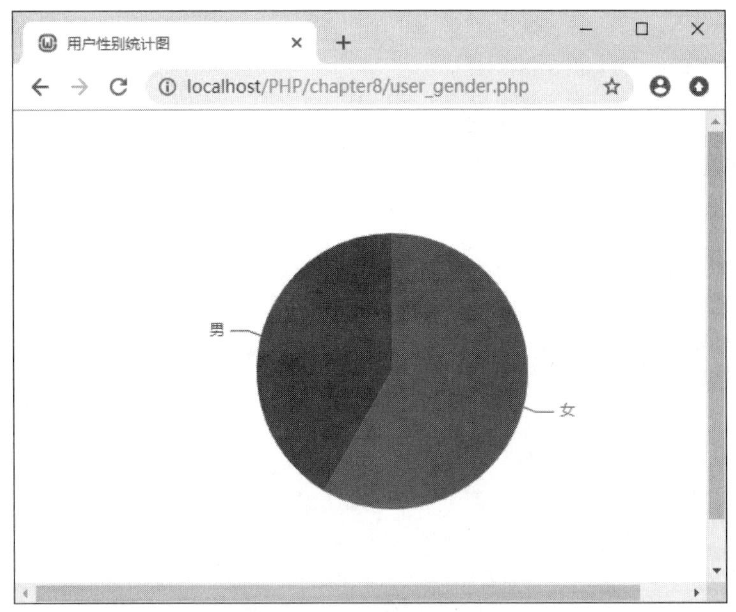

图 8-21　性别统计界面效果饼状图

为了得到想要的数据，本文件采用了大量的字符串处理函数。

user_gender.php 代码如下。

```
<!DOCTYPE html>
<html>
<head>
    <meta charset="utf-8">
    <title>用户性别统计图</title>
    <!-- 引入 echarts.js -->
    <script src="echarts.js"></script>
</head>
<body>
    <?php
    //准备数据
    $data=array();
    //连接数据库，重置该用户的密码
    $con=mysqli_connect("localhost","root","","phpbook");
    //设置字符集
    mysqli_set_charset($con,"utf8");
    $sql="select count(*) ct,if(gender=0,'女','男') gd from users group by gd";
    $rs=mysqli_query($con,$sql);
    $i=0;
    $genderjson="";
    while($row=mysqli_fetch_object($rs)){
        $data[$i]=json_encode($row);//Y 轴是数量
        ;
        $i++;
    }
```

```
        $genderjson="[".implode(",",$data)."]";
        $genderjson=str_replace("ct", "value", $genderjson);
        $genderjson=str_replace("gd", "name", $genderjson);
    ?>
    <!-- 为 ECharts 准备一个具备大小（宽高）的 DOM -->
    <div id="main" style="width: 600px;height:400px;"></div>
    <script>
        // 基于准备好的 DOM，初始化 ECharts 实例
        var myChart = echarts.init(document.getElementById('main'));
        myChart.setOption({
        series : [
        {
            name: '性别对比',
            type: 'pie',
            radius: '55%',
            data:<?php echo $genderjson; ?>
        }
    ]
})
    </script>
</body>
</html>
```

邮箱统计界面效果柱状图如图 8-22 所示，使用柱状图的形式统计了 3 种邮箱在数据库表中的数量。难点主要在于 SQL 语句的撰写，本段代码在 MySQL 语句中使用了字符串处理函数和分组查询。

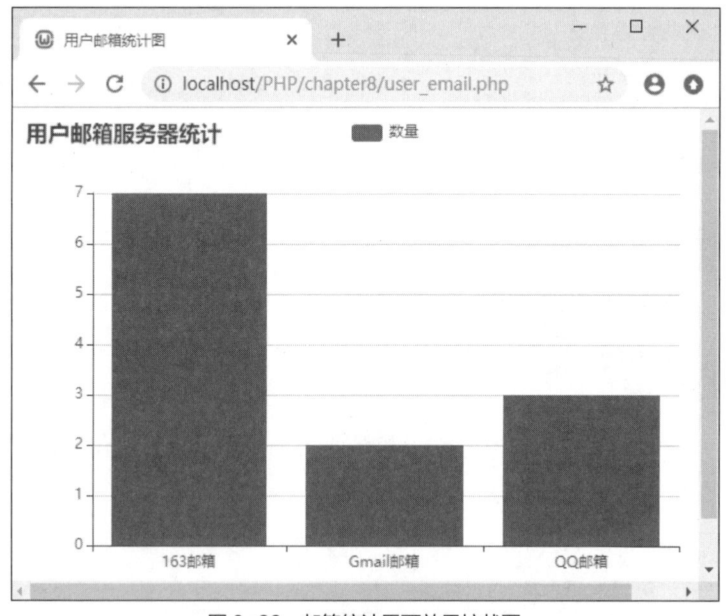

图 8-22　邮箱统计界面效果柱状图

我们需要两组数据，*X* 轴是用户使用的邮箱服务器列表，*Y* 轴是使用该服务器的用户人数。user_email.php 代码如下。

```
<!DOCTYPE html>
<html>
<head>
    <meta charset="utf-8">
    <title>用户邮箱统计图</title>
    <!-- 引入 echarts.js -->
    <script src="echarts.js"></script>
</head>
<body>
    <?php
    //准备数据
    $xAxis=array();
    $yAxis=array();//注意这里是 PHP 变量，不要和下面的 JS 变量混淆
    //连接数据库，重置该用户的密码
    $con=mysqli_connect("localhost","root","","phpbook");
    //设置字符集
    mysqli_set_charset($con,"utf8");
    $sql="select count(*) ct,substr(email, LOCATE('@',email)) em from users group by
em";
    $rs=mysqli_query($con,$sql);
    $i=0;
    while($row=mysqli_fetch_assoc($rs)){
        $yAxis[$i]=$row["ct"];//Y 轴是数量
        $xAxis[$i]=$row["em"];

        if(stripos($xAxis[$i],"qq"))$xAxis[$i]="QQ 邮箱";
        else if(stripos($xAxis[$i],"gmail"))$xAxis[$i]="Gmail 邮箱";
        else $xAxis[$i]="163 邮箱";
        $i++;
    }
   $xAxisjson=json_encode($xAxis);
   $yAxisjson=json_encode($yAxis);

    ?>
    <!-- 为 ECharts 准备一个具备大小（宽高）的 DOM -->
    <div id="main" style="width: 600px;height:400px;"></div>
    <script>
        // 基于准备好的 DOM，初始化 ECharts 实例
        var myChart = echarts.init(document.getElementById('main'));

        // 指定图表的配置项和数据
        var option = {
```

```
                title: {
                    text: '用户邮箱服务器统计'
                },
                tooltip: {},
                legend: {
                    data:['数量']
                },
                xAxis: {
                    data: <?php echo $xAxisjson; ?>
                },
                yAxis: {},
                series: [{
                    name: '数量',
                    type: 'bar',
                    data: <?php echo $yAxisjson; ?>
                }]
            };

            // 使用指定的配置项和数据显示图表。
            myChart.setOption(option);
        </script>
</body>
</html>
```

8.5 Excel 导入导出

8.5.1 PHPExcel 介绍

Microsoft Excel 是 Microsoft 为使用 Windows 和 Apple Macintosh 操作系统的计算机编写的一款电子表格软件。直观的界面、出色的计算功能和图表工具，再加上成功的市场营销，使 Excel 成为最流行的个人计算机数据处理软件。在 1993 年，Excel 作为 Microsoft Office 的组件发布了 5.0 版之后，就开始成为所适用操作平台上的电子制表软件的“霸主”。Excel 的版本多达 13 种。数据导入导出需求在很多系统中都非常常见，如导入人员名单、导出业绩报表等，有很多第三方类库可以非常简单地实现这个功能。

PHPExcel 是国外程序员开发的一款比较经典的扩展类库。PHPExcel 支持生成和读取 Excel（.xls）、Excel 2007（.xlsx）文档，此外还支持 PDF、HTML、CSV 文档的生成。PHPExcel 不仅支持 Microsoft 的 Excel 文件，还支持 WPS 的 Excel 文档。该类库当前最高版本是 1.8.1，其文件结构如图 8-23 所示。

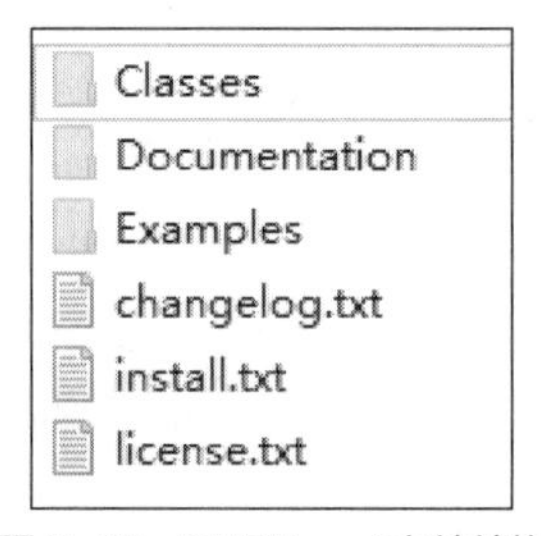

图 8-23　PHPExcel 文件结构

Classes 目录下是 PHPExcel 的源代码文件，PHPExcel.php 文件是类库的接口，外部的PHP 代码通过它来实现对 PHPExcel 的调用；PHPExcel 目录下是各种不同的文档（如 Excel、Excel 2007、PDF

等）的读取和生成的具体操作代码，它们由 Classes 目录下的 PHPExcel.php 文件通过工厂模式统一进行调用。

Documentation 目录下是 PHPExcel 的官方帮助文档，此外，API 目录下网页文件全部是 PHPExcel 的 API 帮助文档，而其他的则是对这个开源项目的介绍。

Examples 目录下是 PHPExcel40 多个示例小程序，可以与 Classes 目录一同放到 Apache+PHP 环境下进行测试与学习。

PHPExcel 要求 PHP 版本在 5.2.0 以上，并且支持 php_zip、php_xml、php_gd2 的扩展。使用 PHPExel 时需要将 Classes 文件夹整体复制到项目的合适位置。

8.5.2 应用实践：使用 PHPExcel 进行用户信息导入导出

本节包括两个实践内容：将第 6 章的数据表 6-5（用户信息表 users）的数据导出为 Excel 文档，包括用户名、性别、电话和照片，难点主要是图片的获取；将用户信息的 Excel 文件导回 users 表中。数据库表结构不再赘述，本例中涉及的文件列表见表 8-5。

表 8-5 相关文件列表

文件名	作用
output_users_excel.php	导出用户信息 Excel 文件的 PHP 文件
img 文件夹	用户头像文件夹，文件名和 users 表中的 photo 字段一致，该文件夹与 output_users_excel.php 在同一级目录下
input_users_excel.php	导入用户信息 Excel 文件的 PHP 文件
users.xlsx	用户信息 Excel 文件，用于导入 users 表
PHPExcelClass 类库文件夹	该文件夹包含 PHPExcel 的类库文件，包括 PHPExcel.php 和 PHPExcel 文件夹。该文件夹与以上文件同属一级目录

首先介绍如何将 users 表中的数据导出为一个 Excel 文件，使用当前的日期命名，导入信息包括 users 表中的用户名、性别、电话和照片信息。users 表中存储的是每个用户照片的文件名，而导出的 Excel 中要显示的是照片本身，所以涉及图片处理。

output_users_excel.php 代码如下。

```
<?php
/*连接数据库，获取需要导出的数据库表的信息*/
header("Content-type:text/html;charset=utf-8");
//连接数据库，查询用户表中的用户名、性别、电话和照片信息
$con=mysqli_connect("localhost","root","","phpbook");
//设置字符集
mysqli_set_charset($con,"utf8");
$sql="select uname,if(gender=1,'男','女') gd,tel,photo from users";
$rs=mysqli_query($con,$sql);

set_time_limit(0);//设置程序运行时间，0 表示无限制
ini_set('memory_limit','1024M'); //扩展内存限制
ob_clean();//清空输出缓冲区
require_once('PHPExcelClass/PHPExcel.php');//包含类库入口文件
```

```
    $objPHPExcel = new PHPExcel();   //创建对象
    $objPHPExcel->setActiveSheetIndex(0);//设置当前活动状态的工作表，0 表示第一个工作表
    $objActSheet = $objPHPExcel->getActiveSheet();//获取当前活动工作表
    $objActSheet->setCellValue('A1', '用户名');
    $objActSheet->setCellValue('B1', '性别');
    $objActSheet->setCellValue('C1', '电话');
    $objActSheet->setCellValue('D1', '照片');
    $i=2;//第一行已放表头，具体数据从第二行开始
    while($v=mysqli_fetch_assoc($rs)){
          $objActSheet->setCellValue("A$i", $v["uname"]);//向数据格写入数据
          $objActSheet->setCellValue("B$i", $v["gd"]);
          $objActSheet->setCellValue("C$i", $v["tel"]);
          //图片处理
          if ($v['photo']){
                $objDrawing = new PHPExcel_Worksheet_Drawing(); //每次必须重新实例化
                $objDrawing->setPath('./img/'.$v['photo']);//使用相对路径，图片已经存放在当前的
img 文件夹中
                $objDrawing->setHeight(50);//设置照片高度
                $objDrawing->setWidth(50); //设置照片宽度
                $objDrawing->setCoordinates('D'.$i);
                      // 设置图片偏移距离
                  $objDrawing->setOffsetX(5);
                  $objDrawing->setOffsetY(5);
                  $objDrawing->setWorksheet($objActSheet);
                 }
                 $objActSheet->getRowDimension($i)->setRowHeight(60);//设置行高
                $objActSheet->getColumnDimension('C')->setWidth(20);//设置 C 行宽度
                $objActSheet->getColumnDimension('D')->setWidth(10);//设置 D 行宽度
      $i++;
    }
       $filename="users".date('Y-m-d');//文件名=用户名+日期

header('Content-Type:application/vnd.openxmlformats-officedocument.spreadsheetml.sheet');//
设置输出文件类型为 Excel 文件
        header('Content-Disposition:attachment;filename="'.$filename.'.xlsx"');//attachment 表
示文件下载，filename 属性指定文件名
        header('Cache-Control:max-age=0');//禁止缓存
        $objWriter = PHPExcel_IOFactory::createWriter($objPHPExcel, 'Excel2007');//获取指
定版本 Excel 写对象
        $objWriter->save('php://output');//保存文件
        Exit;
    ?>
```

由于要导出用户信息，所以需要连接数据库，撰写 SQL 语句查出以上内容，生成结果集对象。接下来在程序中包含类库的入口文件 PHPExcel.php，创建 PHPExcel 对象，操作 Excel。

关于 PHPExcel 导出数据生成 Excel 文件的几点注意事项如下。

（1）将需要的数据从数据库导出，需要撰写合适的 SQL 语句，数据库中存储的是图片名，而非图片本身，所以如果希望在 Excel 中显示图片，需要在相对路径中存放与数据库表中图片名相对应的文件。

（2）在数据量过大的情况下，“set_time_limit(0); ”“ini_set('memory_limit','1024M');”这两条语句可以帮助用户在漫长的等待中得到文件，而不会因为内存不够或者超时等原因无法下载。

（3）require_once('PHPExcelClass/PHPExcel.php');包含 PHP Excel 的类库文件也使用了相对路径，所以 PHPExcelClass 文件夹应该存放到与执行文件同级的目录下。

（4）输出文件前不能有其他输出，使用 ob_clean()函数清空输出缓冲区可以防止下载文件不正常，该方法在生成验证码等功能时也必不可少。

接下来，我们讨论如何使用 PHPExcel 从 Excel 中读取用户信息并导入数据库。虽然一些数据库的客户端也具有导入 Excel 等格式文件的功能，但是对于稍微复杂的数据处理还是需要结合 PHPExcel 进行编码实现的。

准备一个 Excel 文件 users.xlsx，内容如图 8-24 所示，该数据和 users 表结构不完全一致，缺少密码、时间等字段，性别也不是数字形式，所以需要用户在程序中处理和添加。

	A	B	C	D	E
1	张三	男	13500111111	1.jpg	zhangsan@qq.com
2	李四	男	18600222222	2.jpg	lisi@163.com
3	王五	女	13500333333	3.jpg	wangwu@163.com
4	赵六	男	18600444444	4.jpg	zhaoliu@163.com
5					

图 8-24　待导入的 Excel 数据

input_users_excel.php 代码如下。

```
<?php
header("Content-type:text/html;charset=utf-8");
//连接数据库，编写插入用户表的 SQL 语句的前半部分
$con=mysqli_connect("localhost","root","","phpbook");
//设置字符集
mysqli_set_charset($con,"utf8");
$sql="insert into users values";
//包含类库入口文件
require_once('PHPExcelClass/PHPExcel.php');
ini_set("max_execution_time", "0");
//导入文件的路径
$path="./users.xlsx";
 $objReader = new PHPExcel_Reader_Excel2007();
 if(!$objReader->canRead($path)){
     $objReader = new PHPExcel_Reader_Excel5();
     if(!$objReader->canRead($path)){
          $this->error('无法识别的 Excel 文件！ ');
     }
```

```
}
$objPHPExcel=$objReader->load($path);
$sheet=$objPHPExcel->getSheet(0);//获取第一个工作表
$highestRow=$sheet->getHighestRow();//取得总行数
$highestColumn=$sheet->getHighestColumn(); //取得总列数

for($i=1;$i<=$highestRow;$i++){
//从第一行开始读取数据
//获取用户名
$uname=trim($sheet->getCell("A$i")->getValue());
//获取性别，并转换为 1 和 0
$gender=trim($sheet->getCell("B$i")->getValue());
$gender=($gender=="男")?1:0;
//获取电话
$tel=trim($sheet->getCell("C$i")->getValue());
//获取照片文件名
$photo=trim($sheet->getCell("D$i")->getValue());
//获取邮箱
$email=trim($sheet->getCell("E$i")->getValue());
//生成其他数据库表中需要的数据
//默认密码为 md5 加密的字符串 123456
$pw=md5('123456');
//创建时间和修改时间都是当前系统时间
$createtime=date("Y-m-d H:i:s");
$updatetime=$createtime;
//拼接 SQL 语句
$sql.=" (null,'$uname','$pw',$gender,'$tel','$photo','$email','$createtime','$updatetime')";
if($i!=$highestRow)$sql.=",";
}
//echo $sql;
$rs=mysqli_query($con,$sql);
if($rs){echo "导入成功";}else{echo "导入失败";}
?>
```

8.5.3 使用 PHPExcel 的常见问题

使用 PHPExcel 的常见问题一般有以下 5 种。

（1）乱码：建议使用 UTF-8 编码，如果脚本使用不同的编码，则可以使用 PHP 的 iconv()函数或 mb_convert_encoding()函数转换这些文本。

（2）无法打开 Excel 文件：Excel 2007 无法在 Windows 上打开 PHPExcel_Writer_2007 生成的文件，出现了这样的提示：“Excel 在‘*.xlsx’中发现无法读取的内容”，这可以通过升级 PHP 版本的方法解决。

（3）内存耗尽：当导入数据量过大时，会提示“允许的内存大小 XX 字节耗尽”，可以通过编辑 PHP.ini 中 memory_limit 指令的值，或者在代码中使用 ini_set('memory_limit', '512M')方法来增加 PHP 可用的内存。

（4）工作表上的保护不起作用：使用任何工作表保护功能（如单元格范围保护、禁止删除行等）时，请确保启用工作表的安全性。例如，可以这样做：

```
$objPHPExcel->getActiveSheet()->getProtection()->setSheet(true);
```

（5）在框架中使用 PHPExcel：流行框架（如 Think PHP、Yii）都可以使用 PHPExcel，与其他导入第三方类库的方式相同，代码区别不大。

8.6 本章习题

1. XMLHttpRequest 对象的常用方法和属性有哪些?
2. 使用 PHPMailer 类库发送邮件，选择网易等邮箱实现。
3. 使用 PHPExcel 类库将超过 500 条记录的 Excel 文档导入数据库中，如何进行优化以提高效率?

第 9 章 PHP中的面向对象编程

▶ 内容导学

前面介绍的内容都是基于 PHP 面向过程的开发思想来完成的。所谓面向过程就是分析解决问题所需要的步骤，然后利用函数依次实现这些步骤，使用时依次调用这些函数即可。而面向对象则是一种更符合人类思维习惯的编程思想，它分析现实生活中存在的各种形态不同的事物，通过程序中的对象来映射现实中的事物。在 PHP 中，对象类型不仅可以像数组一样存储多个任意类型的数据，还可以在对象中存储函数（方法）。不仅如此，对象还可以通过封装保护对象中的成员，通过继承对类进行扩展等。本章将介绍 PHP 面向对象中的类和对象的声明与创建、封装、继承等内容

▶ 学习目标

① 掌握类的声明；
② 掌握对象的使用；
③ 掌握私有属性的定义和访问；
④ 掌握类的继承。

9.1 面向对象编程介绍

PHP 与 C++、Java 类似，都可以采用面向对象的方式设计程序，但 PHP 并不是真正地面向对象语言，而是一种混合型语言，可以使用面向对象的方法去设计程序，也可以使用传统的过程化思想进行编程。但对于多人合作开发的大型项目来讲，可能需要在 PHP 中使用纯的面向对象的思想设计完成，也可以采用目前比较主流的 PHP 框架技术（如 ThinkPHP 技术）去开发完成。

面向对象的编程（OOP，Object-Oriented Programming）是一种计算机编程架构。这种编程架构使编程的代码更简洁，更易于维护，并且具有更强的可重用性，因为在这种架构下编写的程序，是由单个能够起到子程序作用的“对象”组合而成的，每个对象都能够接收信息，处理数据并能向其他的对象发送信息。

下面通过一个例子来说明采用面向对象方式完成一个具体任务的过程。以“用洗衣机洗衣服”这项工作为例。

```
//面向对象的方式
洗衣机->打开盖子（）；
洗衣机->放入（衣服对象）；
洗衣机->设置洗衣模式和时间（）；
洗衣机->开始工作（）；
```

如果采用面向过程的方式完成上述任务，会采用如下流程实现。

```
//面向过程的方式
打开洗衣机的盖子（）；
```

```
将衣服放入洗衣机（）;
设置洗衣机的洗衣模式和时间（）;
洗衣机开始工作（）;
```

在面向过程的方式中，开发者关心的是完成任务所经历的每个步骤，将这些步骤定义为函数，依次调用来完成任务。而在面向对象的方式中，开发者关心任务中涉及的对象，即洗衣机对象和衣服对象。通过调用对象的方法解决问题。通常一个应用程序中可能包含多个对象，有时需要多个对象互相配合来实现应用程序的功能。

在面向对象编程中，经常会谈到两个概念，就是类与对象。类与对象之间的关系就像模具与铸件之间的关系一样，类的实例化结果就是对象，而对象的抽象就是类。类描述了一组有相同属性和相同行为（方法）的对象。

在进行程序开发时，先要抽象出类的定义，再由类去创建对象，在程序中直接使用的是对象而不是类。

9.1.1 什么是类

在面向对象的编程语言中，类是一个独立的程序单位，是具有相同属性和方法的一组对象的集合。它为属于该类的所有对象提供了统一的抽象描述，其内容包括成员属性和成员方法两个主要部分。与面向过程的编程方法相比，方法就是函数，而属性就是变量。

类其实与现实世界中对事物的分类一样，例如，车类，所有的车都属于这个类；球类，所有的球都属于这个类，如篮球、足球等。在程序设计中也需要将一些相关的变量定义和函数声明归类，形成一个自定义类型，通过这个类型创建多个实体，一个实体就是一个对象，每个对象都有该类中定义的内容特性。

9.1.2 什么是对象

对象就是类的实例化结果。例如，有这样的需求：组装 100 台相同配置的台式机，首先需要列出台式机的装机配置单，可以把这个配置单看作一个类，或者说是自己定义的一个类型，如果按照这个配置单组装了 100 台机器，这 100 台机器就是属于同一个类的 100 个实体，或称为对象。而这些实体机器就是可操作的实体。

组装了 100 台机器，就创建了 100 个对象，每个对象都是独立的，只能说它们拥有相同的配置。对其中任何一台机器的任何动作都不会影响到其他机器。但是如果对类（配置单）进行修改，那么组装出来的所有机器都会被改变。

这里给出对象的定义：对象是系统中用来描述客观事物的一个实体，是构成系统的一个基本单位。一个对象就是一组属性和有权对这些属性进行操作的一组方法的封装体。

9.2 如何抽象一个类

在 PHP 中，对象也是 8 种数据类型中的一种，和数组一样属于复合数据类型。但对象比数组更强大，数组中只能存储多个变量，而在对象中不仅可以存储多个变量，还可以存储有权对存储在里面的变量进行操作的一组函数。

面向对象程序设计的单位就是对象，但对象又是通过类实例化出来的，所以应该先来介绍如何声明一个类。在程序中直接使用的是对象，不是类。就像上面的例子一样，台式机的配置单就是一个类，按照配置单组装出来的机器就是对象。但是最终使用的是台式机，而不是配置单，配置单仅是一张纸，如果没有这张纸上面的信息，就无法知道组装出什么配置的机器。

9.2.1 类的声明

类的声明比较简单，与函数声明类似：关键字 class 后面加一个自定义的类别名称，再加上一对花括号。有时也需要在 class 关键字的前面加一些修饰类的关键字，如 final、abstract 等。类的声明格式如下。

```
[修饰符] class 类名{        //使用 class 关键字加空格后再加类名
        [成员属性]          //也叫成员变量
        [成员方法]          //也叫成员函数
    }                       //使用花括号结束类的声明
```

类名和变量名命名规则相似，都要遵循 PHP 中自定义名称的命名规则。习惯上类名定义要有一定的意义，并且每个单词的首字母大写。

当声明一个类时，一对花括号之间要声明类的成员。类的声明是为了将来能够实例化出多个对象，所以首先要清楚程序中需要什么样的对象。例如，每个人都是一个对象，在创建“人”这个对象之前要先声明“人”这个类。在“人”类中声明的信息就是创建对象时每个人都具有的信息。下面是“人”类的声明示例。

```
class Person{
        成员属性：姓名，性别，年龄，身高，体重，电话等。
        成员方法：说话，走路，学习，吃饭等。
    }
```

按照类的定义可以将类分成两部分：一部分是静态描述，另一部分是动态描述。静态描述就是成员属性，在程序中用变量实现，如人的姓名、性别、年龄、身高、体重、电话等；动态描述就是成员方法，即对象的功能，如人能说话、能走路、可以学习等。在程序中，把动态描述写成函数。在类中声明的函数叫作成员方法。所有类的声明都基于成员属性和成员方法两方面。

9.2.2 成员属性

在类中直接声明变量称为成员属性，可以在类中声明多个变量，每个变量都存储对象的不同属性信息。虽然声明成员属性时可以给变量赋初值，但这样做是没有意义的。例如，声明一个“人”类时，将人的姓名属性赋值成为“张三”，那么用这个类实例化出来的每个人就都叫张三了。一般都是通过类实例化对象后再给相应的成员属性赋初值。下面声明了一个 Person 类，类中声明了 3 个成员属性。

```
class Person{
        var $name;              //第 1 个成员属性，用于存储人的名字
        var $age;               //第 2 个成员属性，用于存储人的年龄
        var $sex;               //第 3 个成员属性，用于存储人的性别
    }
```

由上例 Person 类的声明可见，变量前使用了一个关键字“var”来声明。在类中声明成员属性时，

变量前一定要加一个关键字修饰，如 public、private、static 等，这些关键字是有一定意义的。如果不需要有特定意义的修饰或者目前不清楚需要什么修饰，就使用“var”关键字，一旦成员属性有了其他关键字修饰，就要去掉“var”，如下。

```
class Person{
        public $name;              //第 1 个成员属性声明为公有的权限
        private $age;              //第 2 个成员属性声明为私有的权限
        static  $sex;              //第 3 个成员属性声明为静态权限
    }
```

9.2.3 成员方法

在对象中需要声明一些可以操作本对象成员属性的方法来完成对象的一些行为。在类中直接声明的函数称为成员方法，可以在类中声明多个成员方法。成员方法的声明和函数的声明完全一样，不同之处是可以加一些关键字的修饰来控制成员方法的一些权限，如 public、private、static 等。值得注意的是，声明的成员方法一定要与对象相关，不能是一些没有意义的操作。成员方法的声明示例如下面的代码所示。

```
class Person{
function say(){          //声明第 1 个成员方法，定义人说话的功能
        //方法体
    }
 function eat($food){    //声明第 2 个成员方法，定义人吃饭的功能，使用一个参数
        //方法体
    }
//声明第 3 个成员方法，定义人走路的功能，使用 private 修改控制访问权限
private function run(){
        //方法体
    }
    }
```

类就是把相关的属性和方法组织在一起形成一个集合，可以只有成员属性，也可以只有成员方法，还可以没有成员。下面代码中声明了 Person 类，既有成员属性，又有成员方法，代码如下。

```
class Person{
        var $name;              //第 1 个成员属性，用于存储人的名字
        var $age;               //第 2 个成员属性，用于存储人的年龄
        var $sex;               //第 3 个成员属性，用于存储人的性别
//下面声明几个成员方法，通常成员方法的声明在成员属性的下面
function say(){
        echo "人在说话";    //方法体
}
    function run(){
            echo "人在走路";    //方法体
```

```
        }
}
```

用同样的方法可以声明所需的类，只要是能用属性和方法定义出来的事物都可以定义成类，然后实例化出对象为程序所用。

9.3 通过类实例化对象

面向对象程序的基本单位是对象，但对象又是通过类实例化（创建）出来的。所以，在使用对象之前要通过类实例化出一个或多个对象为程序所用。

9.3.1 实例化对象

将类实例化成对象比较容易，使用 new 关键字并在后面加上一个与类名同名的方法就可以了。如果实例化对象时不需要传参数，则在 new 关键字后面直接用类名即可，不需要加括号。对象的实例化格式如下。

```
$变量名 = new 类名称([参数列表]);
或者
$变量名 = new 类名称;
```

其中，“$变量名”是通过类所创建的一个对象的引用名称，将来可以通过该引用来访问对象中的成员。new 表示要新建一个对象，类名表示新建对象的类型，参数指定了类的构造方法，用于初始化对象的值。如果类中没有定义构造函数，PHP 会自动创建一个不带参数的默认构造函数（后面有详解）。例如，通过上面定义的 Person 类实例化几个对象，代码如下。

```
class Person{
        var $name;              //第 1 个成员属性，用于存储人的名字
        var $age;               //第 2 个成员属性，用于存储人的年龄
        var $sex;               //第 3 个成员属性，用于存储人的性别
    //下面声明几个成员方法，通常成员方法的声明在成员属性的下面
    function say(){
            echo "人在说话";    //方法体
    }
    function run(){
            echo "人在走路";    //方法体
    }
}
$person1= new Person();    //创建第 1 个 Person 类对象，引用名为$person1
$person2= new Person();    //创建第 2 个 Person 类对象，引用名为$person2
$person3= new Person();    //创建第 3 个 Person 类对象，引用名为$person3
```

一个类实例化出来的多个对象都是彼此独立的。在上例中，实例化出来 3 个对象$person1、$person2、$person3，相当于在内存中开辟了 3 个内存空间用于存储每个对象。这 3 个对象之间没有联系，只能说明它们同属于一个类型。就像 3 个独立的人，每个人都有自己的姓名、性别和年龄等属性，

每个人都能说话、吃饭和走路。

9.3.2 对象中成员的访问

对象中包含成员属性和成员方法，访问对象中的成员包含对成员属性的访问和对成员方法的访问。对成员属性的访问包括赋值操作和获取成员属性值的操作。这里通过对象的引用来访问对象中的每个成员，但还是要使用一个特殊的运算符号“->”来完成对象成员的访问，访问对象中成员的语法如下。

```
$引用名=new 类名称([参数列表]);
$引用名 -> 成员属性 = 值;
echo $引用名 -> 成员属性;
$引用名 -> 成员方法;
```

下面的代码是对 Person 类的 3 个对象的成员属性和成员方法的引用示例。

```
class Person{
    //声明 3 个人的成员属性
        var $name;
        var $age;
        var $sex;
    //下面声明人的两个成员方法
    function say(){
            echo "这个人在说话<br>";
    }
        function run(){
            echo "这个人在走路<br>";
    }
    }
//通过 new 关键字实例化了 3 个 Person 类的对象
$person1= new Person();    //创建第 1 个 Person 类对象，引用名为$person1
$person2= new Person();    //创建第 2 个 Person 类对象，引用名为$person2
$person3= new Person();    //创建第 3 个 Person 类对象，引用名为$person3

//下面 3 行是给$person1 对象中属性赋初值
$person1 -> name="张三";        //将对象$person1 中的$name 属性赋值为 张三
$person1 -> sex="男";           //将对象$person1 中的$sex 属性赋值为 男
$person1 -> age=20;             //将对象$person1 中的$age 属性赋值为 20

//下面 3 行是给$person2 对象中的属性赋初值
$person2 -> name="李四";
$person2 -> sex="女";
$person2 -> age=30;
```

```
//下面 3 行是给$person3 对象中的属性赋初值
$person3 -> name="王五";
$person3-> sex="男";
$person3 -> age=28;

//下面 3 行是访问$person1 对象中的成员属性
echo "$person1 对象的名字是".$person1 -> name. "<br>";
echo "$person1 对象的性别是".$person1 ->sex. "<br>";
echo "$person1 对象的年龄是".$person1 -> age. "<br>";

//下面两行是访问$person1 对象中的成员方法
$person1->say();
$person1->run();
```

从上例来看，只要是对象中的成员，都要使用“对象引用名->属性”或“对象引用名->方法”形式访问。

9.3.3 特殊对象引用$this

访问对象中的成员必须通过对象的引用来完成。如果在对象的成员方法中访问自己对象中的成员属性，或者访问自己对象内的其他成员方法要如何处理呢？对象创建完成后，对象的引用名称无法在对象的方法中找到。为了解决这个问题，在 PHP 中引入特殊的对象引用$this。

对象一旦被创建，在对象的每个成员方法中都会存在一个特殊的对象引用$this。成员方法属于哪个对象，$this 引用就代表哪个对象，专门用来完成对象内部成员之间的访问。

如果类 Person 中声明了两个方法 say()和 run()，通过类实例化的对象$person1 中就会存在 say()和 run()方法，这两个方法中将各自存在一个$this 引用。在对象$person1 中的两个成员方法中的$this 就代表$person1，如图 9-1 所示。

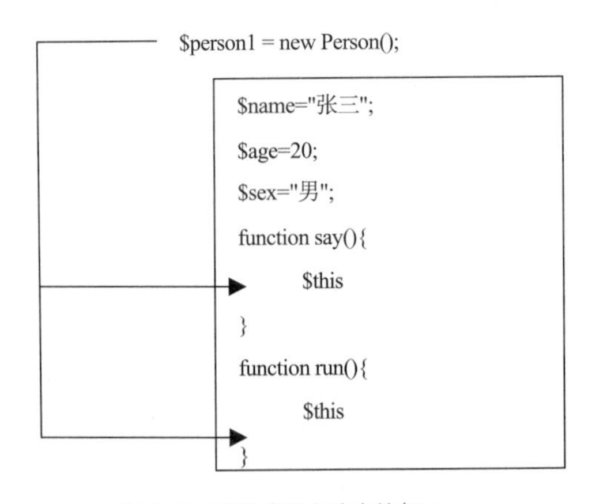

图 9-1 对象成员方法中的$this

如图 9-1 所示，特殊的对象引用$this 就是在对象内部的成员方法中代表“本对象”的一个引用，但只能在对象的成员方法中使用。修改 9.3.2 节中的示例，在声明 Person 类时，成员方法 say()中使用$this 引用访问自己对象内部的所有成员属性，然后调用每个对象中的 say()方法，让每个人说出自己的名字、年龄和性别，代码如下。

```
class Person{
//声明 3 个人的成员属性
        var $name;
        var $age;
        var $sex;
//下面声明人的两个成员方法
function say(){          //使用$this 访问自己对象中的成员属性
            echo "我的名字：".$this->name."，性别：".$this->sex."， 年龄：".$this->age.
"。<br>";
}
 function run(){
            echo $this->name."在走路<br>";
}
}
//通过 new 关键字实例化了 3 个 Person 类的对象
$person1= new Person();    //创建第 1 个 Person 类对象，引用名为$person1
$person2= new Person();    //创建第 2 个 Person 类对象，引用名为$person2
$person3= new Person();    //创建第 3 个 Person 类对象，引用名为$person3

//下面 3 行是给$person1 对象中的属性赋初值
$person1 -> name="张三";        //将对象$person1 中的$name 属性赋值为 张三
$person1 -> sex="男";           //将对象$person1 中的$sex 属性赋值为 男
$person1 -> age=20;             //将对象$person1 中的$age 属性赋值为 20

//下面 3 行是给$person2 对象中的属性赋初值
$person2 -> name="李四";
$person2 -> sex="女";
$person2 -> age=30;

//下面 3 行是给$person3 对象中的属性赋初值
$person3 -> name="王五";
$person3-> sex="男";
$person3 -> age=28;

$person1->say();
$person2->say();
$person3->say();
```

上述程序运行后的输出结果如图 9-2 所示。

```
我的名字：张三，性别：男， 年龄：20。
我的名字：李四，性别：女， 年龄：30。
我的名字：王五，性别：男， 年龄：28。
```

图 9-2　运行结果

在上例中，介绍了通过$this 引用访问自己内部的相应的成员属性的方法。如果想在对象的成员方法 say()中调用自己的另一个成员方法 run()也是可以的，可以使用$this->run()的方式来完成访问。

9.3.4 构造方法和析构方法

构造方法和析构方法是对象中两个特殊的方法，它们都与对象的声明周期有关。构造方法是对象创建完成后第一个被对象调用的方法；而析构方法是对象在销毁前最后一个被对象自动调用的方法。通常使用构造方法完成一些对象的初始化工作，使用析构方法完成一些对象在销毁前的清理工作。

1. 构造方法

在声明的类中都有一个称为构造方法的特殊成员方法，如果没有显式地声明它，类中都会存在一个没有参数列表并且内容为空的构造方法。如果显式地声明它，则类中的默认构造方法将不会存在。当创建一个对象时，构造方法会被自动调用一次，即每次使用关键字 new 来实例化对象时都会自动调用构造方法，但不能主动通过对象引用调用构造方法。所以，构造方法一般用来执行一些有用的初始化任务，比如在创建对象时给成员属性赋初值。

在类中声明构造方法与声明其他成员方法类似，但构造方法的方法名称必须是以两个下划线开始的“__construct()”，这是 PHP5 中的变化。在之前的版本中，构造方法名与类名相同，这种方式在 PHP5 中仍然可以使用。给构造方法一个独特的名称的好处是使构造方法独立于类名，当类名发生变化时不需要修改相应的构造方法名称。在类中声明构造方法的格式如下。

```
function __construct([参数列表]){  //构造方法名是以两个下划线开始的
                        //方法体，通常用来初始化成员属性
}
```

在 PHP 中，同一个类中只能声明一个构造方法，原因是构造方法的名称是固定的，在 PHP 中不能声明两个同名的函数，所以就没有构造方法重载。但可以在声明构造方法时使用默认参数，实现其他面向对象编程语言中构造函数重载的功能。这样在创建对象时，如果构造方法中没有传递参数，则使用默认参数为成员属性赋初值。

下例中，将前面声明的 Person 类添加一个构造方法，并且构造方法中使用了默认参数，代码如下。

```
class Person{
//声明 3 个人的成员属性
        var $name;
        var $age;
        var $sex;
//声明构造方法，在将来创建对象时，使用其为成员属性赋初值
function __construct($name="",$sex="男",$age=1) {
$this->name=$name;//创建对象时，使用传入的参数$name 为成员属性$this->name 赋初值
$this->sex=$sex;//创建对象时，使用传入的参数$sex 为成员属性$this->sex 赋初值
$this->age=$age;//创建对象时，使用传入的参数$age 为成员属性$this->age 赋初值
}
//下面声明人的两个成员方法
function say(){         //使用$this 访问自己对象中的成员属性
 echo "我的名字：".$this->name."，性别：".$this->sex. "，  年龄：".$this->age. "。<br>";
}
function run(){
          echo $this->name."在走路<br>";
}
```

```
}
//通过 new 关键字实例化了 3 个 Person 类的对象
$person1= new Person("张三","男",20);    //创建第 1 个 Person 类对象，引用名为$person1
$person2= new Person("李四","女");    //创建第 2 个 Person 类对象，引用名为$person2
$person3= new Person("王五");    //创建第 3 个 Person 类对象，引用名为$person3

$person1->say();
$person2->say();
$person3->say();
```

上述程序运行后输出结果如图 9-3 所示。

```
我的名字：张三，性别：男， 年龄：20。
我的名字：李四，性别：女， 年龄：1。
我的名字：王五，性别：男， 年龄：1。
```

图 9-3　运行结果

2. 析构方法

PHP 将在对象被销毁前自动调用析构方法，析构方法是 PHP5 中新添加的功能，析构方法允许在销毁一个对象之前做一些特定的操作，如关闭文件、释放结果集等。

通常对象的引用被赋予其他的值或者在页面中运行结束时，对象都会失去引用。当堆内存中的对象失去访问它的引用时，该对象就不能被访问了，将会成为垃圾对象。在 PHP 中有一种垃圾回收机制，当对象不能被访问时，就会自动启动垃圾回收程序，收回对象在堆中占有的内存空间。而析构方法正是在垃圾回收程序回收对象之前被调用的。

析构方法的声明格式和构造方法类似，在类中声明的析构方法的名称也是固定的，同样要求以两个下划线开头，方法名为“__destruct()”，但析构函数不能带有任何参数，在类中声明析构方法的格式如下。

```
function __destruct(){    //析构方法名是以两个下划线开始的
                //方法体，通常用来完成对象销毁前的清理工作
}
```

在 PHP 中，析构方法不是很常用，它属于类的可选的一部分，只有在需要的时候才在类中声明。在下例中，在 Person 类中添加了一个析构方法，在对象销毁时会输出一条语句，代码如下。

```
class Person{
//声明 3 个人的成员属性
        var $name;
        var $age;
        var $sex;
//声明构造方法，在将来创建对象时，使用其为成员属性赋初值
function __construct($name="",$sex="男",$age=1) {
$this->name=$name;//创建对象时，使用传入的参数$name 为成员属性$this->name 赋初值
$this->sex=$sex;//创建对象时，使用传入的参数$sex 为成员属性$this->sex 赋初值
$this->age=$age;//创建对象时，使用传入的参数$age 为成员属性$this->age 赋初值
}
//下面声明人的两个成员方法
function say(){        //使用$this 访问自己对象中的成员属性
```

```
        echo "我的名字：".$this->name."，性别：".$this->sex."， 年龄：".$this->age."。<br>";
    }
    function run(){
            echo $this->name."在走路<br>";
    }
    function __destruct(){
            echo $this->name."再见啦<br>";

    }
}
    //通过 new 关键字实例化了 3 个 Person 类的对象
$person1= new Person("张三","男",20);      //创建第 1 个 Person 类对象，引用名为$person1
$person1=null;                             //第一个对象失去引用
$person2= new Person("李四","女",25);      //创建第 2 个 Person 类对象，引用名为$person2
$person3= new Person("王五","男",30);      //创建第 3 个 Person 类对象，引用名为$person3
```

上述程序运行后输出结果如图 9-4 所示。

张三再见啦
王五再见啦
李四再见啦

图 9-4　运行结果

在上例中，对象一旦失去引用，这个对象就会成为垃圾，垃圾回收程序会自动启动并回收对象占有的内存，在回收垃圾对象占有的内存之前会自动调用析构方法，并输出一条语句。第一个对象创建完成后，它的引用被赋成了空值，所以第一个对象失去了引用$person1，不能再被访问，已成为垃圾，那么在回收之前，这个对象的析构方法会被调用，输出"张三再见啦"。后面的两个对象都是在页面运行结束时失去引用的，也都自动调用了析构方法。但是由于对象的引用是存储在栈内存的，由于栈有先进后出的特点，最后创建的对象引用会最先被释放，所以先自动调用第 3 个对象的析构方法，最后才调用第 2 个对象的析构方法。

9.4 封装性

封装性是面向对象编程中的三大特性之一，所谓封装是指把对象的成员属性和成员方法结合成一个独立的单位，并尽可能隐藏对象的内部细节，对外形成一道边界（或者形成一道屏障），只保留有限的对外接口使之与外界发生联系。

如果对象中的成员属性没有被封装，一旦对象创建完成，就可以通过对象的引用获取任意成员属性的值，并可以给所有的成员属性赋任意值。在对象外部任意访问成员属性是非常危险的，因为对象中成员属性是对象本身与其他对象不同的特征标志。例如，"电话"对象中的电压和电流等属性值需要在一个合理的范围内，是不能随意更改的，如手机电压赋值为 380 V，就会破坏手机对象。

如果对象中的成员方法没有被封装，也可以在对象外部随意调用，这也是一种危险操作。因为对象中的成员方法只有一部分是提供给外界来用的，有一些是对象自己使用的方法。

封装的原则就是要求对象以外的部分不能随意存取对象的内部数据，包括成员属性和成员方法，从而有效避免外部错误产生的影响。

9.4.1 设置私有成员

只要在声明成员属性和成员方法时，使用 private 关键字修饰，就可实现对成员的封装。封装后的成员在对象外部不能被访问，但在对象内部的成员方法中可以访问到自己对象内部被封装的成员属性和成员方法，达到尽可能隐蔽对象内部的细节，对外形成一道屏障的目的。在下面的例子中，使用 private 关键字将 Person 类中的部分成员属性和部分成员方法进行封装，代码如下。

```
    class Person{
    //成员属性，一定要加修饰符 private 来实现封装
            private $name;
            private $age;
            private $sex;
            function __construct($name,$age,$sex){
                $this->name=$name;
                $this->age=$age;
                $this->sex=$sex;
            }
      function say(){          //使用$this 访问自己对象中的成员属性
      echo "我的名字: ".$this->name.", 性别: ".$this->sex. ",  年龄: ".$this->age. "。<br>";
    }
}
    $p1=new Person("zhangsan",20,"男");
    $p1->name="lisi";
    $p1->say();
```

程序运行会给出错误提示，如图 9-5 所示。

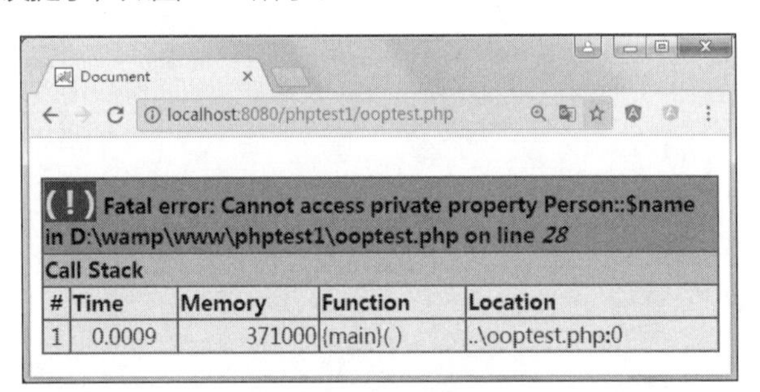

图 9-5　错误提示

在上面的程序中，使用 private 关键字将成员属性封装成私有属性后，就不可以在对象外部通过对象引用直接访问了，试图访问私有成员将会发生错误。如果在成员属性前使用了其他关键字修饰，就不要再使用 var 关键字修饰了。

9.4.2　私有成员的访问

对象中的成员属性一旦被 private 关键字封装成私有之后，就只能在对象内部的成员方法中使用了，不能被对象外部直接赋值，也不能在对象外部直接获取私有属性的值。如果不允许用户在对象外部设置私有属性的值，但可以获取私有属性的值，或者允许用户对私有属性赋值但需要限定一些条件（防止非法赋值），则需要在对象内部声明一些操作私有属性的公有方法。公有的修饰可以使用 public 关键字，如果成员方法没有加任何的访问控制修饰，默认就是 public。在任何地方都可以访问，这样在对象外部就可以将公有方法当作访问接口，间接地访问对象内部的私有成员。

在下面的示例中，通过在 Person 类中声明 say()方法，可以输出所有私有属性的值。示例中还提供了获取属性的方法，可以获取对象中某个私有属性的值，以及提供了设置私有属性的方法，单独为某个私有属性重新设置值，而且限制了设置值的条件，代码如下。

```
class Person{
//成员属性，一定要加修饰符
        private $name;
        private $age;
        private $sex;
function __construct($name,$sex,$age){
                $this->name=$name;
                $this->age=$age;
                $this->sex=$sex;
        }
function say(){           //使用$this 访问自己对象中的成员属性
 echo "我的名字: ".$this->name."，性别: ".$this->sex. "，年龄: ".$this->age. "。<br>";
}

        public function getName(){
        echo $this->name."<br>";
        }
        public function setSex($sex){
        if ($sex=="男"||$sex=="女")
               $this->sex=$sex;
        }

        public function setAge($age){
        if ($age>0&&$age<150)
               $this->age=$age;
        }
        public function getAge(){
               echo $this->age."<br>";
        }
}
$p1=new Person("张三","男",20);

$p1->getName();
$p1->setSex("女");
$p1->setAge(40);
$p1->getAge();

$p1->say();
```

运行输出结果如图 9-6 所示。

```
张三
40
我的名字：张三，性别：女，年龄：40。
```

图 9-6 运行结果

在上例中，Person 类中的成员属性全部用 private 关键字设置为私有属性，不允许类外部直接访问，但是在类的内部是有权限访问的。构造方法没有加关键字修饰，所以默认是公有方法（构造方法不要设置私有权限），用户可以使用构造方法创建对象为私有属性赋值。

上例中还提供了一些可以在对象外部存取私有成员属性的访问接口，这些接口可以在创建对象后，在程序的运行过程中为私有属性重新赋值。在重新赋值时加入了一些条件限制（比如，性别只能录入“男”或者“女”等），这样就避免了一些非法值，从而达到封装的目的，给外界提供尽量少的操作。

9.5 继承性

继承性也是面向对象程序设计中的重要特性之一，在面向对象领域有着极其重要的作用。继承性是指建立一个新的派生类，从先前定义的一个类中继承数据和函数，而且可以重新定义或增加新数据和函数，从而建立了类的层次或等级关系。

通过继承机制，可以利用已有的数据类型来定义新的数据类型。所定义的新的数据类型不仅拥有新定义的成员，还拥有旧的成员。我们称已存在的用来派生新类的类为基类或父类，由已存在的类派生出来的新类称为派生类或子类。也就是说，继承性就是通过子类对已存在的父类进行功能扩展。

在软件开发中，类的继承性简化了对象。类的创建的工作量增加了代码的可重用性。通过继承性，提供了类的规范的等级结构，使公共的特性能够共享，从而提高软件的可重用性。

PHP 与 Java 类似，是没有多继承模式的，只能使用单继承模式。也就是说，一个类只能直接从另一个类中继承数据，但另一个类可以有很多子类。

PHP 中可以有多层继承，即一个类可以继承某一个类的子类，如类 B 继承了类 A，类 C 又继承了类 B，那么类 C 也间接继承了类 A，示例代码如下。

```
class A{
        ....
    }
    class B   extends A{
        ....
    }
    class C   extends B{
        ....
    }
```

注意 **（1）子类继承父类的所有内容，但父类中的 private 部分不能直接访问。**
（2）子类中新增加的属性和方法是对父类的扩展。
（3）子类中定义的与父类同名的属性是对父类属性的覆盖，同名的方法也是对父类方法的覆盖。

9.5.1 类继承的应用

Person 类可以派生出很多子类。如果在程序中需要声明一个学生类（Student），学生也具有所有人的特性，就可以让 Student 类继承 Person 类，从而把 Person 类的所有成员都继承过来。而且在 Person 类中添加了一个新的成员，所有派生于它的子类都会多一个成员。父类中修改的成员在子类中也会随之改变，并且在 Student 类中也可以增加一些自己的成员，例如，“学校名称”的属性和“学习”的方法。继承 Person 类的同时又对其进行了扩展。使用“extends”关键字可以实现多个类的单继承关系，代码如下。

```
class Person{
//成员属性，一定要加修饰符
	var $name;
	var $age;
	var $sex;
	function __construct($name,$age,$sex){
		$this->name=$name;
		$this->age=$age;
		$this->sex=$sex;
	}
	function say(){
	echo "我的名字: ".$this->name."，性别: ".$this->sex. "， 年龄: ".$this->age. "。<br>";
	}
}
class Student extends Person{
	var $school;
	function study(){
		echo $this->name."在".$this->school."学习"."<br>";
	}
}

class Teacher extends Student{
	var $wage;
	function teach(){
	echo $this->name."在".$this->school."教学，每月工资为".$this->wage."。<br>";
	}
}
$s1=new Student("李四",20,"女");
$s1->school="东软";
$s1->say();
$s1->study();
echo "<br>";
```

```
$t1=new Teacher("张三",40,"男");
$t1->school="大连理工";
$t1->wage=5000;
$t1->say();
$t1->study();
$t1->teach();
```

上例中程序运行的输出结果如图 9-7 所示。

```
我的名字：李四，性别：女， 年龄：20。
李四在东软学习

我的名字：张三，性别：男， 年龄：40。
张三在大连理工学习
张三在大连理工教学，每月工资为5000。
```

图 9-7　运行结果

上例中，Person 类中定义了 3 个成员属性和 1 个成员方法。当声明 Student 类时，使用"extends"关键字将 Person 类中的所有成员都继承过来，并在 Student 类中扩展了学生所在学校的成员属性和学习的 study()成员方法。所以，Student 类中有 4 个成员属性和 2 个成员方法。接着又声明了一个 Teacher 类，也使用了"extends"关键字去继承 Student 类，同样将 Student 类（包括从 Person 类中继承过来的）中的所有成员都继承过来，又添加了一个成员属性工资 wage 和一个教学的方法 teach()作为对 Student 类的扩展。这样 Teacher 类中的成员包括从 Person 和 Student 类中继承过来的所有成员属性和成员方法，也包括构造方法，以及自己类中声明的一个属性和方法。当在 Person 类中对成员有改动时，继承它的子类也都会随之变化。

9.5.2　访问类型控制

类型的访问控制通过使用修饰符允许开发人员对类中的成员访问进行限制。PHP 支持 3 种访问修饰符，在类的封装中已经介绍了 2 种，在这里进行总结。访问控制修饰符包括 public（公有的、默认的）、private（私有的）和 protected（受保护的）3 种，它们之间的区别见表 9-1。

表 9-1　3 种访问权限说明

范围	private	protected	public
同一个类中	可以	可以	可以
类的子类中		可以	可以
所有的外部成员			可以

1. 公有的访问修饰符 public

使用 public 修饰符的类中的成员没有访问权限限制，所有的外部成员都可以访问这个类中的成员。

2. 私有的访问修饰符 private

当类中的成员被定义为 private 时，对于同一个类中的所有成员都没有访问限制，但对于该类的外部代码是不允许改变和操作的。对于该类的子类，也不能访问 private 修饰的成员。下面的代码给出了 private 修饰成员的示例。

```
//声明一个类作为父类使用，将它的成员都声明为私有的
    class MyClass {
```

```
        private $var1 = 100;    //声明一个私有的成员属性并赋初值为 100

        //声明一个成员方法使用 private 关键字设置为私有的
        private function printHello() {
            echo "hello<br>";  //在方法中只有一条输出语句作为测试使用
        }
    }
    //声明一个 MyClass 类的子类试图访问父类中的私有成员
    class MyClass2 extends MyClass {
        //在类中声明一个公有方法，访问父类中的私有成员
        function useProperty() {
            echo  "输出从父类继承过来的成员属性值".$this->var1."<br>";     //访问父类中的
私有属性
            $this->printHello();          //访问父类中的私有方法
        }
    }
    $subObj = new MyClass2();  //初始化出子类对象
    $subObj->useProperty();    //调用子类对象中的方法实现对父类私有成员的访问
```

在上例中，MyClass 类中定义了一个私有成员属性和一个私有成员方法，又声明了一个类 MyClass2 继承 MyClass，并在子类 MyClass2 中访问父类的私有成员。但父类的私有成员只能在本类中使用，在子类中也不能访问，所以访问出错。

3. 保护的访问修饰符 protected

被修饰为 protected 的成员，对于该类的子类和子类的子类都有访问权限，可以进行属性和方法的读写操作。但不能被该类的外部代码访问，该子类的外部代码也没有访问其属性和方法的权限。下面的代码给出了 protected 修饰成员的示例。

```
    //声明一个类作为父类使用，将它的成员都声明为受保护的
class MyClass {
        protected $var1=100;                //声明一个保护的成员属性并赋初值为 100
        protected function printHello() {    //声明一个成员方法使用 protected 关键字设置为受保护的
        echo "hello<br>";                   //在方法中只有一条输出语句作为测试来使用
            }
        }
        //声明一个 MyClass 类的子类试图访问父类中的保护成员
class MyClass2 extends MyClass {
          //在类中声明一个公有方法，访问父类中的保护成员
      function useProperty() {
          echo "输出从父类继承过来的成员属性值".$this->var1."<br>";  //访问父类中受保护的属性
          $this->printHello();                       //访问父类中受保护的方法
            }
        }
```

```
$subObj = new MyClass2();     //初始化出子类对象
$subObj->useProperty();     //调用子类对象中的方法实现对父类保护的成员访问
echo $subObj->var1;          //试图访问类中受保护的成员，结果出错
```

在上例中，如果类 MyClass 中的成员使用 protected 修饰符设置为受保护的，就可以在子类中直接访问，但如果在子类外部访问 protected 修饰的成员，就会出错。

9.5.3 子类中重载父类的方法

在 PHP 中，不能在同一个类中定义重名的方法，但在子类中可以定义和父类同名的方法，因为父类的方法已经在子类中存在，这样在子类中就可以重写父类继承过来的方法。之所以要重写父类的方法，是因为在一些情况下父类的方法满足不了子类的要求，所以重写。

在下面的例子中，声明 Person 类的“说话”方法 say()，Student 类继承了 Person 类后就可以直接使用 say()方法，但 Person 类中的 say()方法只能说出自己成员的属性，而 Student 类对 Person 类进行了扩展，又添加了一些新的属性。如果 Student 类的对象想说出该类下所有属性的值，就需要重写 say()方法。

```
class Person{
//成员属性，一定要加修饰符
    var $name;
    var $age;
    var $sex;
    function __construct($name,$age,$sex){
        $this->name=$name;
        $this->age=$age;
        $this->sex=$sex;
    }
    function say(){
    echo "我的名字：".$this->name."，性别：".$this->sex."，  年龄：".$this->age."。<br>";
    }
}
class Student extends Person{
    var $school;
    function __construct($name,$age,$sex,$school){
    $this->name=$name;
    $this->age=$age;
    $this->sex=$sex;
    $this->school=$school;
    }
    function study(){
        echo $this->name."在".$this->school."学习"."<br>";
    }
    function say(){
    echo "我的名字：".$this->name."，性别：".$this->sex."，  年龄：".$this->age."。<br>";
```

```
        echo $this->name."在".$this->school."上学"."<br/>";
        }
    }
    $s1=new Student("李四",20,"女","东软");
    $s1->say();
```

在上例中，声明的 Student 类重写了从 Person 类中继承的构造方法和 say()方法，并在构造方法中添加了一条对 school 成员属性的初始化语句，以及在 say()方法中添加了一条输出自己所在学校的语句。这样就会出现将父类的方法内容再写一遍的情况。另外，有些父类的源码并不可见，所以就不可能在重载父类方法时复制被覆盖方法中的源码。

在 PHP 中，提供了在子类重载方法中调用父类被覆盖方法的功能。这样就可以在子类的重载方法中继续使用从父类继承过来并被覆盖的方法，然后在此基础上添加新的功能。在子类中，使用 parent 访问父类中的被覆盖的属性和方法，调用格式为“parent::方法名”，例如，parent::__construct();和 parent::say();。

将上例中的代码进行修改，使用上述格式对父类方法进行重载。

```
    class Person{
    //成员属性，一定要加修饰符
        var $name;
        var $age;
        var $sex;
        function __construct($name,$age,$sex){
            $this->name=$name;
            $this->age=$age;
            $this->sex=$sex;
        }
        function say(){
        echo "我的名字：".$this->name."，性别：".$this->sex."， 年龄：".$this->age."。<br>";
        }
    }
    class Student extends Person{
        var $school;
        function __construct($name,$age,$sex,$school){
        parent::__construct($name,$age,$sex);
        $this->school=$school;
        }
        function study(){
            echo $this->name."在".$this->school."学习"."<br>";
        }
        function say(){
            parent::say();
            echo $this->name."在".$this->school."上学"."<br/>";
        }
```

```
}
$s1=new Student("李四",20,"女","东软");
$s1->say();
```

9.6 本章小结

本章主要介绍了 PHP 中面向对象程序设计的各种特性，包括面向对象编程思想、类的声明、类的成员，对象的使用、封装与继承等。通过本章的学习，读者应该了解面向对象的编程思想，重点掌握类的声明、实例化、对象的使用和继承功能。为使用面向对象的方式开发 Web 应用程序打下基础。

9.7 本章习题

使用面向对象的方式创建一个圆类，分别计算周长和面积并打印输出。

提示如下。

1. 定义类：Cirlce。
2. 抽取属性（圆的半径定义为私有属性）。
3. 定义方法。
4. 实例化对象，调用相应的方法并打印结果。

第 10 章 PHP与MVC开发模式

10

▶ 内容导学

之前学习的 Web 动态网页的开发过程是基于 PHP 面向过程的开发思想来完成的。本章将基于第 9 章介绍的 PHP 编程中的面向对象的基本概念来讲解 PHP 项目开发中的 MVC 思想，进而构建一个简单的 MVC 结构，并基于此结构给出动漫电影信息网站在 MVC 开发模式下实现的思路。

▶ 学习目标

① 理解 MVC 模式的工作原理；

② 了解如何构建 MVC 模式的项目。

10.1 MVC 模式的工作原理

MVC[模型（Model）、视图（View）和控制器（Controller）]是一种目前广泛流行的软件设计模式。MVC 模式的设计是为了实现 Web 系统的职能分工，它要求应用程序的输入、处理和输出分开，各层各自处理自己的任务。

View 层实现系统和用户的交互，可以理解为 HTML 界面。View 层的处理仅限于视图上数据的采集和处理用户的请求。例如，一个订单的视图只接受来自模型的数据并显示给用户，再将用户界面上的数据和请求传递给控制器和模型。

Model 层实现系统中的业务流程的处理和业务规则的指定。Model 层接收 View 层请求的数据，并返回处理结果。数据模型是业务模型中很重要的一个模型，主要是指实体对象的数据存储。

Controller 层是 Model 层和 View 层的桥梁。这一层清楚地告诉我们应选择什么样的模型、什么样的视图，可以完成什么样的请求，就像一个分发器。Controller 层不会进行任何数据处理。例如，用户单击一个超链接，Controller 层接收该请求后，并不处理业务信息，只是将用户的信息传递给 Model 层，告知模型做什么，再选择合适的视图显示给用户。

10.2 MVC 模式在项目中的应用

本节将搭建一个简单的 MVC 模型来完成之前的“视频信息管理系统”的功能，数据库仍然使用 neuvideo 数据库。读者可以体会 MVC 分层的开发模式所带来的便利。这里先从显示用户信息列表的功能开始。

10.2.1 阶段一：构建 MVC 结构

假如显示用户信息列表的页面为 userlist.php，它属于 MVC 模型中的 View 层。userlist.php 页面的代码如下。

```
<html>
<head>
        <meta charset="UTF-8">
        <title>userlist</title>
</head>
<body>
        <?php
$data=array(array('uname'=>'zhangsan','sex'=>'male'),array('uname'=>'lisi','sex'=>'female'));
         ?>
</body>
</html>
```

在上述代码中，用户列表中的用户信息使用一个静态数组来输出，此时会得到图 10-1 所示的结果。

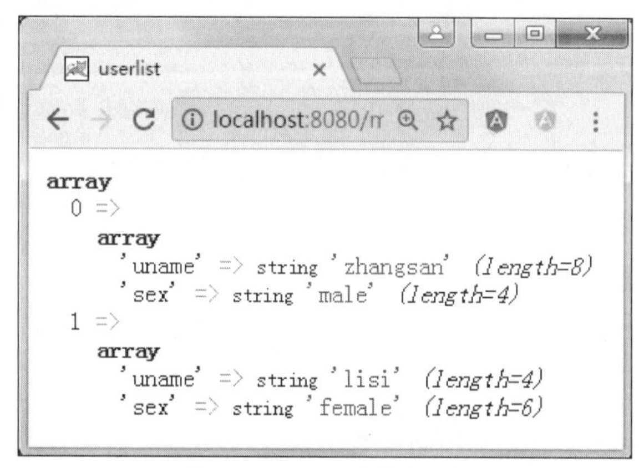

图 10-1　显示用户信息列表

如果按照 10.1 节对 MVC 分层的介绍，则用户的请求应该交由一个控制器处理，控制器接收到请求后将操作分发给 Model 层，由 Model 层获取数据并返回给控制器，控制器再把结果交由页面进行显示。所以，这里需要创建一个控制器类 UserController，该类保存在文件 UserController.php（建议一个文件中定义一个类，类名称和文件名称相同）中。UserController.php 文件的内容如下。

```
<?php
class UserController{
        function __construct(){
        }
        function listusers(){

$data=array(array('uname'=>'zhangsan','sex'=>'male'),array('uname'=>'lisi','sex'= >'female'));
        return $data;
        }
}
 ?>
```

UserController 类中定义了一个构造方法和一个显示用户列表的方法 listusers()，userlist.php 页面将使用上面定义的类 UserController 中的 listusers()方法输出列表信息。userlist.php 页面代码修改后如下。

```
<?php
        require 'UserController.php';
        $ctrl= new UserController();
        var_dump($ctrl->listusers());
?>
```

userlist.php 文件包含 UserController 类所在的文件，然后创建了一个 UserController 类的对象$ctrl，调用$ctrl 中的 listusers()方法输出用户列表信息，得到的结果同图 10-1。

但是在 UserController 类中获取数据的操作应该交由 Model 层来完成，所以在此基础上定义一个 Model 层的类 UserModel，该类中定义了一个获取列表的方法 getUserList()，获取到数据之后将数据返回给 UserController 类。UserModel.php 文件定义了 UserModel 类，代码如下。

```
<?php
class UserModel{
        function getUserList(){
        $data=array(array('uname'=>'zhangsan','sex'=>'male'),array('uname'=>'lisi','sex'=
>'female'));
        return $data;
        }
}
?>
```

此时，UserController 类中需要进行如下修改。

```
<?php
require 'UserModel.php';
class UserController{
        function __construct(){
        }
        function listusers(){
                $model=new UserModel();
                $data=$model->getUserList();
                return $data;
        }
}
?>
```

UserController 类中包含了 UserModel.php 文件，listusers()方法中创建了 UserModel 类的对象，调用该对象的 getUserList()方法，从 Model 层获取数据后返回给控制器，控制器再将结果返回给 userlist.php 页面显示。运行结果同图 10-1。

按照上述方法，可以完成 videolist.php 页面，用来显示一个视频信息列表，代码如下。

```
<?php
require "VideoController.php";
$ctrl=new VideoController();
var_dump($ctrl->listvideos());
?>
```

videolist.php 页面执行的结果如图 10-2 所示。

图 10-2 视频列表

这里需要创建 VideoController.php 文件来定义 VideoController 类、创建 VideoModel.php 文件定义 VideoModel 类。

VideoModel.php 文件内容如下。

```
<?php
class VideoModel{
        function getVideoList(){
                $data=array(array('vname'=>'美人鱼','intro'=>'美人鱼不错'),array('vname'=>'熊猫
3','intro'=>'熊猫三不错'),array('vname'=>'疯狂动物','gender'=>'疯狂动物城很好看'));
                return $data;
        }
}
 ?>
```

VideoController.php 文件内容如下。

```
<?php
        require 'videoModel.php';
        class VideoController{
                private $mod;
                function __construct(){
                        $this->mod='videos';
                }
```

```
        function listvideos(){
            $model=new VideoModel();
            $data=$model->getVideoList();
            return $data;
        }
    }
?>
```

阶段一的目录结构如图 10-3 所示。

```
▼ mvc-01
    UserController.php
    userlist.php
    UserModel.php
    VideoController.php
    videolist.php
    VideoModel.php
```

图 10-3　阶段一代码的目录结构

10.2.2　阶段二：抽取模型层业务逻辑

在实际的项目开发中，模型层对数据的操作是要针对具体数据库的，这里使用 neuvideo 数据库作为操作对象。修改 UserModel.php 文件内容如下。

```
<?php
require 'config.php';
require 'ConnDB.php';
class UserModel{
    private $conn;
    function __construct(){
        //连接数据库
$this->conn = new ConnDB(DB_TYPE,DB_HOST,DB_USER,DB_PWD,DB_DBNAME,
DB_CHARSET);
    }
    function getUserList(){
    //写 sql 语句
    $sql="select * from users";
    //执行 sql 语句得到数据
    $data=$this->conn->query($sql);
    return $data;
    }
}
?>
```

代码中包含了 config.php 文件和 ConnDB.php 文件。其中，config.php 文件定义了一些常量用来存储连接数据库用到的参数，config.php 文件内容如下。

```
<?php
define('DB_HOST', 'localhost');
define('DB_USER', 'root');
define('DB_PWD', '');
define('DB_CHARSET', 'UTF8');
define('DB_DBNAME', 'neuvideo');
?>
```

ConnDB.php 文件中定义了一个连接数据库的类 ConnDB，构造方法完成了数据库的连接。query()方法完成了执行添加、删除、修改及查询 SQL 语句的操作，析构函数完成了关闭数据库连接的操作。ConnDB.php 文件内容如下。

```
<?php
// 连接数据库的类
class ConnDB
{
    var $dbtype;
    var $host;
    var $usr;
    var $pwd;
    var $dbname;
    var $conn;
    // 构造方法
    function ConnDB($dbtype,$host,$user,$pwd,$dbname)
    {        $this->dbtype = $dbtype;
             $this->host = $host;
             $this->pwd = $pwd;
             $this->dbname = $dbname;
             $this->user = $user;
             $this->conn = @mysql_connect($this->host,$this->user,$this->pwd) or die("
数据库服务器连接错误".mysql_error());
             @mysql_select_db($this->dbname,$this->conn) or die("数据库访问错误".mysql_
error());
             @mysql_query("set names utf8");// 设置编码格式
    }

    function query($sql)
    {   $sqltype = strtolower(substr(trim($sql),0,6));// 截取 sql 语句中的前 6 个字符串,
并转换成小写
        $result = mysql_query($sql,$this->conn);// 执行 sql 语句
        $calback_arrary = array();// 定义二维数组
        if ("select" = = $sqltype)// 判断执行的是 select 语句
        {   if (false = = $result)
            {
                return false;
            }
            else if (0 = = mysql_num_rows($result))
            {
                return false;
            }
            else if(1 = = mysql_num_rows($result)){
```

```
                    return mysql_fetch_assoc($result);
                }
                else
                {
                    while($result_array = mysql_fetch_assoc($result))
                    {
                    array_push($calback_arrary, $result_array);
                    }
                    return $calback_arrary;// 成功返回查询结果的数组
                }
            }
            else if ("update" = = $sqltype || "insert" = = $sqltype || "delete" = = $sqltype)
            {   if ($result)
                    {
                        return true;
                    }
                    else
                    {
                        return false;
                    }
            }
        }
        function __destruct()
        {
            $this->CloseDB();
        }
        function CloseDB()
        {
            mysql_close($this->conn);
        }
}
?>
```

UserModel 类中的私有成员$conn 是 ConnDB 类的一个对象，创建对象的同时调用 ConnDB 类的构造方法完成数据库的连接。

UserModel 类在 getUserList()方法中编写了 SQL 语句并执行，返回结果至控制器 UserController。

按照相同的思路，可以编写 VideoModel 类。VideoModel.php 文件内容如下。

```
<?php
require 'config.php';
require 'ConnDB.php';
class VideoModel{
    private $conn;
```

```
        function __construct(){
            //连接数据库
            $this->conn = new ConnDB(DB_TYPE,DB_HOST,DB_USER,DB_PWD,DB_
DBNAME,DB_CHARSET);
        }
        function getVideoList(){
        //写 sql 语句
        $sql="select * from videos";
        //执行 sql 语句得到数据
        $data=$this->conn->query($sql);
        return $data;
        }
    }
    ?>
```

UserModel 类和 VideoModel 类中有重复的代码。在面向对象编程中，可以将多个类中的公有部分抽取出来做成父类，这里定义一个 Model 类，代码如下。

```
    <?php
    require 'ConnDB.php';
    require 'config.php';
    class Model{
    protected $conn;
        function __construct(){
        $this->conn=new ConnDB(DB_TYPE,DB_HOST,DB_USER,DB_PWD,DB_DBNAME,
DB_CHARSET);
    }
    }
     ?>
```

UserModel 类中需要继承 Model 类（VideoModel 类中的代码也要进行同样的修改），构造方法也一并继承。UserModel 代码修改如下。

```
    <?php
    require 'Model.php';
    class UserModel extends Model{
    function getUserList(){
        $sql="select * from users";
        $data=$this->conn->query($sql);
        return $data;
    }
    }
     ?>
```

阶段二的代码目录结构如图 10-4 所示。

mvc-02
config.php
ConnDB.php
Model.php
UserController.php
userlist.php
UserModel.php
VideoController.php
videolist.php
VideoModel.php

图 10-4　阶段二的代码目录结构

10.2.3　阶段三：提取访问网站的入口文件

本节将关注显示页面（View 层）的公有功能的抽取。在前面的程序中，显示用户列表的页面是 userlist.php，显示视频列表的页面是 videolist.php，能否给这些页面一个统一的入口呢？可以新建一个 list.php 页面，在该页面包含了一个名为 router.php 的文件，实现了一个类似“路由”选择的功能。list.php 页面内容如下。

```
<?php
require 'router.php';
 ?>
```

router.php 页面内容如下。

```
        <?php
        $c=$_GET['c'];
        $m=$_GET['m'];
        $clsName=ucfirst($c).'Controller';//首字母大写，并构建类名
        require "$clsName.php";
        $ctrl=new $clsName();
        var_dump($ctrl->$m());//view 层
?>
```

例如，在地址栏输入访问用户列表功能页面的请求：http://localhost:8080/ mvc-03/list.php?c= user&m=listusers，list.php 页面将接收两个参数 c='user'和 m='listusers'。由 c 参数构建当前 list.php 页面需要访问的控制器的类名及包含的类所在的文件名。由 m 参数构建要调用的控制器中的方法名。

从上面的请求可见，list.php 页面中会包含 UserController.php 文件，创建 UserController 类的对象，调用该对象中的 listusers() 方法。同样，如果用户需要输出视频信息列表，可以在地址栏中输入如下请求：http://localhost:8080/mvc-03/list.php?c=video&m=listvideos。

阶段三对应的代码目录结构如图 10-5 所示。

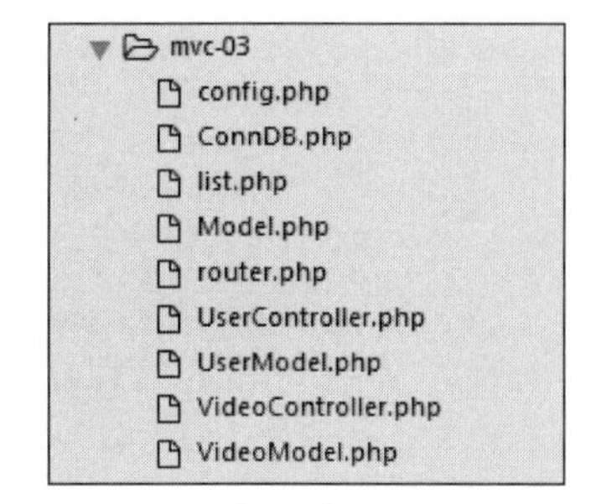

图 10-5　阶段三的代码目录结构

10.2.4　阶段四：抽取视图层功能

既然 list.php 文件可以作为访问网站页面的入口文件，那么可以将其重命名为 index.php。代码不变。

到目前为止，控制器 UserController 和 VideoController 实现了接收用户请求并将数据请求分发给相应的 Model 层来处理。但尚未实现在控制器中选择将 Model 层传递来的数据分发给相应的 View 层页面进行显示。下面对页面显示层进行处理。

阶段四中要求创建文件夹来保存该功能模块需要的显示页面，比如在用户管理模块中创建 user 目录，并在 user 目录中创建 listusers.php 文件，用来显示用户信息列表。listusers.php 代码如下。

```
<?php
header("content-type:text/html;charset=utf-8");
var_dump($data['users']);
?>
```

从上述代码可见，listusers.php 页面使用 var_dump()函数进行数据的显示。在实际的项目中，读者可以以其他的方式来显示数据，包括添加样式。

这里创建的目录名称user和页面名称listusers就是在访问该页面时传递给index.php页面的参数：http://localhost:8080/mvc-04/index.php?c=user&m=listusers。这一点很重要，这也是 MVC 模式中所要求的规则。

为了实现视图层的分离，需要定义一个 ViewModel 类。该类的作用是将 Model 层传递过来的数据绑定到特定的视图页面，代码如下。

```
<?php
//绑定数据到 View 层
class ViewModel
{
//保存赋给视图模板的变量
    private $data = array();
//保存视图渲染状态
    private $render = FALSE;
//加载一个视图页面文件
    public function __construct($template)
    {
        //构成完整视图页面的文件路径
        $file = strtolower($template) . '.php';
        if (file_exists($file))
        {
        /*
         * 当模型对象销毁时才能渲染视图
         * 如果现在渲染视图，就不能给视图模板赋予变量
         * 所以此处先保存要渲染的视图文件路径
         */
        $this->render = $file;
        }
    }
//为控制器赋予变量，并保存在 data 数组中
    public function assign($variable , $value)
    {
        $this->data[$variable] = $value;
    }

    public function display() {
```

```
            //把类中的 data 数组变为该函数的局部变量，便于在视图模板中使用
            $data = $this->data;

            //渲染视图
            include($this->render);
        }
    }
?>
```

抽象出一个 Controller 父类，UserController 类和 VideoController 类继承 Controller 父类。Controller 父类的代码如下。

```
<?php
require 'ViewModel.php';
class Controller{
    protected $view;
    function __Construct(){
        $this->view = new ViewModel($_GET['c'].'/'.$_GET['m']);
    }
    function display() {
        $this->view->display();
    }
    function assign($variable, $value) {
        $this->view->assign($variable, $value);
    }
}
?>
```

在 Controller 父类中，构造方法创建了一个 ViewModel 类的对象，传递$_GET['c']和$_GET['m']参数给 ViewModel 类的构造方法，用以加载一个视图页面文件。assign()方法就是通过调用 ViewModel 类的方法 assign()，把 Model 层传来的数据绑定到 data 数组中。display()方法通过调用 ViewModel 类的方法 display()来显示数据。

UserController 类和 VideoController 类也需要调整代码，下面以 UserController 为例说明代码的实现情况。UserController 类的代码如下。

```
<?php
require 'Controller.php ';
require 'UserModel.php';
class UserController extends Controller{
    function __Construct(){
        parent::__Construct();
    }
    function listusers(){
        $model = new UserModel();
```

```
            $data = $model->getUserList();
            $this->assign('users',$data);
            $this->display();
        }
    }
    ?>
```

UserController 类继承 Controller 类，使用 Controller 类中的构造方法加载视图页面，调用 listusers()方法生成一个 Model 类的对象，从而将获取的数据存在$data 数组中，调用 assign()方法绑定$data 数组，调用 display()方法显示数据。

截至目前，已经在方法 listusers()中实现了在 UserController 类中显示页面列表的功能，所以没有必要在 router.php 页面中再调用 var_dump 显示页面信息了，而可以调用 listusers()方法来实现页面信息的显示，router.php 页面修改如下。

```
<?php
header("content-type:text/html;charset=utf-8");

$c = $_GET['c'];
$m = $_GET['m'];
$clsName = ucfirst($c).'Controller';
require "{$clsName}.php";
$ctrl = new $clsName;
$ctrl->$m();
?>
```

目前已经完成了一个基本 MVC 模型的搭建。下面总结一下从用户提交请求到得到响应的过程。用户在地址栏输入请求 http://localhost:8080/mvc-04/index.php?c=user&m=listusers 后，页面的访问流程如下。

（1）调用 router.php 页面，获取参数$c = 'user'，$m ='listusers'；创建 UserController 类的对象$ctrl。

（2）在创建对象的同时，执行 UserController 类的构造方法，构建了一个要访问的显示页面的完整文件名：user/listusers.php 页面。

（3）调用$ctrl 对象的 listusers()方法，在该方法中创建了 UserModel 类的对象$model，调用$model 的 getUserList()方法得到想要的数据并保存在$data 数组中；之后调用 assign ('users',$data)方法将数据$data 绑定到数组$data['user']中，最后调用 display()方法取得$data['user']数组的值，并包含 user/listusers.php 页面，输出$data['user']数组，从而得到用户列表的信息。

显示视频信息列表的流程和显示用户信息列表的流程类似，不再赘述。

阶段四对应的目录结构如图 10-6 所示。

```
▼ mvc-04
  ▼ user
      listusers.php
  ▼ video
      listvideos.php
    config.php
    ConnDB.php
    Controller.php
    index.php
    Model.php
    router.php
    UserController.php
    UserModel.php
    VideoController.php
    VideoModel.php
    ViewModel.php
```

图 10-6　阶段四的代码目录结构

通过上述 4 个阶段的介绍，MVC 模式基本构建完成。View 层页面目前只是调用了 var_dump 方法实现了显示列表信息的功能，可以根据页面要求以更加美观的方式呈现数据。

另外，网站开发一般分为前台功能和后台功能，前台模块和后台模块最好有各自的控制器、模型和页面。所以，在网站中创建一个 Home 目录存储前台功能涉及了 MVC 三层的代码，创建一个 Admin 目录存储后台功能也涉及了 MVC 三层的代码。

前台和后台功能要有各自的入口文件，创建 index.php 页面作为前台功能的入口文件，创建 admin.php 作为后台功能的入口文件。

创建 Common 目录存放前后台功能都要用到公共文件，如 config.php 和 ConnDB.php 文件。图 10-7 展示了视频信息管理系统的网站根目录结构，图 10-8 展示了后台功能模块对应的 Admin 目录结构，图 10-9 展示了前台功能模块对应的 Home 目录结构。

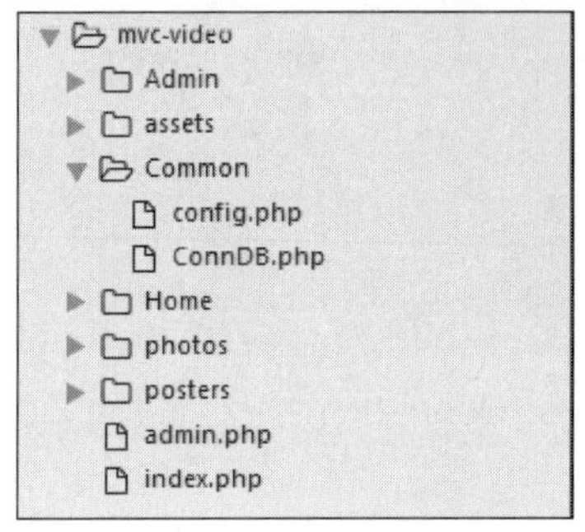

图 10-7　网站根目录结构

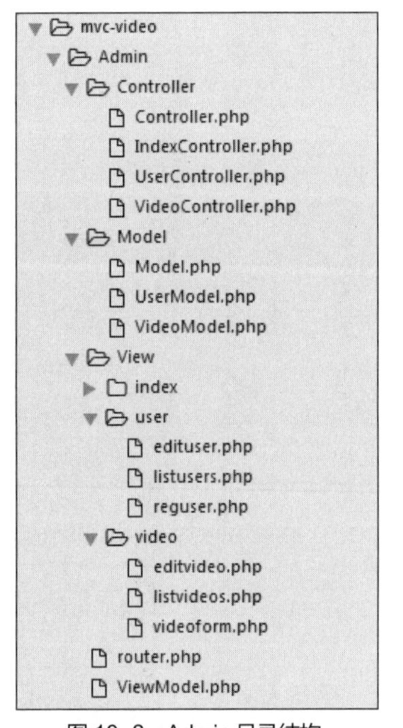

图 10-8　Admin 目录结构

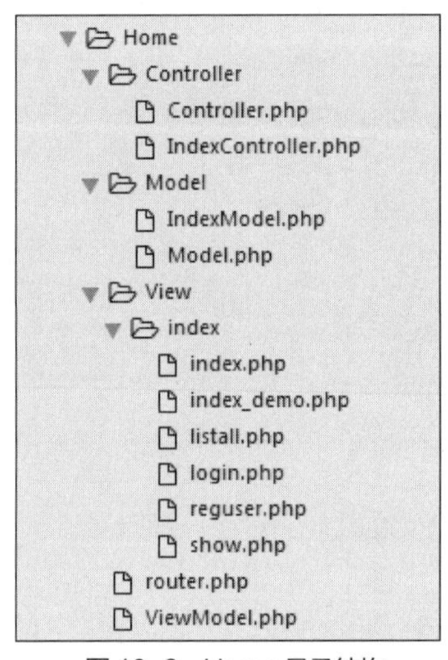

图 10-9　Home 目录结构

结合前面内容的讲解，读者可以自己完成视频信息管理系统中各功能模块的 MVC 层的具体实现。MVC 开发模式在实际开发中应用较多，它使得应用程序的输入、处理和输出分开，各层各自处理自己的任务，代码能够得到很好的复用，可以大大提升系统的开发效率。对于大型的团队级别的开发任务，MVC 开发模式的优势更为明显。

10.3 本章小结

本章主要介绍了 PHP 中的 MVC 开发模式的工作原理，并基于 PHP 的面向对象编程构建了一个简单的 MVC 结构，从而使项目开发中的 View 层、Model 层和 Controller 层分离开来，实现了 Web 系统的职能分工，各层各自处理自己的任务。希望通过本章的学习，读者能够结合这种 MVC 开发模式实现动漫电影信息网站的功能。

10.4 本章习题

1. MVC 是什么，使用 MVC 有什么好处?
2. 了解常见的 MVC 框架，如 Think PHP、Laravel 等，能够下载并安装这些框架。

第 11 章

课程案例

内容导学

通过前几章的学习，我们已经实现了动漫电影信息网站的用户管理子系统的相关功能，包括用户注册、管理员登录、管理员管理注册用户信息（包括修改和删除用户信息）。但是系统中的所有页面都没有添加样式，页面不够美观。Bootstrap 是一套开源、功能强大的 Web 前端开发框架，能够使 Web 开发更迅速、简单。本章将使用 Bootstrap 来为用户管理子系统各功能页面添加样式，重新排版布局，使页面更美观、易用。统一系统页面的风格之后，继续实现动漫电影信息网站中的其他功能，包括后台管理员功能（地区管理、动漫电影管理和留言管理）、前台功能（首页、列表页、内容页、排行、发表评论、评分、收藏及个人中心）等。

学习目标

① 能够使用 Bootstrap 框架美化网页。
② 掌握模块化项目系统的优势。
③ 能够综合考虑实现系统总体功能。
④ 深入理解基于 PHP 的 Web 开发流程。

11.1 使用 Bootstrap 美化网页

本节使用 Bootstrap 将前面完成的用户信息管理子系统的界面进行重新排版布局。为了提升开发效率，使用 Bootstrap 制作了一套静态的模板页面，可以将目录 comic 复制到 xampp\htdocs 目录下，创建一个全新的网站。

Bootstrap 模板网站根目录结构如图 11-1 所示，其中 comic 目录下存储的是前台用户功能涉及的页面，如首页 index.php、栏目列表页 list.php、详细内容页 show.php。

admin	2017/1/25 4:44	文件夹	
assets	2017/1/25 4:07	文件夹	
system	2017/1/25 4:07	文件夹	
tpl	2017/1/25 4:07	文件夹	
index.php	2017/1/25 4:38	PHP 文件	4 KB
list.php	2017/1/25 4:37	PHP 文件	4 KB
show.php	2017/1/25 4:36	PHP 文件	2 KB

图 11-1　Bootstrap 模板网站根目录结构

在网站根目录中，有一个名为 tpl 的文件夹，为了方便页面统一和编码实现，将页头（到导航结束的部分）和页脚（网站版权信息）单独抽取出来作为独立的文件存放于 tpl 文件夹中，在首页 index.php、列表页 list.php 和动漫电影详细信息页 show.php 中页头和页脚处包含这两个文件即可。这样，如果修改了页头或页脚的相关信息，则所有页面都会同步更新。包含页头文件的代码如下。

```
<?php
```

```
require_once('tpl/head.php');
?>
```

包含页脚文件的代码如下。

```
<?php
require_once('tpl/foot.php');
?>
```

assets 目录为前台模板所用到的资源文件夹，包括 Bootstrap 用到的 CSS 样式文件和 JavaScript（jQuery）文件，以及网站前台页面用到的图片。由于 Bootstrap 是开源的，所以可以从 Bootstrap 官网获取 Bootstrap 资源包，包括相应的 CSS 和 JS 资源。当某个页面需要这些资源时，使用< link >标签或<script>标签来引用相应的资源文件即可，注意资源存放路径，下面的代码是引用资源文件的示例。

```
<link href="assets/css/bootstrap.min.css" rel="stylesheet">
<link href="assets/signin/signin.css" rel="stylesheet">
<script src="assets/signin/ie10-viewport-bug-workaround.js"></script>
<script src="assets/js/bootstrap.min.js"></script>
<script src="assets/js/jquery.min.js"></script>
```

admin 目录则存放管理功能涉及的页面和相关资源，admin 目录结构如图 11-2 所示。

assets	2017/1/25 4:44	文件夹	
tpl	2017/1/25 4:44	文件夹	
blank.php	2016/12/22 14:42	PHP 文件	1 KB
inc_admin.php	2017/1/25 4:42	PHP 文件	1 KB
index.php	2016/12/13 13:28	PHP 文件	2 KB

图 11-2　admin 目录结构

admin 目录存放管理员功能页面，同样，为了方便页面统一和编码实现，将页头和页脚单独抽取出来作为独立的文件存放于 admin/tpl 文件夹中，同时还创建了一个名为 blank.php 的页面，该页面是一个空的后台功能页面的模板页，在编写后台功能页面时，可以将 blank.php 页面进行复制，更名后直接编辑页面功能即可。blank.php 页面代码如下。

```
<?php
  require_once('tpl/header.php');
?>

    //页面代码

<?php
  require_once('tpl/footer.php');
?>
```

模板网站（comic_b）的首页如图 11-3 所示。

图 11-3　模板网站（comic_b）的首页

接下来，在上述模板的基础上，将用户管理的各功能页面加入进来并完成页面的美化。

11.1.1　用户注册表单页面

用户注册表单通过模态框的形式实现，直接放到页头文件 header.php 中，并将对应的注册表单代码放入用户注册模态框中。

用户注册界面通过 comic/tpl/header.php 页面中的超链接打开模态框，超链接的代码如下。

```
<li><a href="#" data-toggle="modal" data-target="#reg">注册</a></li>
```

其中，data-toggle="modal"属性决定了使用模态框形式打开该界面，data-target 属性值对应的是打开模态框的 id。在本网站中，会有很多信息是以模态框的形式打开的，不同的模态框需要有自己的 id，以便和其他的模态框区分开来。

用户单击“注册”超链接，就会在当前页面找到 id="reg"的模态框并打开。用户注册页面的效果如图 11-4 所示。

图 11-4　用户注册页面的效果

用户注册模态框核心代码如下。

```
<form method=post action="doUserReg.php" enctype="multipart/form-data" class= "form-horizontal">
    <div class="form-group">
    <label for="exampleInputUserName" class="col-md-2 control-label">用户</label>
    <div class="col-md-10">
    <input type="text" name="username" class="form-control" id="exampleInputUserName" placeholder="姓名" required>
    </div>
    </div>
    <div class="form-group">
    <label for="exampleInputPassword" class="col-md-2 control-label">密码</label>
    <div class="col-md-10">
    <input type="password" name="password" class="form-control" id="exampleInputPassword" placeholder="密码" required>
    </div>
    </div>
    <div class="form-group">
    <label class="col-md-2 control-label">性别</label>
      <div class="col-md-10">
      <label class="radio-inline">
    <input type="radio" name="gender" value=0 checked> 男
    </label>
    <label class="radio-inline">
      <input type="radio" name="gender" value=1> 女
    </label>
      </div>
    </div>
    <div class="form-group">
    <label for="exampleInputBirth" class="col-md-2 control-label">电话</label>
    <div class="col-md-10">
    <input type="number" name="tel" class="form-control" id="exampleInputBirth" placeholder= "电话" required>
    </div>
    </div>
    <div class="form-group">
      <label for="exampleInputFile" class="col-md-2 control-label">头像</label>
      <div class="col-md-10">
    <input type="file" name="pic" id="exampleInputFile" required>
      </div>
    </div>
    <div class="form-group">
      <label for="exampleInputEmail" class="col-md-2 control-label">电子邮件</label>
```

```
        <div class="col-md-10">
        <input type="email" name="email" class="form-control" id="exampleInputEmail" placeholder= "
常用邮箱" required>
        </div>
        </div>
    <div class="form-group">
        <div class="col-sm-offset-2 col-sm-10">
          <input type="submit" class="btn btn-default" value="注册">
        <input type="reset" class="btn btn-default" value="重置">
        </div>
      </div>
    </form>
```

处理用户注册页面 doUserReg.php 的主要功能是完成头像图片文件的上传并将用户注册的信息写入 users 数据表中。doUserReg.php 页面不涉及样式问题，代码参见第 6 章，此处不再赘述。

11.1.2　用户登录表单页面

用户登录页面通过 comic/tpl/header.php 页面中的超链接打开模态框，超链接的代码如下。

```
    <li><a href="#" data-toggle="modal" data-target="#login">登录</a></li>
```

其中，data-toggle="modal"属性决定了使用模态框形式打开该界面，data-target 属性值对应的是打开模态框的 id（id="login"）。用户单击“登录”超链接，用户登录页面的效果如图 11-5 所示。

图 11-5　用户登录页面

用户登录模态框代码如下。

```
    <!-- /登录模态框开始 -->
    <div class="modal fade" id="login" tabindex="-1" role="dialog" aria-labelledby="myModal Label">
      <div class="modal-dialog" role="document">
        <div class="modal-content">
          <div class="modal-header">
            <button type="button" class="close" data-dismiss="modal" aria-label="Close"> <span
aria-hidden="true">&times;</span></button>
            <h4 class="modal-title" id="myModalLabel">请填写普通用户登录信息</h4>
          </div>
      <div class="modal-body">
```

```
            <form    name="fm"   method="post"   action="doLogin.php"   onsubmit="return   check()"
class="form-horizontal">
            <div class="form-group">
          <label for="exampleInputUserName1" class="col-md-2 control-label">用户名</label>
        <div class="col-md-4">
    <input   type="text"   name="username"   class="form-control"   id="exampleInputUserName1"
placeholder="姓名" required>
    </div>
    <div class="col-md-6">
    </div>
    </div>
          <div class="form-group">
        <label for="exampleInputPassword1" class="col-md-2 control-label">密码</label>
        <div class="col-md-4">
          <input type="password" name="pswd" class="form-control" id="exampleInput Password1"
placeholder="密码" required>
          </div>
           <div class="col-md-6">
           </div>
      </div>

    <div class="form-group">
        <div class="col-sm-offset-2 col-sm-10">
          <input type="submit" class="btn btn-default" value="登录">
            <input type="reset" class="btn btn-default" value="重置">
        </div>
        </div>
        </form>
       </div> <!-- /. modal-body -->
       <div class="modal-footer">
      <button    type="button"    class="btn    btn-default"    onclick="location.replace('index.php')"
data-dismiss="modal">关闭</button>
       </div>
       </div>
      </div>
    </div>
    <!-- /登录模态框结束 -->
```

处理用户登录表单页面 doLogin.php 的主要功能是比对用户填写的表单中登录用户名和密码信息与 users 数据表中的信息，如果信息存在，则登录成功，反之失败。doLogin.php 页面的核心代码如下。

```
    <?php
      require_once('./system/dbConn.php');
```

```
//连接数据库
  $link=connect();
    $u=$_POST["username"];
    $p=$_POST["pswd"];
    $sql="select * from users where uname='$u' and password=md5('$p')";
//执行 sql
    $rs=mysqli_query($link,$sql);
    $num=mysqli_num_rows($rs);
    if($num>0)
    {
      session_start();
      $_SESSION["user"]=$u;
      header("location:index.php");
    }else{
      header("location:index.php?msg=登录失败，请重新登录");
    }
  ?>
```

在上述代码中，如果用户输入的用户名和密码错误，则需要返回首页同时传递出错提示信息“登录失败，请重新登录”。读者可以自行思考并完成在模态框中显示出错的提示信息。

11.1.3 管理员登录表单页面

管理员登录页面如图 11-6 所示。

图 11-6 管理员登录页面

管理员登录页面使用模板网站自带的网页 admin/index.php 即可。admin/index.php 核心代码如下。

```
<link href="assets/css/bootstrap.min.css" rel="stylesheet">
<link href="assets/signin/signin.css" rel="stylesheet">
<form class="form-signin" method="post" action="doAdminLogin.php" role="form">
        <h2 class="form-signin-heading">欢迎管理员登录</h2>
        <input type="text" name="adminname" class="form-control" placeholder= "Administrator
name" required autofocus>
        <input type="password" name="password" class="form-control" placeholder=
"Password" required>
        <div class="checkbox">
          <label>
            <input type="checkbox" value="remember-me"> Remember me
          </label>
        </div>
        <input class="btn btn-lg btn-primary btn-block" type="submit" value="登录">
      </form>
```

处理管理员登录的页面 doAdminLogin.php 不涉及样式问题，代码参见第 6 章，这里不再赘述。管理员登录成功后可以跳转到管理员欢迎页面 welcome.php，如图 11-7 所示。

图 11-7　管理员欢迎页面

welcome.php 页面实现的核心代码如下。

```
<?php
  require_once('tpl/header.php');
?>
<div class="jumbotron">
  <h2>欢迎管理员: <?php
                      echo $_SESSION["admin"];
                      ?>
                 访问"动漫电影信息网站"</h2>
  <br>
  <br>
</div>
<?php
  require_once('tpl/footer.php');
?>
```

图 11-7 侧边栏的导航信息在 admin/tpl/header.php 页面中，核心代码如下。

```
<UL class="nav nav-sidebar">
  <LI><A class="accordion-toggle collapsed" href="#" data-toggle="collapse" data-target=
"#mastersubmenu">地区维护</A>
  <UL class="nav collapse" id="mastersubmenu" style="padding-left: 20px;">
    <LI><A href="areaAdd.php">添加地区</A></LI>
    <LI><A href="areaList.php">查询地区</A></LI>
  </UL>
  </LI>
   <LI><A class="accordion-toggle collapsed" href="#" data-toggle="collapse" data-target=
"#mastersubmenu1">动漫电影信息维护</A>
  <UL class="nav collapse" id="mastersubmenu1" style="padding-left: 20px;">
    <LI><A href="videoAdd.php">添加动漫电影信息</A></LI>
```

```
      <LI><A href="videoList.php">查询动漫电影信息</A></LI>
    </UL>
    </LI>
    <LI><A href="commentList.php">留言维护</A></LI>
    <LI><A href="userList_page.php">用户维护</A></LI>
    <LI><A href="changePassword.php">密码维护</A></LI>
</UL>
```

11.1.4 用户列表页面

管理员通过侧边栏的导航可以选择“用户维护”超链接，进入用户信息列表页面 userList.php，如图 11-8 所示。

图 11-8 用户信息列表页面

userList.php 页面主要工作是表格的排版布局，核心代码如下。

```
<table class="table table-hover">
 <caption>共有 <?php echo $num; ?> 名用户</caption>
 <tr>
   <th>用户编号</th>
   <th>用户名</th>
   <th>性别</th>
   <th>电话</th>
   <th width='80'>头像</th>
   <th>电子邮件</th>
   <th>操作</th>
 </tr>
 <?php
  $i=1;
```

```
    while($row = mysqli_fetch_assoc($result))
    {
    ?>
   <tr>
    <td><?php echo $i++; ?></td>
    <td><a  href="userDetail.php?uid=<?php  echo  $row["uid"];  ?>"><?php  echo  $row
["uname"]; ?></a></td>
    <td><?php if($row["gender"]==0) echo "男"; else echo "女";?></td>
    <td><?php echo $row["tel"]; ?></td>
    <td><img class="img-circle" src="<?php echo UserPhotoPath.$row["photo"]; ?>" width=60
height=60  alt=""></td>
    <td><?php echo $row["email"]; ?></td>
    <td><a  href="userEdit.php?uid=<?php  echo  $row["uid"];?>"> 修 改 </a>  |  <a  href=
"doUserDelete.php?uid=<?php echo $row["uid"];?>" onclick="return confirm('真的要删除吗? ')">删除
</a></td>
   </tr>

     <?php
     }
      ?>
    </table>
```

11.1.5　修改用户信息页面

当管理员选择某一条记录单击“修改”超链接时会跳转到用户信息修改页面 userEdit.php。此页面主要以表单形式呈现，如图 11-9 所示。

图 11-9　注册用户信息修改页面

userEdit.php 页面的核心代码如下。

```
    <h3>请修改用户信息</h3>
```

```
    <form  method="post"    class="form-horizontal"  action="doUserUpdate.php"    enctype=
"multipart/form-data">
      <input type="hidden" name="uid" value=<?php   echo $uid;   ?>>

    <div class="form-group">
        <label for="username" class="col-md-2 col-xs-2 control-label">用户名</label>
        <div class="col-md-10 col-xs-10">
       <input  type="text"  class="form-control"  id="username"  readonly="readonly"  name= "uname"
value=<?php   echo $uname;   ?>>
       </div>
    </div>

    <div class="form-group">
        <label   class="col-md-2 col-xs-2 control-label">性别</label>
    <div class="col-md-10 col-xs-10">
      <label class="radio-inline">
     <input  type="radio"    name="gender"  value="0"  <?php    if(!$gender)  echo  'checked';    ?>>男
</label>
    <label class="radio-inline">
     <input  type="radio"    name="gender"  value="1"  <?php    if($gender)  echo  'checked';    ?>>女
</label>
     </div>
    </div>

    <div class="form-group">
        <label   class="col-md-2 col-xs-2 control-label">电话</label>
    <div class="col-md-10 col-xs-10">
    <input type="number" name="tel" class="form-control"   value=<?php   echo $tel;   ?>>
     </div>
    </div>

    <div class="form-group">
        <label   class="col-md-2 col-xs-2 control-label">头像</label>
    <div class="col-md-10 col-xs-10">
         <input type="file" name="pic">
    原头像：<img src="<?php
    echo $pic;
    ?>" width="80px" height="80px" class="img-circle">
    </div>
    </div>

    <div class="form-group">
        <label   class="col-md-2 col-xs-2 control-label">电子邮件</label>
```

```
<div class="col-md-10 col-xs-10">
   <input type="email" name="email" class="form-control"  value=<?php  echo $email;  ?>>
</div>
</div>

  <div class="form-group">
    <div class="col-sm-offset-2 col-sm-10 col-xs-10">
    <input type="submit"  class="btn btn-default" value="更新">
    </div>
  </div>
</form>
```

处理用户信息修改页面 doUserUpdate.php 不涉及样式问题，代码参见第 6 章，这里不再赘述。用户信息修改成功或删除成功后都会跳转到列表页 userList.php。

本网站的其他子系统功能的界面实现与用户管理子系统的功能界面的实现类似。

11.2 系统总体项目描述

动漫电影信息网站的功能如下。

前台用户的功能：浏览首页信息，包括栏目导航、幻灯片、栏目的列表信息、排行信息等；全站搜索动漫电影信息并分页浏览，也可以注册、登录、注销、在个人中心修改密码和个人信息；浏览动漫电影的详细内容页并在登录成功后对动漫电影发表留言、评分以及收藏；在动漫电影的详细信息页单击动漫电影标题在线播放动漫电影和下载动漫电影。

管理员的功能：管理员登录成功后可以对动漫电影所属地区进行浏览、添加、修改和删除操作；对动漫电影信息进行分页浏览、搜索、添加、修改和删除操作；对用户留言信息进行分页浏览和删除操作；对注册用户的信息进行分页浏览、修改和删除操作（该功能已在第 6 章讲解完成）；管理员也可以进行注销退出和修改个人密码的操作。

网站根目录组织结构如图 11-10 所示。其中 admin 目录存储后台管理员功能的相关页面；assets 目录存储网站用到的 Bootstrap 相关资源；images 目录存储注册用户上传的头像图片信息；posters 目录存储上传的动漫电影海报图片；system 目录存储一些自定义的函数及公共操作的相关文件；tpl 目录存储网站前台功能页面公用的页头、页脚文件；video 目录存储的是供用户在线播放或下载的动漫电影。

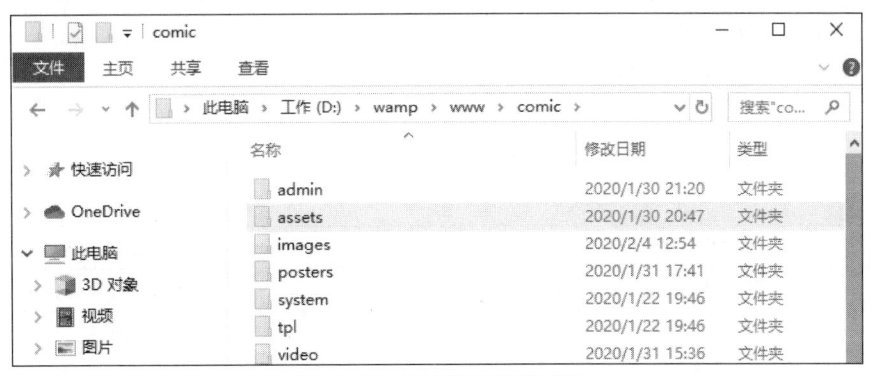

图 11-10 网站根目录组织结构

为实现动漫电影信息网站的前后台功能，需要编写的文件列表见表 11-1。

表 11-1 动漫电影信息网站功能页面列表

序号	功能描述	对应文件
1	网站首页	comic\index.php
2	栏目列表页	comic\list.php
3	动漫电影详细内容页	comic\show.php
4	前台页面页头文件	comic\tpl\head.php
5	前台页面页脚文件	comic\tpl\foot.php
6	处理用户登录页面	comic doLogin.php
7	处理用户注册页面	comic\doUserReg.php
8	处理全站搜索动漫电影页面	comic\doSearch.php
9	处理用户修改个人密码页面	comic\doChangePassword.php
10	处理用户修改个人信息页面	comic\doChangeInfor.php
11	处理动漫电影留言页面	comic\doComment.php
12	处理动漫电影评分页面	comic\doLevel.php
13	处理下载动漫电影页面	comic\down.php
14	处理用户注销页面	comic\logout.php
15	删除用户评论页面	comic\doMyCommentDelete.php
16	修改用户评论页面	comic\myCommentEdit.php
17	用户评论列表显示页面	comic\myCommentList.php
18	管理员页面的页头文件	comic\admin\tpl\header.php
19	管理员页面的页脚文件	comic\admin\ tpl \footer.php
20	管理员的欢迎页面	comic\admin\ welcome.php
21	管理员首页（登录页面）	comic\admin\index.php
22	添加动漫电影所属地区信息页面	comic\admin\areaAdd.php
23	处理添加动漫电影所属地区页面	comic\admin\doAreaAdd.php
24	显示动漫电影所属地区列表页面	comic\admin\areaList.php
25	处理删除动漫电影所属地区页面	comic\admin\doAreaDelete.php
26	显示修改动漫电影所属地区页面	comic\admin\areaEdit.php
27	处理修改动漫电影所属地区页面	comic\admin\doAreaUpdate.php
28	添加动漫电影信息页面	comic\admin\videoAdd.php
29	处理添加动漫电影页面	comic\admin\doVideoAdd.php
30	显示动漫电影列表页面	comic\admin\videoList.php
31	处理删除动漫电影页面	comic\admin\doVideoDelete.php
32	显示修改动漫电影页面	comic\admin\videoEdit.php
33	处理修改动漫电影页面	comic\admin\doVideoUpdate.php
34	显示留言信息列表页面	comic\admin\commentList.php
35	处理删除留言信息页面	comic\admin\doCommentDelete.php
36	显示注册用户列表页面	comic\admin\userList.php

续表

序号	功能描述	对应文件
37	处理删除用户信息页面	comic\admin\doUserDelete.php
38	显示修改用户信息页面	comic\admin\userEdit.php
39	处理修改用户信息页面	comic\admin\doUserUpdate.php
40	处理管理员登录页面	comic\admin\doAdminLogin.php
41	显示管理员修改密码页面	comic\admin\changePassword.php
42	处理管理员修改密码页面	comic\admin\ doChangePassword.php
43	处理管理员注销退出页面	comic\admin\logout.php
44	编写后台功能页面的模板	comic\admin\blank.php

网站开发过程中抽取出了一些公用的系统文件，包括连接数据库操作文件、自定义的页面跳转函数文件、判定是否有权限访问后台页面的文件、管理员各功能页面使用公用文件的入口文件及编辑后台功能页面用到的模板文件。

1. 连接数据库操作的文件

文件 comic/system/dbConn.php 中设定了连接数据库的流程，只要页面涉及对数据库的操作，那么，第一个步骤都是连接数据库。在各个页面中首先包含此文件，然后调用函数 connect()即可。文件的核心代码如下。

```
<?php
  define('DB_HOST', 'localhost');
  define('DB_USER', 'root');
  define('DB_PWD', '');
  define('DB_CHARSET', 'UTF8');
  define('DB_DBNAME', 'comic');
  function connect(){
    //连接 mysql
    $link=mysqli_connect(DB_HOST,DB_USER,DB_PWD,DB_DBNAME);
    //设置字符集
    mysqli_set_charset($link,DB_CHARSET);
    return $link;
  }
?>
```

2. 自定义的页面跳转函数文件

文件 comic/system/myFunc.php 中自定义了一个函数 redirect()，此函数在实现页面跳转的同时附带提示信息，如动漫电影添加成功、修改成功等页面的跳转都可以通过调用 redirect()来实现，并且跳转页面风格统一。文件的核心代码如下。

```
<!-- myFunc.php -->
<?php
```

```
 //自定义函数，输入提示信息，并在3 s 后自动跳转到指定页面
 function redirect($url, $msg)
 {
         echo $msg.'<a href="'.$url.'">如果没有跳转，请点这里跳转</a>';
         header("refresh:3;url=$url");
 }
?>
```

3. 判定是否有权限访问后台页面的文件

在文件 comic/system/loginCheck.php 中，通过判定管理员是否登录来决定是否对 admin 文件夹下的功能页面进行访问。如果管理员没有登录就直接访问任何一个后台管理页面，系统会给出提示，页面会跳转到登录页。文件的核心代码如下。

```
<!-- loginCheck.php -->
<?php
session_start();
if(!isset($_SESSION["admin"]))
      header("location:index.php?msg2=您没有权限!");
?>
```

4. 管理员各功能页面使用公用文件的入口文件

文件 comic/admin/inc_admin.php 为后台管理模块的各功能页面所用，该文件中首先采用宏定义的方式定义了两个常量字串，分别表示上传用户头像的存储路径和上传动漫电影海报的存储路径，不仅方便编程，还包含了连接数据库的文件和判定管理员权限的文件，以及一个自定义函数的文件。文件的核心代码如下。

```
<?php
 define('UserPhotoPath','../images/');        //用户头像存放的路径
 define('PosterPicturePath','../posters/');//存放动漫电影海报图片的路径
 //包含公共文件
require_once('../system/myFunc.php');
 require_once('../system/dbConn.php');
require_once('../system/loginCheck.php');
 ?>
```

5. 编辑后台功能页面用到的模板

后台功能界面风格统一，采用相同的页头、侧边栏导航和页脚，为了加速页面编辑，将后台功能页面的页头和导航部分存储于 admin/tpl/header.php 文件和 admin/tpl/footer.php 文件中。创建的新页面只需要包含这两个文件即可。新建一个后台功能页面的初始代码如下。

```
<?php
  require_once('tpl/header.php');
```

```
?>
//页面功能编辑区

<?php
  require_once('tpl/footer.php');
?>
```

11.3 地区管理子系统的实现

动漫电影所属地区管理子系统会用到 comic 数据库中的动漫电影 area 表。

area 表用来存储动漫电影所属地区信息，字段包括动漫电影所属地区 ID 和动漫电影所属地区名信息。area 表的结构见表 11-2。

表 11-2 area 表的结构

列名	数据类型	约束	备注
aid	int(11)	PRIMARY KEY AUTO_INCREMENT	地区 ID
areaname	varchar(20)	NOT NULL	地区名

11.3.1 添加地区功能

当单击左侧菜单导航的动漫电影所属地区管理导航项时，可以看到动漫电影所属地区管理功能包括动漫电影所属地区添加和动漫电影所属地区查询功能。动漫电影所属地区管理功能与动漫电影信息管理功能类似，下面给出动漫电影所属地区管理页面截图（如图 11-11 所示）及具体实现。

areaAdd.php 页面可以实现管理员添加动漫电影所属地区的功能。管理员可以填写动漫电影所属地区名称，单击“添加”按钮后表单提交给处理页面 doAreaAdd.php，如图 11-11 所示。

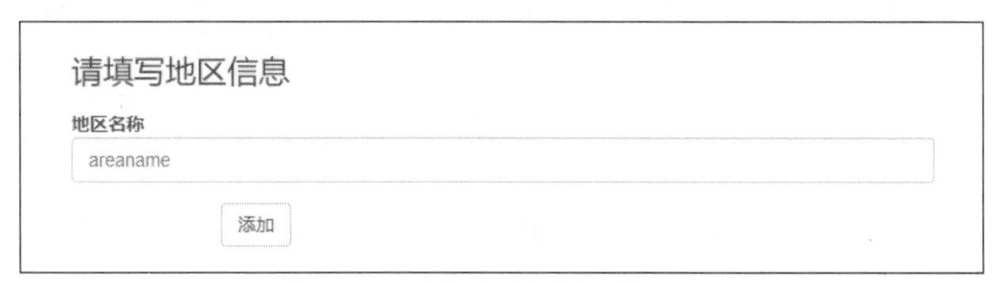

图 11-11 添加动漫电影所属地区页面

添加动漫电影信息页面为 areaAdd.php，核心代码如下。

```
<h3>请填写地区信息</h3>
<form class="form-horizontal" method="POST" action="doAreaAdd.php" enctype= "multipart/form-data">

  <div class="form-group">
    <label for="areaname" class="col-md-2 control-label">地区名称</label>
    <div class="col-md-10">
      <input type="text" class="form-control" id="areaname" placeholder="areaname" name="areaname">
```

```
        </div>
    </div>

    <div class="form-group">
        <div class="col-sm-offset-2 col-sm-10">
            <input type="submit" class="btn btn-default" value="添加">
    </div>
    </div>
</form>
```

添加动漫电影信息页面为 doAreaAdd.php，如果添加成功，将给出提示，如图 11-12 所示；添加动漫电影所属地区时不允许所属地区名称重名，如果重名，则给出提示，如图 11-13 所示。核心代码如下。

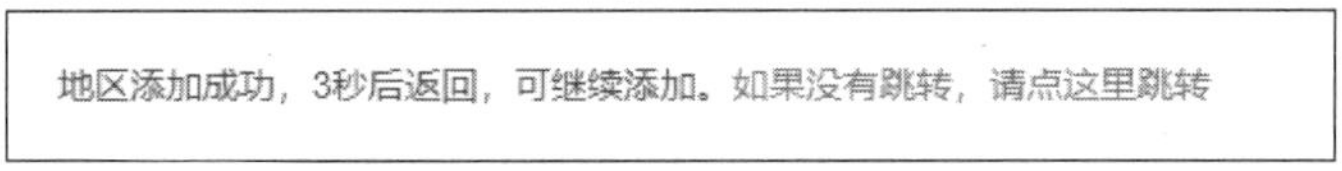

地区添加成功，3秒后返回，可继续添加。如果没有跳转，请点这里跳转

图 11-12　添加地区成功提示页面

该地区名称已存在，请重新添加，3秒后返回。如果没有跳转，请点这里跳转

图 11-13　地区重名提示

```
<?php
//连接数据库
$link=connect();
$areaname=$_POST["areaname"];
$sql0="select * from area where areaname='$areaname'";
$rs0=mysqli_query($link,$sql0);
$num=mysqli_num_rows($rs0);
if($num!=0)
{
redirect('areaAdd.php','该地区名称已存在，请重新添加，3 秒后返回');
exit;//重名则结束程序
}
$sql="insert into area values(null,'$areaname')";
$rs=mysqli_query($link,$sql);
if($rs==1)
{
  redirect('areaAdd.php','地区添加成功，3 秒后返回，可继续添加。');
}else{
  echo "地区添加失败";
}
?>
```

11.3.2 显示地区列表功能

查询动漫电影所属地区列表页面如图 11-14 所示，areaList.php 页面可以实现管理员对动漫电影所属地区的浏览、修改和删除功能。areaList.php 页面需要查询数据表 area 并显示全部动漫电影所属地区信息。areaList.php 核心代码如下。

序号	地区名称	操作
1	中国	修改| 删除
2	韩国	修改| 删除
3	英国	修改| 删除
4	日本	修改| 删除
5	美国	修改| 删除

图 11-14　动漫电影所属地区列表页面

```
<table class="table table-hover">
        <tr>
        <th>序号</th>
        <th>地区名称</th>
        <th>操作</th>
            </tr>

<?php
//连接数据库
 $link=connect();
 //编写 sql 语句
$sql="select * from area";
 //执行 sql 语句
$result = mysqli_query($link,$sql) or die('查询失败！'.mysqli_error($link));
$i=1;
while($row=mysqli_fetch_assoc($result))
{
?>
<tr>
<td><?php
echo $i++;
?>
</td>
<td><?php
echo $row["areaname"];
?>
</td>
<td>
```

```
<a href="areaEdit.php?aid=<?php
echo $row["aid"];
?>" title="">修改</a>|
<a href="doAreaDelete.php?aid=<?php
echo $row["aid"];
?>" title="" onclick="return confirm('你确定删除吗？ ')">删除</a>
</td>
</tr>

<?php
}
?>
</table>
```

11.3.3 修改地区功能

管理员单击“修改”超链接后页面将跳转到 areaEdit.php 页面，如图 11-15 所示，该页面需要接收 areaList.php 页面传来的动漫电影类型 aid 参数，并根据此 aid 显示出某一动漫电影所属地区的名称，管理员填写动漫电影所属地区的信息，单击“修改”按钮后，表单将会提交给 doAreaUpdate.php 页面，此页面接收动漫电影类型 aid，并根据此 aid 更新数据表 area，如果修改成功，将返回 areaList.php 页面。

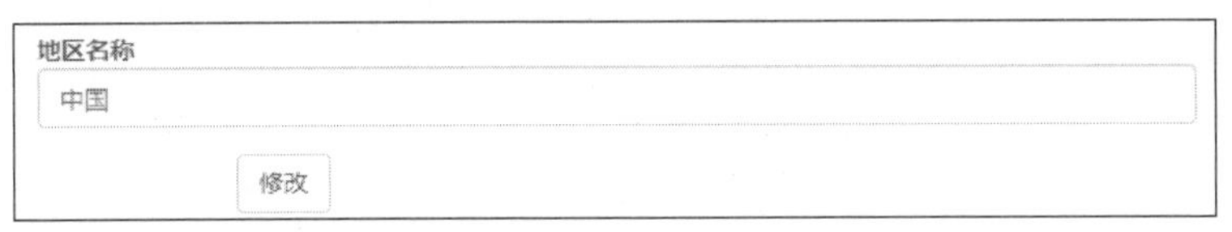

图 11-15　修改动漫电影类型页面

areaEdit.php 页面读取数据库中未修改的类型信息并显示，核心代码如下。

```
<?php
 //连接数据库
   $link=connect();
 //接收 areaList.php 页面通过超链接传递过来的 aid 参数
   $aid = $_GET['aid'];
 //编写 sql 语句
   $sql="select * from area where aid=$aid";
 //执行 sql 语句得到结果集
   $result = mysqli_query($link,$sql) or die('查询失败！ '.mysqli_error($link));
 //取出结果集中的记录
   $row = mysqli_fetch_assoc($result);
?>
<form class="form-horizontal" method="POST" action="doAreaUpdate.php">
<input type="hidden" name="aid" value="<?php
echo $row["aid"];
```

```
    ?>">
    <div class="form-group">
        <label for="typename" class="col-md-2 control-label">地区名称</label>
        <div class="col-md-10">
          <input type="text" class="form-control" name="areaname" value="<?php echo $row
["areaname"];?>">
        </div>
    </div>

    <div class="form-group">
        <div class="col-sm-offset-2 col-sm-10">
          <input type="submit" class="btn btn-default" value="修改">
        </div>
    </div>
    </form>
```

处理修改地区页面 doAreaUpdate.php 负责收集 areaEdit.php 页面的信息，并更新到数据库的 area 数据表中，核心代码如下。

```
<?php
//连接数据库
  $link=connect();
//使用$_POST 数组获取表单中输入的数据
  $aid=$_POST["aid"];
  $areaname=$_POST["areaname"];
//编写 sql 语句
  $sql="update area set areaname='$areaname' where aid=$aid";
//执行 sql 语句
  $rs=mysqli_query($link,$sql);
  if($rs==1)
    redirect('areaList.php','地区信息更新成功');
  else
    redirect('areaList.php','地区信息更新失败');
?>
```

11.3.4　删除地区功能

管理员单击“删除”超链接后页面将跳转到 doAreaDelete.php 页面，该页面需要接收 areaList.php 页面传来的地区 aid 参数，并根据此 aid 删除某一特定动漫电影所属地区，如果删除成功，则返回 areaList.php 页面，删除地区时会提示“你确定删除吗”，防止管理员误操作，如图 11-16 所示，相关代码在 areaList.php 的删除超链接中已给出。

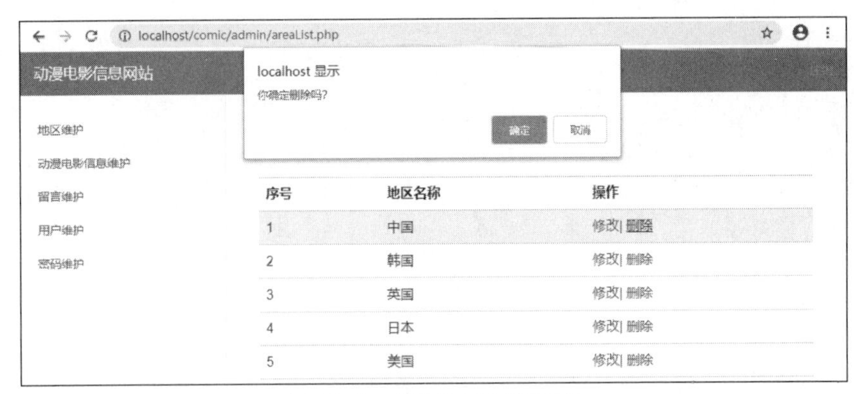

图 11-16　删除地区的确认页面

如果待删除地区中仍存在动漫电影视频，则该地区不允许删除并给出提示，如图 11-17 所示。

该地区中还有动漫电影视频，不能删除。如果没有跳转，请点这里跳转

图 11-17　删除尚存在动漫电影所属地区的提示页面

doAreaDelete.php 页面可以实现从数据表 area 中删除动漫电影所属地区的功能，核心代码如下。

```
<?php
//连接到数据库
  $link=connect();
//获取 areaList.php 页面删除超链接传递过来的 aid 参数
  $aid = $_GET['aid'];
//查询待删除地区中是否存在动漫电影
$sql0="select * from videos where aid=$aid";
$rs0=mysqli_query($link,$sql0);
$num0=mysqli_num_rows($rs0);
if($num0>0)
{
        redirect('areaList.php','该地区中还有动漫电影视频，不能删除');
        exit;
}
//如果该地区中没有电影信息，则删除该地区
$sql="delete  from area where aid=$aid";
$num=mysqli_query($link,$sql);
if($num)
{
        redirect('areaList.php','地区删除成功！ ');
}
else{
        redirect('areaList.php','删除地区失败');
}
  ?>
```

地区管理子系统功能完成后，在 11.4 节的动漫电影信息管理子系统中添加动漫电影信息时将会使用电影所属地区的数据。

11.4 动漫电影信息管理子系统的实现

动漫电影所属地区管理子系统会用到 comic 数据库中的动漫电影信息表 videos。

videos 表是用来存储动漫电影信息的，字段包括动漫电影 ID、动漫电影名称、所属地区 ID、动漫电影海报图片、动漫电影简介、动漫电影上传时间、动漫电影更新时间、点击量、下载量、下载地址信息。动漫电影信息表 videos 的结构见表 11-3。（注：本节所引用的图片及视频资源等仅作为案例供读者学习参考，如有商业用途请自行获取版权。）

表 11-3　　动漫电影信息表 videos 的结构

列名	数据类型	约束	备注
vid	int(11)	PRIMARY KEY AUTO_INCREMENT	动漫电影 ID
videoname	varchar(30)	NOT NULL	动漫电影名称
aid	int(11)	NOT NULL　FOREIGN KEY	所属地区 ID
pic	varchar(30)	NOT NULL	动漫电影海报图片
intro	varchar(2000)	NOT NULL	动漫电影简介
createtime	datetime	NOT NULL	动漫电影上传时间
updatetime	timestamp	NOT NULL	动漫电影更新时间
clicks	int(11)	NOT NULL DEFAULT '0'	点击量
downloads	int(11)	NOT NULL DEFAULT '0'	下载量
link	varchar(200)	NOT NULL	下载地址

11.4.1 添加动漫电影功能

当单击左侧菜单导航的动漫电影信息维护导航项时，可以看到动漫电影管理功能，包括动漫电影添加功能和查询动漫电影信息功能。

动漫电影添加功能页面如图 11-18 所示，videoAdd.php 页面可以实现管理员对动漫电影信息的添加功能，管理员可以填写动漫电影信息，包括动漫电影名称、动漫电影所属地区（下拉菜单选择）、上传动漫电影海报、动漫电影简介及下载地址。

请填写视频信息

动漫电影名称　videoname

所属地区　中国

动漫电影海报　选择文件　未选择任何文件

动漫电影简介

下载地址　address

添加　重置

图 11-18　动漫电影添加功能页面

单击“添加”按钮后表单提交给处理页面 doVideoAdd.php。如果添加成功，将给出提示，如图 11-19 所示。

海报图片上传成功！动漫电影添加成功，3秒后返回，可继续添加。如果没有跳转，请点这里跳转

图 11-19　添加动漫电影成功提示页面

添加动漫电影页面为 videoAdd.php，其中动漫电影所属地区的信息取自数据表 area，核心代码如下。

```
<?php
$link=connect();
$sql="select * from area";
$rs=mysqli_query($link,$sql);
?>
 <h3>请填写动漫电影信息</h3>
<form class="form-horizontal" method="POST" action="doVideoAdd.php" enctype= "multipart/form-data">
  <div class="form-group">
    <label for="videoname" class="col-md-2 col-xs-2 control-label">动漫电影名称</label>
    <div class="col-md-10 col-xs-10">
      <input type="text" class="form-control" id="videoname" placeholder="videoname" name="videoname" required>
    </div>
  </div>

  <div class="form-group">
    <label   class="col-md-2 col-xs-2 control-label">所属地区</label>
    <div class="col-md-10 col-xs-10">
    <select class="form-control" name="aid">
  <?php
  while($row=mysqli_fetch_assoc($rs))
  {
  ?>

  <option value=<?php
  echo $row["aid"];
  ?>
  ><?php
  echo $row["areaname"];
  ?>
  </option>
  <?php
  }
```

```
    ?>

</select>
    </div>
</div>

<div class="form-group">
    <label  class="col-md-2 col-xs-2 control-label">动漫电影海报</label>
    <div class="col-md-10 col-xs-10">
        <input type="file" id="exampleInputFile" name="pic" required>
      </div>
  </div>


<div class="form-group">
<label  class="col-md-2 col-xs-2 control-label">动漫电影简介</label>
    <div class="col-md-10 col-xs-10">
        <textarea class="form-control" rows="3" name="videointro" required></textarea>
      </div>
</div>

 <div class="form-group">
    <label for="address" class="col-md-2 col-xs-2 control-label">下载地址</label>
    <div class="col-md-10 col-xs-10">
      <input  type="text"  class="form-control"  id="address"  placeholder="address"  name=
"address" required>
    </div>
  </div>

  <div class="form-group">
    <div class="col-xs-offset-2 col-xs-10">
      <input type="submit" class="btn btn-default" value="添加">
     <input type="reset" class="btn btn-default" value="重置">
  </div>
  </div>
</form>
```

处理添加动漫电影页面为 doVideoAdd.php，其中动漫电影海报图片需要上传至网站根目录的 posters 目录，核心代码如下。

```
<?php
//连接数据库
$link=connect();
```

```
    //使用$_POST 数组获取表单中其他输入的数据
    $videoname=trim($_POST["videoname"]);
    $aid=$_POST["aid"];
    $videointro=$_POST["videointro"];
    $address=$_POST["address"];

    //处理文件上传
      if($_FILES["pic"]["error"]>0)
      {
      switch($_FILES["pic"]["error"]){
        case 1: echo "文件尺寸超过了配置文件的最大值"; break;
        case 3: echo "部分文件上传";   break;
        case 4: echo "没有选择头像文件！"; break;
        default: echo "未知错误"; break;
      }
      exit;
      }
      //获取文件扩展名
      $suffix = strrchr($_FILES["pic"]["name"], '.'); //获取.在文件名中最后一次出现的点"."
      //echo $suffix;
      //判断文件类型是否为图片
      $allowtype=array("jpg","jpeg","png","gif","Bmp","flv","JPG","JPEG");
      if(!in_array(ltrim($suffix, '.'),$allowtype))
      {
        echo "文件类型为$suffix！<br/>";
        echo "文件类型不正确！只能选择扩展名为 jpg,jpeg,png,gif,Bmp,flv 类型的文件！";
        exit;
      }

      //指定服务器上文件的存放路径和文件名
      $filepath=PosterPicturePath;
      $randname=date("YmdHis").rand(100,999).$suffix;

      //上传文件
      if (move_uploaded_file($_FILES["pic"]["tmp_name"],$filepath.$randname)) {
        echo "海报图片上传成功！";
      }
     //如果上传成功，则将电影信息添加到数据库，否则提示“上传失败”
     $sql="insert  into  videos  values(null,'$videoname',$aid,'$randname','$videointro',now(),now(),
0,0,'$address')";
     //echo $sql;
     $rs=mysqli_query($link,$sql);
     if($rs)
```

```
{
  redirect('videoAdd.php','动漫电影添加成功，3 秒后返回，可继续添加。');
  }else{
  echo "动漫电影添加失败!";
 }
?>
```

11.4.2 显示动漫电影信息列表功能

动漫电影功能页面如图 11-20 所示，videoList.php 页面可以实现管理员对动漫电影的分页浏览、查询、修改和删除功能，并且鼠标滑动到海报图片上可以显示动漫电影简介信息。videoList.php 页面需要查询数据表 videos 并分页显示全部的动漫电影所属地区信息。

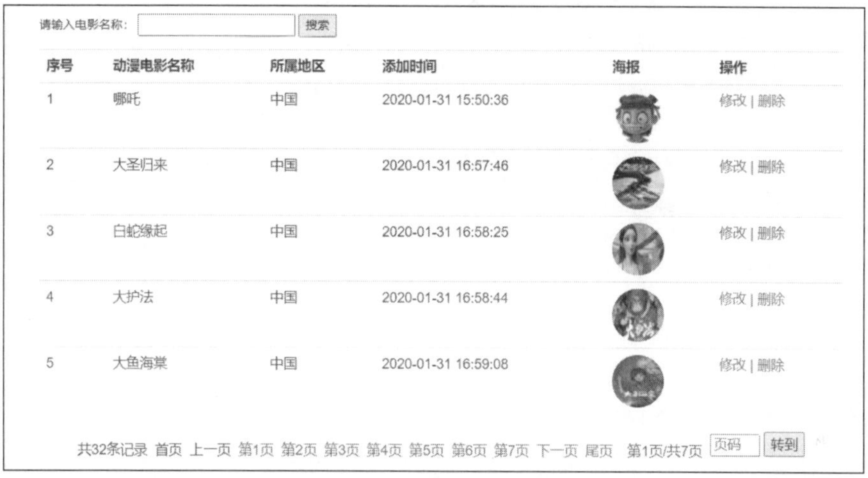

请输入电影名称： 搜索

序号	动漫电影名称	所属地区	添加时间	海报	操作
1	哪吒	中国	2020-01-31 15:50:36		修改 | 删除
2	大圣归来	中国	2020-01-31 16:57:46		修改 | 删除
3	白蛇缘起	中国	2020-01-31 16:58:25		修改 | 删除
4	大护法	中国	2020-01-31 16:58:44		修改 | 删除
5	大鱼海棠	中国	2020-01-31 16:59:08		修改 | 删除

共32条记录 首页 上一页 第1页 第2页 第3页 第4页 第5页 第6页 第7页 下一页 尾页 第1页/共7页 页码 转到

图 11-20 动漫电影功能页面

videoList.php 页面的核心代码如下。

```
<?php
//连接数据库
$link=connect();
//编写 sql 语句
  $sql = "select * from videos join area on videos.aid=area.aid";
//获取指定的页码
//判断是否指定第几页，如果没有指定，则显示第 1 页。
  if(!isset($_GET["page"]))
  $page=1;
  else{
    $page=$_GET["page"];
  }
  $key="";
//关键字可能是用户单击搜索按钮得到的，也可能是单击“下一页”超链接得到的
```

```
    if(isset($_GET['key']))  {
      $key = trim($_GET['key']);
      $sql = $sql." where videoname like '%{$key}%' ";
    }
//获取总行数，用于计算分几页显示
    $result = mysqli_query($link,$sql);
    $totalrows = mysqli_num_rows($result);
     //定义每页显示的行数
    $rowsperpage =5;
//计算从表中第几行开始输出
    $start = ($page-1) * $rowsperpage;

//查询 videos 表，从第$start 行开始，共查询$rowsperpage 行。
    $sql .= " limit {$start}, {$rowsperpage}";

//执行 sql 语句
    $result = mysqli_query($link,$sql) or die('查询失败！ '.mysqli_error($link));
  ?>
 <form   action="">
     请输入视频名称:
   <input type="text" name="key">
   <input type="submit" value="搜索">
  </form>
  <table class="table table-hover">
        <tr>
        <th>序号</th>
        <th>动漫电影名称</th>
        <th>所属地区</th>
        <th>添加时间</th>
        <th>海报</th>
        <th>操作</th>
        </tr>

 <?php
    $i=1;
   while($row=mysqli_fetch_assoc($result))
   {
  ?>
                   <tr>
                   <td><?php
                   echo $i++;
                   ?></td>
                   <td><?php
```

```
                echo $row["videoname"];
                ?></td>
                <td><?php
                echo $row["areaname"];
                ?></td>
                <td><?php
                echo $row["createtime"];
                ?></td>
                <td><img class="img-circle" src="../posters/<?php
                echo $row["pic"];
                ?>
                " width="60" height="60" title="<?php
                     echo "简介: ".$row["intro"];
                  ?>
                "></td>
                  <td>
         <a href="videoEdit.php?vid=<?php
            echo $row["vid"];
          ?>" title="">修改</a> |
         <a href="doVideoDelete.php?vid=<?php
            echo $row["vid"];
          ?>" title="" onclick="return confirm('确认删除吗? ')">删除</a>
                  </td>
                </tr>
                <?php
                }
                ?>
                 </table>
    <?php
      //计算总页数。如果每页显示的行数>总行数，则只有 1 页，否则，页数=总行数/每页行数，上取整。
      if($rowsperpage >= $totalrows)
           $totalpages = 1;
      else{
        $totalpages = ceil($totalrows / $rowsperpage);
      }
      //如果不是第 1 页，则显示第 1 页和上一页的超链接，否则只显示文字

      if($page>1){
        $first = "<a href=?key={$key}&page=1>首页</a>";
        $pre = "<a href=?key={$key}&page=".($page-1).">上一页</a>";
      }else{
        $first = '首页';
        $pre = '上一页';
```

```
}
//如果不是最后一页，则显示下一页和最后一页的超链接，否则只显示文字
if($page<$totalpages){
  $last = "<a href=?key={$key}&page=$totalpages>尾页</a>";
  $next = "<a href=?key={$key}&page=".($page+1).">下一页</a>";
}else{
  $last = '尾页';
  $next = '下一页';
}
echo "<table align='center'><tr>";
echo "<td>共{$totalrows}条记录  </td>";
echo "<td>$first"."  "."$pre"."  ";
for($i=1;$i<=$totalpages;$i++) {
  echo "<a href='?key={$key}&page=$i'>第{$i}页</a>  ";
}
echo "$next"."  "."$last  ";
//输出第几页/共几页
echo "<font color=red>";
echo "  第".$page."页/共".$totalpages."页  ";
echo "</font></td>";
//输出转到几页的表单
?>
<td>
 <form   action="">
  <input type="hidden" name="key" value=<?php
  if(isset($_GET["key"]))
      echo $_GET["key"];
  ?>>
  <input type="text" name="page" placeholder="页码" size="2"   required>
  <input type="submit" value="转到">
  </form>
</td>
 </tr>
</table>
```

管理员在 videoList.php 页面的搜索文本框中输入待搜索动漫电影名称后页面跳转到 videoList.php 页面，通过参数“key”判定是否显示搜索结果页面，搜索结果页面同 videoList.php 页面。

11.4.3 修改动漫电影信息功能

管理员单击“修改”超链接后页面跳转到 videoEdit.php 页面，如图 11-21 所示，该页面需要接收 videoList.php 页面传来的动漫电影类型 vid 参数，并根据此 vid 显示出某一动漫电影的信息，管理员填写动漫电影的信息单击“更新”按钮后，表单提交给 doVideoUpdate.php 页面，此页面接收动漫电

影类型 vid，并根据此 vid 更新数据表 videos，如果修改成功将返回 videoList.php 页面。

请修改视频信息

动漫电影名称 海洋奇缘

所属地区 美国

海报图片 选择文件 未选择任何文件

原海报：

动漫电影简介 在2000年前的南太平洋小岛上，那里居住着一个爱好航海的波利尼西亚人部落，部落首长有一个独生女叫莫阿娜，在祖母的鼓励下她一心想去探索临近的岛屿，但她的父亲不许。于是莫阿娜就在祖母死后，偷偷划船溜出岛，去寻找传说中的岛屿。她有两位同行的伙伴，一个是公鸡憨憨，一个是猪。莫阿娜一行在一座小岛上搁浅了，这时一座图腾雕像毛伊活了，他是南太平洋岛国神话里的超级英雄，可以变成鸟儿，身上刻着很多可以活过来的纹身，还有一个法宝是魔法鱼钩。接下来莫阿娜就和他一起前往开放的海洋、克服各种凶险，以完成祖先在一千年前未尽的航程

下载地址 video/海洋奇缘.mp4

更新

图 11-21　修改动漫电影信息页面

显示修改动漫电影类型界面 videoEdit.php 的核心代码如下。

```
<?php
//连接数据库
$link=connect();
 //视频 id 是通过 GET 方法提交的
 //根据视频 id 从数据库中查询视频的所有信息
 $vid = $_GET['vid'];
 $sql = "select * from videos where vid={$vid}";
 $result = mysqli_query($link,$sql) or die('查询失败！ '.mysqli_error($link));
 $row = mysqli_fetch_assoc($result);
 ?>
<h3>请修改视频信息</h3>
<form class="form-horizontal" method=post action="doVideoUpdate.php" enctype= "multipart/
form-data">
<input type="hidden" name="vid" value="<?php
echo $row["vid"];
?>">

<div class="form-group">
    <label for="videoname" class="col-md-2 col-xs-2 control-label">动漫电影名称</label>
    <div class="col-md-10 col-xs-10">
  <input type="text" class="form-control" id="videoname" name="videoname" value= "<?php
  echo $row["videoname"];
  ?>">
  </div>
</div>
```

```
<div class="form-group">
    <label  class="col-md-2 col-xs-2 control-label">所属地区</label>
    <div class="col-md-10 col-xs-10">
<select class="form-control" name="aid">
 <?php
$sql0="select * from area";
$rs0=mysqli_query($link,$sql0);
while($row0=mysqli_fetch_assoc($rs0))
  {
  ?>
  <option value=<?php  echo $row0["aid"];  ?>
 <?php
    if($row["aid"]==$row0["aid"])
    echo "selected";
    ?>>
<?php
  echo $row0["areaname"];
  ?>
  </option>
  <?php
  }
  ?>
</select>
    </div>
  </div>

  <div class="form-group">
    <label  class="col-md-2 col-xs-2 control-label">海报图片</label>
    <div class="col-md-10 col-xs-10">
        <input type="file" name="pic"><br>
原海报：<img src="../posters/<?php  echo $row["pic"];?>" width="80px" height="80px" class=
"img-circle">
      </div>
  </div>

<div class="form-group">
<label  class="col-md-2 col-xs-2 control-label">动漫电影简介</label>
    <div class="col-md-10 col-xs-10">
      <textarea name="videointro" class="form-control" rows="5">
<?php
echo $row["intro"];
?>
</textarea>
```

```
        </div>
    </div>

    <div class="form-group">
        <label for="address" class="col-md-2 col-xs-2 control-label">下载地址</label>
        <div class="col-md-10 col-xs-10">
         <input type="text" class="form-control" name="address" value=<?php
echo $row["link"];
?>>
        </div>
    </div>

    <div class="form-group">
        <div class="col-sm-offset-2 col-sm-10 col-xs-10">
        <input type="submit"   class="btn btn-default" value="更新">
    </div>
    </div>
</form>
```

处理修改动漫电影类型功能在 doVideoUpdate.php 页面中实现，核心代码如下。

```
<?php
//连接数据库
$link=connect();
//使用$_POST 数组获取表单中输入的数据
$vid=$_POST["vid"];
$videoname=$_POST["videoname"];
$aid=$_POST["aid"];
$videointro=$_POST["videointro"];
$address=$_POST["address"];
//上传文件错误的判定
  if($_FILES["pic"]["error"]>0)
  {
    switch($_FILES["pic"]["error"])
    {
      case 1: echo "文件尺寸超过了配置文件的最大值"; exit;
      case 3: echo "部分文件上传";  exit;
      case 4: echo "没有选择头像文件!";
      //如果没选择图片，则直接更新其他数据
        $sql="update videos set videoname='$videoname',aid=$aid,updatetime=now(), intro=
'$videointro',link='$address' where vid=$vid";
        break;
      default: echo "未知错误"; exit;
```

```
    }
  }else {    //上传文件，删除原来的海报，更新数据库
    //获取文件扩展名
    $suffix = strrchr($_FILES["pic"]["name"], '.'); //获取.在文件名中最后一次出现的位置
    //判断文件类型是否为图片
    $allowtype=array("jpg","jpeg","png","gif","Bmp","flv");
    if(!in_array(ltrim($suffix, '.'),$allowtype))
    {
      echo "文件类型为$suffix！ <br/>";
      echo "文件类型不正确！只能选择扩展名为 jpg,jpeg,png,gif,Bmp,flv 类型的文件！";
      exit;
    }

    //指定在服务器上的文件存放路径和文件名
    $filepath="../posters/";
    $randname=date("YmdHis").rand(100,999).$suffix;
   //上传文件，如果上传成功，则将视频信息修改到数据库，否则提示"上传失败"
    if (move_uploaded_file($_FILES["pic"]["tmp_name"],$filepath.$randname)) {
    echo "海报图片上传成功！";
    }
   //获取海报文件的文件名
      $sql="select * from videos where vid={$vid}";
      $result=mysqli_query($link,$sql);
      $row=mysqli_fetch_assoc($result);
      $filename=$filepath.$row["pic"];
      //删除原来的头像文件
      if(file_exists($filename))
          unlink($filename);

   //编写 SQL 语句
      $sql="update videos set videoname='$videoname',pic='$randname',aid=$aid,
updatetime=now(),intro='$videointro',link='$address' where vid=$vid";
  }
  //执行 SQL 语句
  $result = mysqli_query($link,$sql) or die("更新失败！<br/>".mysqli_error($link));
  //判断是否更新成功
   if(!$result){
    echo "更新失败！<br/>";
    echo "<a href='videoList.php'>返回</a>";
  }else{
    redirect('videoList.php', '更新成功！');
  }
?>
```

11.4.4 删除动漫电影信息功能

管理员单击“删除”超链接后页面跳转到 doVideoDelete.php 页面，该页面需要接收 videoList.php 页面传来的动漫电影 id 参数，并根据此 id 删除某一特定动漫电影，删除动漫电影的同时也要删除该动漫电影对应的海报图片，如果删除成功，则返回 videoList.php 页面，删除动漫电影时需要确认是否删除，防止管理员误操作。此功能和删除动漫电影所属地区类似，不再赘述。

删除动漫电影信息功能在页面 doVideoDelete.php 中实现，核心代码如下。

```
<?php
  //连接到数据库
  $link=connect();
  //vid 是通过 GET 方法提交的
  $vid = $_GET['vid'];

  $sql="select * from videos where vid={$vid}";
  $result=mysqli_query($link,$sql);
  $row=mysqli_fetch_assoc($result);
  $filename=PosterPicturePath.$row["pic"];
  //删除数据库相应信息，如果删除成功，则删除该用户的头像文件
  $sql = "delete from videos where vid={$vid}";
  $result = mysqli_query($link,$sql) or die('删除失败！ '.mysqli_error($link));
  if(!mysqli_error($link)){
    //如果有头像，则删除头像文件
    if(file_exists($filename))      unlink($filename);
    redirect('videoList.php', '删除成功！ ');
  }
?>
```

11.5 前台首页的实现

11.5.1 网页导航条的实现

网站前台首页即用户访问网站看到的第一个页面，此页提供了到各个内页的超链接。在本项目中，用户在地址栏中输入地址：http://localhost/comic，即可见网站首页 index.php。首页的导航部分包括动漫电影栏目名称、搜索框、登录、注册等超链接，如图 11-22 所示。登录成功后显示用户欢迎信息、注销和个人中心的超链接，如图 11-23 所示。为了清晰展现，图 11-22 和图 11-23 是在小屏状态下截图，正常在桌面显示导航是水平排列的。

图 11-22 登录前的导航条

图 11-23　登录后的导航条

1. 导航栏中栏目名称的动态获取

导航条中栏目信息取自数据库的地区数据表 area。显示导航条功能在页头文件 head.php 中实现，当管理员在后台对动漫电影所属地区进行添加、修改和删除操作时，前台页面导航栏中的栏目名称会同步刷新。

访问数据库代码如下。

```
<?php
session_start();
require_once('system/dbConn.php');
$link=connect();
$sql="select * from area";
$rs=mysqli_query($link,$sql)or die('查询 1 失败！ '.mysqli_error($link));
?>
```

显示导航栏栏目名称的代码如下。

```
<ul class="nav navbar-nav" style="font-weight:bold">
          <li><a href="index.php">首页</a></li>
                <?php
                     while($row=mysqli_fetch_assoc($rs))
                     {
                ?>

              <li><a href="list.php?aid=<?php echo $row["aid"]; ?> ">
                <?php
               echo $row["areaname"];
               ?>
               </a>
                </li>

           <?php
                }
           ?>

          </ul>
        </li>
      </ul>
```

2. 全站搜索动漫电影

导航栏中提供了全站搜索动漫电影的功能，根据动漫电影名称模糊匹配进行查询。导航栏中搜索表单代码如下。

```
<form    action="search.php"class="navbar-form navbar-left" role="search" >
<div class="form-group">
   <input type="text" class="form-control"   name="videoname" placeholder="Search">
  </div>
 <button type="submit" class="btn btn-default">搜索</button>
</form>
```

当用户在导航栏的搜索文本框输入要搜索的动漫电影名称时，search.php 页面会接收并根据用户输入的信息模糊匹配动漫电影名称并在数据表 videos 中检索记录，将得到的结果记录分页显示，如图 11-24 所示。

图 11-24　搜索结果页面

如果未搜索到符合条件的记录，则给出提示，如图 11-25 所示。

未找到符合条件的结果！3秒后返回首页

图 11-25　未找到记录的搜索页面

实现分页显示搜索结果的页面为 search.php。核心代码如下。

```
<?php
require_once('tpl/head.php');
require_once('./system/dbConn.php');
//连接数据库
$link=connect();
//获取指定的页码
//判断是否指定第几页，如果没有指定，则显示第 1 页。
      if(!isset($_GET["page"]))
      $page=1;
      else{
            $page=$_GET["page"];
```

```
        }
    //编写 sql 语句
     $sql = "select * from videos";
    //如果用户提交了表单，则获取用户输入的关键字
     if($_GET['videoname'])  {
            $videoname = trim($_GET['videoname']);
            $sql = $sql." where videoname like '%{$videoname}%' ";
     }
     $result = mysqli_query($link,$sql) or die('查询失败！'.mysqli_error($link));
     //获取总行数，用于计算分几页显示
     $totalrows = mysqli_num_rows($result);
     //定义每页显示的行数
     $rowsperpage =8;
     //计算从表中第几行开始输出
     $start = ($page-1) * $rowsperpage;
     //查询用户，从第$start 行开始，共查询$rowsperpage 行。
     $sql.= " limit {$start}, {$rowsperpage}";
     //执行 sql 语句
     $result= mysqli_query($link,$sql) or die('查询失败！'.mysqli_error($link));
     if($totalrows>0) {    //查到了电影信息
    ?>
    <div class="container">

      <div class="row row-offcanvas row-offcanvas-right">
          <div class="col-xs-12 col-sm-12">
              <div class="row">
                  <div class="col-xs-12 col-lg-12 mlist">
                      <h2>
                        搜索结果
                      </h2>
               <ul class="list-inline row text-center">
                                  <?php
                              while($row=mysqli_fetch_assoc($result))
                                  {
                                  ?>
                         <li class="col-xs-6 col-lg-3">
                        <img src="posters/<?php echo $row["pic"]; ?>" class="responsive img-thumbnail"
style="width:160px;height:200px"/>
                         <p><a href="show.php?vid=<?php echo $row["vid"]; ?>">
                                  <?php
                                   echo $row["videoname"];
                            ?>
                            </a>
```

```
                    </p>
                </li>
            <?php
                    }
            ?>
        </ul>
    <nav class="text-center">
<?php
//计算总页数。如果每页显示的行数>总行数，则只有 1 页，否则，页数=总行数/每页行数，上取整
  if($rowsperpage >= $totalrows)
      $totalpages = 1;
  else{
        $totalpages = ceil($totalrows / $rowsperpage);
  }
  //如果不是第 1 页，则显示第 1 页和上一页的超链接，否则只显示文字
  if($page>1){
        $first = "<a href=?videoname=$videoname&page=1>首页</a>";
        $pre = "<a href=?videoname=$videoname&page=".($page-1).">上一页</a>";
  }else{
        $first = '首页';
        $pre = '上一页';
  }
  //如果不是最后一页，则显示下一页和最后一页的超链接，否则只显示文字
  if($page<$totalpages){
        $last = "<a href=?videoname=$videoname&page=$totalpages>尾页</a>";
        $next = "<a href=?videoname=$videoname&page=".($page+1).">下一页</a>";
  }else{
        $last = '尾页';
        $next = '下一页';
  }
  //输出分页
  echo "共{$totalrows}条记录  ";
  echo "$first"."  ";
  echo "$pre"."  ";
  for($i=1;$i<=$totalpages;$i++)
            echo "<a href=?videoname=$videoname&page=$i>第{$i}页</a>   ";
  echo "$next"."  ";
  echo "$last";
  ?>
   </nav>
</div><!--/.col-xs-6.col-lg-4-->
</div><!--/row-->
</div><!--/.col-xs-12.col-sm-12-->
```

```
<?php
        }else{//未查到电影信息
          echo '<h2 style="color:white;">未找到符合条件的结果！ 3 秒后返回首页</h2>';
                header("refresh:3;url='index.php'");
}
?>
  </div> <!--/row-->
</div>
<?php
require_once('tpl/foot.php');
?>
```

11.5.2 用户登录功能

普通用户登录的处理过程和管理员用户登录的处理过程类似，代码可参照6.6节admin/do AdminLogin.php 页面的实现。

如果用户成功登录，将会在导航栏显示用户欢迎信息、注销和个人中心超链接，个人中心是一个二级导航栏，下面又分修改个人密码、修改个人信息、我的留言，以及我的收藏 4 个超链接，如图 11-26 所示。

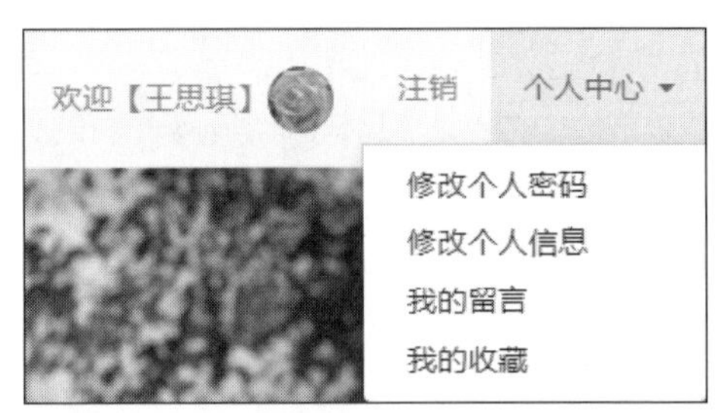

图 11-26 用户登录成功后导航栏的变化

此项功能的思路是，用户成功登录后，需要将登录用户的用户名记录在 Session 中（$_SESSION["user"]=$username）。在 tpl/head.php 的导航栏进行处理，如果用户未登录，则显示“登录”和“注册”超链接；如果成功登录（$_SESSION["user"] 有值），则显示图 11-26 中的信息。tpl/head.php 页面中导航栏处的核心代码如下。

```
<ul class="nav navbar-nav navbar-right">
<?php
if(!isset($_SESSION["user"])){
?>
          <li><a href="#" data-toggle="modal" data-target="#login">登录</a></li>
          <li><a href="#" data-toggle="modal" data-target="#reg">注册</a></li>
<?php
}else{
?>
<li><a href="#">欢迎【<?php echo $_SESSION["user"];?>】<img src="./images/<?php
      $username=$_SESSION["user"];
      $sqluser="select photo from users where uname='$username'";
      $result=mysqli_query($link,$sqluser);
      $rowuser=mysqli_fetch_assoc($result);
      echo $rowuser["photo"];
       ?>" alt="" width="30px" height="30px" class="img-circle"></a></li>
```

```
            <li><a href="logout.php">注销</a></li>
            <li class="dropdown">
                <a href="#" class="dropdown-toggle" data-toggle="dropdown" role="button"
aria-haspopup="true" aria-expanded="false">个人中心 <span class="caret"></span></a>
                <ul class="dropdown-menu">
                  <li><a href="#" data-toggle="modal" data-target="#changePassword">修改个人密码
</a></li>
                  <li><a href="#" data-toggle="modal" data-target="#changeInfor">修改个人信息
</a></li>
                  <li><a href="myCommentList.php" >我的留言</a></li>
                  <li><a href="myCollectList.php" >我的收藏</a></li>
                </ul>
    </li>
    <?php
    }
     ?>
    </ul>
```

另外，用户登录后才能对网站中的动漫电影发表留言、评分和收藏，这些功能的实现也将用到 Session，我们将在 11.7 节进行介绍。

在个人中心菜单中的修改个人信息和修改个人密码的界面要求用模态框呈现。其中，修改个人信息页面如图 11-27 所示，修改个人密码页面如图 11-28 所示。用户修改个人注册信息的功能与管理员修改用户信息的功能相同，页面名称可以为 doChangeInfor.php，代码不再赘述，参见第 6 章。

图 11-27　修改个人信息页面

修改个人密码 ×

原密码 原密码

新密码 新密码

确认新密码 确认新密码

修改 重置

关闭

图 11-28　修改个人密码页面

另外，普通用户注销功能与管理员注销功能类似，不同之处在于管理员的注销功能是在清空 Session 后页面直接跳转到管理员登录页（admin/index.php），而普通用户注销后需要将页面跳转到当前页（logout.php）的前一页面。在网站根目录创建 logout.php 文件，完成普通用户注销功能，核心代码如下。

```
<?php
session_start();
session_destroy();//清空会话空间，清空所有已存储的 Session 数据
header("Location:".$_SERVER['HTTP_REFERER']); //链接到当前页面的前一页面的地址
?>
```

11.5.3　首页主体部分的实现

首页主体部分包括核心栏目的列表信息和排行榜信息，排行包括全站动漫电影的“点击排行”和“下载排行”两部分，如图 11-29 所示。

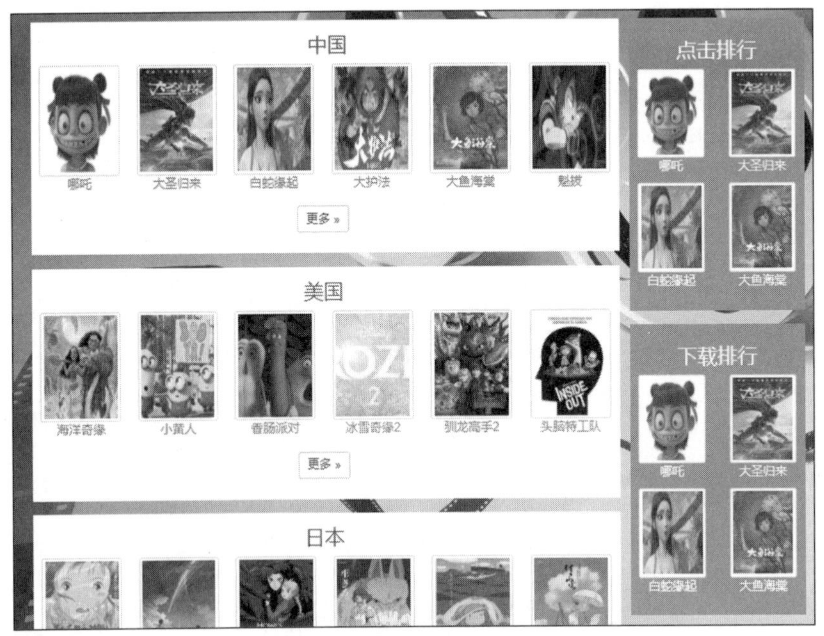

图 11-29　首页的主体部分

主要地区列表信息取自后台数据库的动漫电影数据表 videos。

以显示“中国”地区 6 个视频为例，访问数据库代码如下。

```
<?php
require_once('tpl/head.php');
require_once('./system/dbConn.php');
  //连接数据库
  $link=connect();
  //查询首页中国地区的 6 个视频
 $sql1="select * from area where areaname='中国'";
 $result1 = mysqli_query($link,$sql1) or die('查询失败！ '.mysql_error($link));
 $row1=mysqli_fetch_assoc($result1);
 $aid1=$row1["aid"];
 //根据所查的地区 id 查询中国地区的 6 条记录
 $sql11="select * from videos where aid='$aid1' limit 6";
 $result11 = mysqli_query($link,$sql11) or die('查询失败！ '.mysqli_error($link));
 ?>
```

“点击排行”和“下载排行”的信息也取自后台数据库的动漫电影数据表 videos。
以显示“点击”排行前四的视频为例，访问数据库代码如下。

```
<?php
$sql5="select * from videos   order by clicks desc limit 4";
 $result5 = mysqli_query($link,$sql5) or die('查询失败！ '.mysqli_error($link));
 ?>
```

以显示“中国”地区为例，主要地区 6 个电影信息列表的代码如下。

```
<div class="row text-center">
        <div class="col-xs-12 col-md-12 mlist">
          <h2>中国</h2>
               <ul class="list-inline row text-center">
                    <?php
                       while($row1=mysqli_fetch_assoc($result11))
                          {
                           ?>
                       <li class="col-xs-4 col-sm-3 col-lg-2">
                        <img src="posters/<?php
                           echo $row1["pic"];
                           ?>" class="responsive img-thumbnail"/>

                          <p><a href="show.php?vid=<?php
                            echo $row1["vid"];
                            ?>"><?php
                            echo $row1["videoname"];
```

```
                        ?></a>
                    </p>
                </li>
                <?php
                  }
                ?>
            </ul>
             <p><a class="btn btn-default" href="list.php?aid=<?php
                  echo $aid1;
                  ?>" role="button">更多 &raquo;</a></p>
        </div> <!--/.col-xs-6.col-md-4-->
    </div> <!--/row-->
```

在代码中，while 循环的循环体是列表项<li>，显示动漫电影图片和动漫电影标题，共查询到 6 个“中国”地区的动漫电影。在列表下方有一个“更多”超链接，单击可进入“中国”地区的栏目页，该页将显示该地区下所有动漫电影。

美国地区和日本地区列表类似，读者可仿照上面代码完成。

显示“点击”排行信息的代码如下。下载排行的代码与之类似，读者可仿照如下代码完成。

```
<div class="list-group text-center" id="sidebar">
  <h2 style="color:white;" >点击排行</h2>
    <ul class="list-inline row text-center">
      <?php
      while($row5=mysqli_fetch_assoc($result5))
           {
      ?>
      <li class="col-xs-12 col-lg-6">
        <img src="posters/<?php echo $row5["pic"]; ?>" class="responsive img- thumbnail" />
         <p><a href="show.php?vid=<?php echo $row5["vid"]; ?>">
                <?php
                //显示视频名称中的前 5 个字符
                echo mb_substr($row5["videoname"],0,6,'utf-8');
              ?>
</a> </p>
      </li>
      <?php
           }
      ?>
      </ul>
</div>
```

11.6 前台栏目列表页的实现

当单击导航栏中的某一个地区栏目名称的超链接时，将进入相应地区栏目的信息列表页。该页会显示某一特定地区栏目的信息列表和该地区动漫电影的下载排行。图 11-30 是“中国”地区栏目列表页的截图，其他栏目列表页类似。用到的数据库表是 videos 表。

图 11-30 栏目列表页面

栏目信息页的显示在页面 list.php 中实现，需要传递动漫电影所属地区 aid 参数给 list.php 页面来决定具体显示哪个地区栏目列表信息。当 list.php 接收到相应的参数后，根据 aid 查询 videos 表来获取当前地区栏目的动漫电影信息和下载量排行前 4 的动漫电影信息，并以分页的形式呈现动漫电影信息列表。

访问数据库代码如下。

```
<?php
 require_once('tpl/head.php');
 require_once('./system/dbConn.php');
//连接数据库
  $link=connect();
//地区 id 是通过 GET 方法提交的
   $aid = $_GET['aid'];
   $sql0="select * from area where aid=$aid";
   $result0 = mysqli_query($link,$sql0) or die('查询失败！'.mysql_error());
   $row0 = mysqli_fetch_assoc($result0);

   $sql = "select * from videos where aid={$aid}";
   $result = mysqli_query($link,$sql) or die('查询失败！'.mysqli_error($link));
  //获取指定的页码
   //判断是否指定第几页，如果没有指定，则显示第 1 页。
 if(!isset($_GET["page"]))
 $page=1;
 else{
      $page=$_GET["page"];
 }

  //获取总行数，用于计算分几页显示
  $result = mysqli_query($link,$sql);
  $totalrows = mysqli_num_rows($result);
```

```
  //定义每页显示的行数
  $rowsperpage =8;
  //计算从表中第几行开始输出
  $start = ($page-1) * $rowsperpage;

  //从第$start 行开始，共查询$rowsperpage 行。
  $sql .= " limit {$start}, {$rowsperpage}";
  //echo $sql.'<br/>';
  //执行 sql 语句
  $result = mysqli_query($link,$sql) or die('查询失败！ '.mysqli_error($link));

   //查询该地区动漫电影的下载排行信息
   $sql1 = "select * from videos where aid={$aid} order by downloads desc   limit 4";
   $result1 = mysqli_query($link,$sql1) or die('查询失败！ '.mysqli_error($link));
?>
```

分页显示该地区动漫电影信息列表的核心代码如下。

```
<div class="col-xs-12 col-lg-12 mlist">
   <h2><?php echo $row0["areaname"]; ?></h2>
    <ul class="list-inline row text-center">
       <?php
         while($row=mysqli_fetch_assoc($result))
             {
       ?>
        <li class="col-xs-6 col-lg-3">
          <img src="posters/<?php echo $row["pic"]; ?>" class="responsive img-thumbnail"/>
          <p><a href="show.php?vid=<?php echo $row["vid"]; ?>">
<?php
                  echo $row["videoname"];
              ?></a>
          </p>
        </li>
              <?php
                    }
              ?>
       </ul>
       <nav class="text-center">
<?php
//计算总页数。如果每页显示的行数>总行数，则只有 1 页，否则，页数=总行数/每页行数，上取整
  if($rowsperpage >= $totalrows)
      $totalpages = 1;
  else{
        $totalpages = ceil($totalrows / $rowsperpage);
```

```
    }
    //如果不是第 1 页，则显示第 1 页和上一页的超链接，否则只显示文字
    if($page>1){
            $first = "<a href=?page=1&aid=$aid>首页</a>";
            $pre = "<a href=?aid=$aid&page=".($page-1).">上一页</a>";
    }else{
            $first = '首页';
            $pre = '上一页';
    }
    //如果不是最后一页，则显示下一页和最后一页的超链接，否则只显示文字
    if($page<$totalpages){
            $last = "<a href=?aid=$aid&page=$totalpages>尾页</a>";
            $next = "<a href=?aid=$aid&page=".($page+1).">下一页</a>";
    }else{
            $last = '尾页';
            $next = '下一页';
    }
    //输出分页
    echo "共{$totalrows}条记录  ";
    echo "$first"."  ";
    echo "$pre"."  ";
    for($i=1;$i<=$totalpages;$i++)
              echo "<a href=?aid=$aid&page=$i>第{$i}页</a>  ";
    echo "$next"."  ";
    echo "$last";
    ?>
     </nav>
  </div>
```

显示栏目下载排行的核心代码如下。

```
  <div class="list-group text-center"   id="sidebar">
        <h2 style="color:white;">下载排行</h2>
        <ul class="list-inline row text-center">
         <?php
            while($row1=mysqli_fetch_assoc($result1))
               {
          ?>
              <li class="col-xs-12 col-lg-6">
                <img   src="posters/<?php   echo   $row1["pic"];   ?>"   class="responsive   img-
thumbnail"/>
                  <p><a href="show.php?vid=<?php echo $row1["vid"]; ?>">
  <?php
                              echo $row1["videoname"];
```

```
                    ?></a> </p>
                </li>
            <?php
                }
        ?>
        </ul>
    </div>
```

11.7 前台动漫电影详细内容页的实现

用户登录成功后，在 index.php 页面和 list.php 页面中，单击某个动漫电影的标题链接将会打开动漫电影的详细内容页面 show.php。本页用到的数据库表包括电影信息表（videos）、评分表（levels）、收藏表（collect）和留言表（comments）。videos 表在前面已经使用过。comments 表、levels 表、collect 表及 praise 表的结构见表 11-4～表 11-7。

表 11-4　　留言信息表 comments

列名	数据类型	约束	备注
cid	int(11)	PRIMARY KEY AUTO_INCREMENT	留言 ID
content	varchar(600)	NOT NULL	留言内容
cdate	datetime	NOT NULL	留言日期
uid	int(11)	NOT NULL FOREIGN KEY	用户 ID
vid	int(11)	NOT NULL FOREIGN KEY	电影 ID

表 11-5　　视频评分表 levels

列名	数据类型	约束	备注
lid	int(11)	PRIMARY KEY AUTO_INCREMENT	级别 ID
vid	int(11)	NOT NULL FOREIGN KEY	动漫电影 ID
uid	int(11)	NOT NULL FOREIGN KEY	用户 ID
score	int(11)	NOT NULL	评分

表 11-6　　收藏表 collect

列名	数据类型	约束	备注
clid	int(11)	PRIMARY KEY AUTO_INCREMENT	收藏 ID
vid	int(11)	NOT NULL FOREIGN KEY	动漫电影 ID
uid	int(11)	NOT NULL FOREIGN KEY	用户 ID

表 11-7　　点赞表 praise

列名	数据类型	约束	备注
pid	int(11)	PRIMARY KEY AUTO_INCREMENT	点赞 ID
uid	int(11)	NOT NULL FOREIGN KEY	用户 ID
vid	int(11)	NOT NULL FOREIGN KEY	电影 ID
status	int(11)	NOT NULL	点赞状态

show.php 页面需要接收动漫电影 vid 参数来决定显示哪一个动漫电影的信息。显示特定动漫电影的基本信息取自 videos 数据表，信息包括所属地区名称、更新时间、点击量、下载量、下载地址、评分、收藏、电影简介、留言列表及发表留言等内容。单击动漫电影详细内容页后，该动漫电影的“点击量”会随之更新，“点击量”排行信息在网站首页“点击排行”中将会有所体现。图 11-31～图 11-33 为动漫电影《海洋奇缘》的详细内容页、留言列表和输入留言页面。其他动漫电影的详细内容页与之类似。

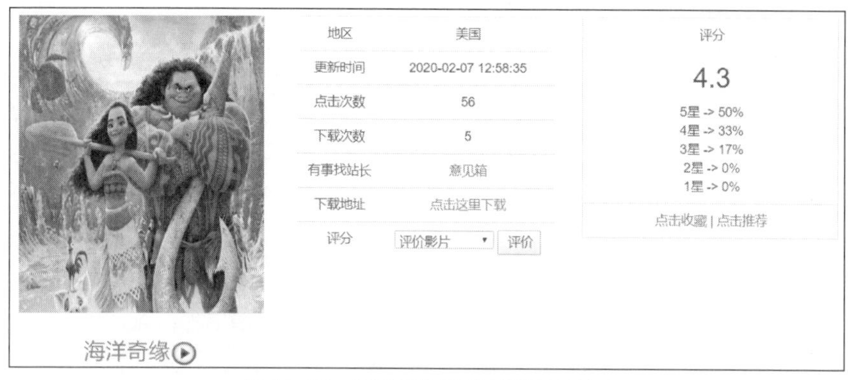

图 11-31　登录后的动漫电影详细内容页

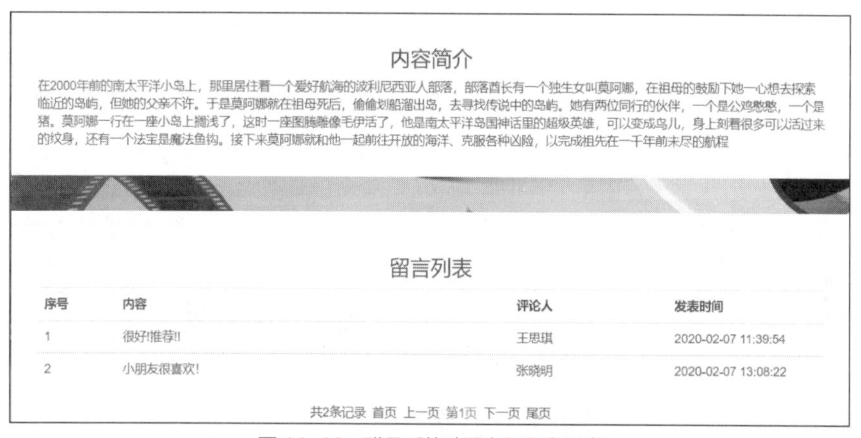

图 11-32　登录后的动漫电影留言列表

图 11-33　登录后的输入留言页面

如果用户没有登录是没有权限评分、发表留言和进行收藏的。如图 11-34 和图 11-35 所示，在页面单击“登录后可评分”和“登录后可发表留言”中的“登录”链接后，页面会跳转到登录页面，登录成功后将返回到该动漫电影的详细内容页，用户就可以进行评分和发表留言了。

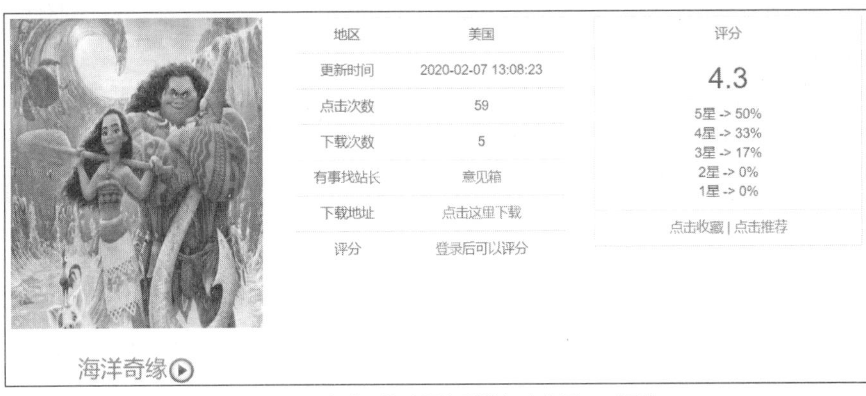

图 11-34　未登录的动漫电影详细内容页——评分

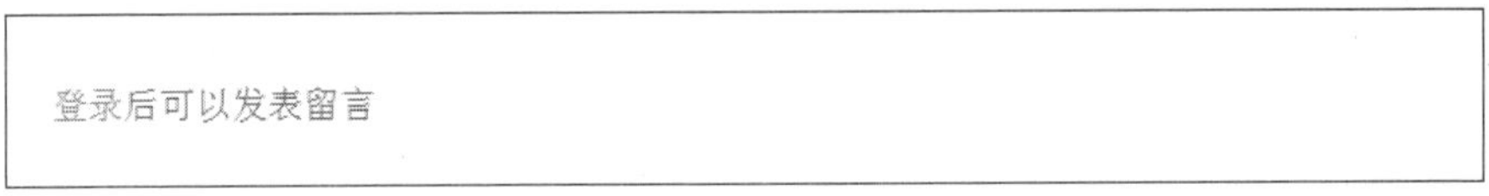

登录后可以发表留言

图 11-35　未登录的动漫电影详细内容页——留言

当用户单击动漫电影标题名称时，可以在线播放动漫电影，如图 11-36 所示。用户单击“点击这里下载”超链接可以下载动漫电影。

海洋奇缘

图 11-36　动漫电影在线播放页面

动漫电影详细内容显示功能是在 show.php 页面中实现的。访问数据库代码如下。

```
<?php
 require_once('tpl/head.php');
 require_once('./system/dbConn.php');
 //连接数据库
  $link=connect();
 //类型 id 是通过 GET 方法提交的
```

```
//根据类型 vid 从数据库中查询某个特定视频信息
    $vid = $_GET['vid'];
    $sql="select * from videos where vid=$vid";
    $result = mysqli_query($link,$sql) or die('查询 1 失败！ '.mysqli_error($link));
    $row = mysqli_fetch_assoc($result);
  //获取留言分页记录
  //获取指定的页码
  //判断是否指定第几页，如果没有指定，则显示第 1 页。
   if(!isset($_GET["page"]))
   $page=1;
   else{
     $page=$_GET["page"];
   }
  //获取总行数，用于计算分几页显示
   $sql0="select * from comments where vid=$vid";
   $result0 = mysqli_query($link,$sql0);
   $totalrows = mysqli_num_rows($result0);
  //定义每页显示的行数
   $rowsperpage =5;
   $start = ($page-1) * $rowsperpage;
  //查询用户，从第$start 行开始，共查询$rowsperpage 行。
   $sql0.= " limit {$start}, {$rowsperpage}";
  // echo $sql0.'<br/>';
  //执行 sql 语句
   $result0= mysqli_query($link,$sql0) or die('查询 2 失败！ '.mysqli_error($link));
  //更新点击量
$sql2="update videos set clicks=clicks+1 where vid=$vid";
mysqli_query($link,$sql2) or die('查询 3 失败！ '.mysqli_error($link));
?>
```

（1）显示动漫电影海报图片、标题的代码如下。

```
<div class="col-md-4 text-center">
   <img src="posters/<?php echo $row["pic"];?>" width="270" height="320" >
<!-- 点击标题显示新窗口中的视频-->
     <div class="theme-buy">
       <a class="theme-login" href="javascript:;">
           <h3 class="brand-name" title="点击这里可在线播放~"><?php
                     echo $row["videoname"];
                     ?>
<img src="assets/images/play.png" width="30px" height="30px">
           </h3>
</a>
```

```
            </div>
        <div class="theme-popover">
            <div class="theme-poptit">
                <a  href="javascript:;" title="关闭" class="close"> × </a>
                 <h4><?php echo $row["videoname"];?> </h4>
            </div>
            <div>
               <video id="myVideo" src=<?php echo $row["link"];?> controls  width="100%" height=
"100%">
               </video>
            </div>
          </div>
      <div class="theme-popover-mask"></div>
   <!-- 点击标题显示新窗口中的视频-->
      </div>
```

（2）显示动漫电影所属地区名称、更新时间、点击次数、下载次数、有事找站长、下载地址和评分功能的核心代码如下。

```
   <div class="col-md-4 text-center">
   <table class="table">
            <tr>
              <td>地区</td>
              <td><?php
              $aid=$row["aid"];
              $sqlt="select * from area where aid=$aid";
              $result=mysqli_query($link,$sqlt) or die('查询5失败！'.mysqli_error($link));
              $vname=mysqli_fetch_assoc($result);
              echo $vname["areaname"];
              ?>
              </td>
            </tr>
            <tr>
              <td>更新时间</td>
              <td><?php echo $row["updatetime"];?></td>
            </tr>
            <tr>
              <td>点击次数</td>
              <td><?php echo $row["clicks"];;?></td>
            </tr>
            <tr>
              <td>下载次数</td>
              <td> <?php echo $row["downloads"];?></td>
```

```
            </tr>
            <tr>
              <td>有事找站长</td>
              <td><a href="mailto:zhouhaibo@neusoft.edu.cn">意见箱</a></td>
            </tr>
            <tr>
              <td>下载地址</td>
              <td> <a href="down.php?vid=<?php echo $row["vid"];?>" >点击这里下载</a></td>
            </tr>
            <tr>
              <td>评分</td>
              <td>
    <?php
    //登录后的用户才可以评分
        if(isset($_SESSION["user"]))
      {
    ?>
      <form   name="f1"   method="get"   action="doLevel.php"   onsubmit="check()"   class="form-
horizontal">
      <input type="hidden" name="vid" value="<?php
    echo $row["vid"];
    ?>">
      <select   name="level" required>
      <option selected value="">评价影片</option>
      <option value="5">力推★★★★★</option>
      <option value="4">推荐★★★★</option>
      <option value="3">还行★★★</option>
      <option value="2">较差★★</option>
      <option value="1">很差★</option>
    </select>
      <input type="submit" value="  评价">
      </form>
    <?php
     }else{
        ?>
      <a href="#" data-toggle="modal" data-target="#login"   onclick="func(<?php
        echo $row['vid']
        ?>)">登录</a>后可以评分
        <?php
     }
    ?>
             </td>
          </tr>
```

```
        </table>
      </div>
    <!-- 影评分开始 -->
```

在上述代码中用到了一个 JavaScript 函数 func()，该函数的作用是跳转到登录模态框，其代码在 tpl/head.php 文件中，代码如下。后面的处理发表留言功能，还会用到该函数。

```
<!-- 从 show 页登录成功后取得 vid 并跳转到登录模态框-->
 <script>
 function func(vid){
        document.getElementById("videoid").value=vid;
     document.getElementById("login").modal();
        }
 </script>
```

（3）显示动漫电影总评分和收藏功能的核心代码如下。

```
<div class="col-md-4 text-center">
     <table class="table table-bordered">
         <tr>
             <td>评分
 <?php
     $sqls="select avg(score) from levels where vid=$vid";
     $query=mysqli_query($link,$sqls) or die('查询 4 失败！ '.mysqli_error($link));
     $row1=mysqli_fetch_array($query);
     $number= $row1['0'];
    if($number==0){
     echo "<h2>暂无评分</h2>";
    }else{//如果有评分
     echo "<h2>".substr($number,0,3)."</h2>";
   //计算各等级占比
$sqltal="select count(*) as tal from levels where vid=$vid";
$sqlcur5="select count(*) as cur5 from levels where vid=$vid and score=5";
$sqlcur4="select count(*) as cur4 from levels where vid=$vid and score=4";
$sqlcur3="select count(*) as cur3 from levels where vid=$vid and score=3";
$sqlcur2="select count(*) as cur2 from levels where vid=$vid and score=2";
$sqlcur1="select count(*) as cur1 from levels where vid=$vid and score=1";
$rstal=mysqli_query($link,$sqltal);
$rowtal=mysqli_fetch_assoc($rstal);
$tal=$rowtal["tal"];
$rscur5=mysqli_query($link,$sqlcur5);
$rowcur5=mysqli_fetch_assoc($rscur5);
$cur5=$rowcur5["cur5"];
```

```
$rscur4=mysqli_query($link,$sqlcur4);
$rowcur4=mysqli_fetch_assoc($rscur4);
$cur4=$rowcur4["cur4"];

$rscur3=mysqli_query($link,$sqlcur3);
$rowcur3=mysqli_fetch_assoc($rscur3);
$cur3=$rowcur3["cur3"];

$rscur2=mysqli_query($link,$sqlcur2);
$rowcur2=mysqli_fetch_assoc($rscur2);
$cur2=$rowcur2["cur2"];

$rscur1=mysqli_query($link,$sqlcur1);
$rowcur1=mysqli_fetch_assoc($rscur1);
$cur1=$rowcur1["cur1"];
?>
5 星 -> <?php echo round(($cur5/$tal)*100); echo "%";?><br>
4 星 -> <?php echo round(($cur4/$tal)*100); echo "%";?><br>
3 星 -> <?php echo round(($cur3/$tal)*100); echo "%";?><br>
2 星 -> <?php echo round(($cur2/$tal)*100); echo "%";?><br>
1 星 -> <?php echo round(($cur1/$tal)*100); echo "%";?><br>
<?php
}//end of else
?>
            </td>
        </tr>
        <tr>
        <td><a href="doCollect.php?vid=<?php echo $row["vid"] ?>">点击收藏</a></td>
        </tr>
       </table>
      </div>
```

（4）显示动漫电影内容简介的核心代码如下。

```
<div class="col-lg-12">
              <h3 class="intro-text text-center">内容简介</h3>
              <?php
               echo $row["intro"];
               ?>
</div>
```

（5）分页显示留言列表的核心代码如下。

```
<?php
```

```
//如果有留言，显示留言列表
$num=mysqli_num_rows($result0);
if($num>0)//如果有留言
    {
?>
 <div class="row box">
     <div class="col-md-12">
     <h3 class="intro-text text-center">留言列表</h3>
  <table class="table" align="center">
  <tr>
  <th>序号</th>
  <th>内容</th>
  <th>评论人</th>
  <th>发表时间</th>
  </tr>
    <?php
    $i=1;
    while($row=mysqli_fetch_assoc($result0))
    {
    ?>
    <tr>
    <td width="10%"><?php
    echo $i++;
    ?>
    </td>
    <td width="50%"><?php
    echo $row["content"];
    ?>
    </td>
    <td width="20%"><?php
   $uid=$row["uid"];
           $userrs=mysqli_query($link,"select * from users where uid=$uid");
           $user=mysqli_fetch_assoc($userrs);
           echo $user["uname"];
    ?>
    </td>
    <td width="20%"><?php
    echo $row["cdate"];
    ?>
    </td>
    </tr>
    <?php
    }//end of while
```

```
    ?>
   </table>
   <div align="center">
  <?php
//计算总页数。如果每页显示的行数>总行数，则只有 1 页，否则，页数=总行数/每页行数，上取整
   if($rowsperpage >= $totalrows)
        $totalpages = 1;
   else{
     $totalpages = ceil($totalrows / $rowsperpage);
   }
   //如果不是第 1 页，则显示第 1 页和上一页的超链接，否则只显示文字
   if($page>1){
     $first = "<a href=show.php?page=1&vid=$vid>首页</a>";
     $pre = "<a href=show.php?vid=$vid&page=".($page-1).">上一页</a>";
   }else{
     $first = '首页';
     $pre = '上一页';
   }
   //如果不是最后一页，则显示下一页和最后一页的超链接，否则只显示文字
   if($page<$totalpages){
     $last = "<a href=show.php?vid=$vid&page=$totalpages>尾页</a>";
     $next = "<a href=show.php?vid=$vid&page=".($page+1).">下一页</a>";
   }else{
     $last = '尾页';
     $next = '下一页';
   }
   //输出分页
   echo "共{$totalrows}条记录  ";
   echo "$first"."  ";
   echo "$pre"."  ";
   for($i=1;$i<=$totalpages;$i++)
     echo "<a href=show.php?vid=$vid&page=$i>第{$i}页</a>  ";
   echo "$next"."  ";
   echo "$last";
   ?>
  </div>
   </div>
  </div>
  <?php
     }//end of if
     else{如果有留言
  ?>
  <div class="row box">
```

```
        <div class="col-md-12">
            <h3 class="intro-text text-center">暂无留言</h3>
        </div>
</div>
<?php
    }
 ?>
```

（6）用户发表留言功能的核心代码如下。

```
<?php
  if(isset($_SESSION["user"]))
  {
?>
<div class="row box">
    <div class="col-md-12">
        <h3 class="intro-text text-center">写留言</h3>
<form method="post" action="doComment.php" class="form-horizontal">
<input type="hidden" name="vid" value=<?php echo $vid ?>>
  <div class="form-group">
        <div class="col-md-12">
    <textarea class="form-control" cols="80" rows="5"   required name="content"></textarea>
        </div>
  </div>
  <div class="form-group">
    <div class="col-md-12 text-center">
        <input type="submit" class="btn btn-default" value="发表">
    </div>
  </div>
</form>
  </div>
</div>

<?php
  }else{
?>
<div class="row box">
    <div class="col-lg-12" style="align:center;">
        <h3 ><a href="#" data-toggle="modal" data-target="#login"   onclick="func(<?php
            echo $row['vid']
            ?>)">登录</a>后可以发表留言</h3>
    </div>
</div>
```

```
<?php
  }
?>
```

（7）处理用户留言的页面为 doComment.php，该页面负责将用户发表的留言写到 comments 表中。核心代码如下。

```
<?php
require_once('tpl/head.php');
//连接数据库
$link=connect();
$vid=$_POST["vid"];
//session_start();
//根据 user 的 session 值取得 uid
if(isset($_SESSION["user"]))
{
$uname=$_SESSION["user"];
$sql1="select uid from users where uname='$uname'";
$rs1=mysqli_query($link,$sql1)or die('查询 1 失败！ '.mysqli_error($link));
$row1=mysqli_fetch_assoc($rs1);
$uid=$row1["uid"];
}
$content=$_POST["content"];
$sql2="insert into comments values(null,'$content',now(),$uid,$vid)";
$rs2=mysqli_query($link,$sql2)or die('查询 2 失败！ '.mysqli_error($link));
if($rs2>0){
 echo "<script> alert('留言成功') </script>";
echo "<script language=\"javascript\">";
echo "document.location=\"show.php?vid=$vid\"";
echo "</script>";
}else{
 echo "本次留言失败";
}
?>
```

（8）动漫电影下载。

动漫电影详细内容页提供了动漫电影下载的功能，当用户单击“点击这里下载”超链接时，可以下载当前的动漫电影。下载动漫电影超链接的具体实现如下。

```
<a href="down.php?vid=<?php
    echo $row["vid"];?>" >点击这里下载</a>
```

可见，下载动漫电影的功能在 down.php 页面中实现，需要给该页面传递 vid 参数。down.php 页面的核心代码如下。

```
<?php
require_once('./system/dbConn.php');
   //连接数据库
$link=connect();
$vid=$_GET["vid"];
$sqld="select * from videos where vid=$vid";
$rsd=mysqli_query($link,$sqld) or die('查询 1 失败！ '.mysqli_error($link));
$rowd=mysqli_fetch_assoc($rsd);
//更新下载量
$sqld2="update videos set downloads=downloads+1 where vid=$vid";
mysqli_query($link,$sqld2) or die('查询 2 失败！ '.mysqli_error($link));
//为下载文件重命名
$arr=explode(".",$rowd["link"]);
$suffix=$arr[count($arr)-1];
$videoname=$rowd["videoname"].".".$suffix;

//下载文件
header("Content-Transfer-Encoding:binary");
header("Content-Disposition:attachment;filename=$videoname");
ob_clean();
flush();
readfile($rowd["link"]);
?>
```

（9）用户收藏动漫电影信息。

动漫电影详细内容页提供了用户收藏动漫电影的功能，当用户单击“点击收藏”超链接时，如果此时用户未登录系统，则提示“登录后才能收藏”；否则，用户可以直接收藏当前的动漫电影。收藏动漫电影超链接的具体实现如下。

```
<a href="doCollect.php?vid=<?php echo $row["vid"] ?>">点击收藏</a>
```

可见，收藏动漫电影的功能在 doCollect.php 页面中实现，需要给该页面传递 vid 参数。doCollect.php 页面的核心代码如下。

```
<?php
require_once('tpl/head.php');
require_once('system/myFunc.php');

   //连接数据库
$link=connect();
$vid=$_GET["vid"];
if(!isset($_SESSION["user"])){
```

```
?>
  <h3 ><a href="#" data-toggle="modal" data-target="#login"   onclick="func(<?php
    echo $row['vid']
    ?>)">登录</a>后可以收藏</h3>
<?php

      exit;
}
//根据 user 的 session 值取得 uid
$uname=$_SESSION["user"];
$sql1="select uid from users where uname='$uname'";
//echo $sql1;
$rs1=mysqli_query($link,$sql1)or die('查询 1 失败! '.mysqli_error($link));
$row1=mysqli_fetch_assoc($rs1);
$uid=$row1["uid"];
//echo $uid;
//如果已收藏过该用户，则不允许重复收藏。
$sql2="select * from collect where uid=$uid and vid=$vid";
$rs2=mysqli_query($link,$sql2)or die('查询 2 失败! '.mysqli_error($link));
$rownum=mysqli_num_rows($rs2);
if($rownum>0){
echo "<script language=\"javascript\">";
echo "document.location=\"show.php?vid=$vid&flag=3\"";
echo "</script>";
}else{
//编写 sql 将数据插入数据表
$sql="insert into collect values(null,$uid,$vid)";
$num=mysqli_query($link,$sql);
if($num>0){
   echo "<script language=\"javascript\">";
   echo "document.location=\"show.php?vid=$vid&flag=4\"";
   echo "</script>";
}
else{
      echo "<script language=\"javascript\">";
      echo "document.location=\"show.php?vid=$vid\"";
      echo "</script>";
}
}
?>
```

在上述代码中，用户操作过程中给出的提示都是以 JavaScript 的提示框形式出现的，例如，如果用户重复收藏，会给出提示，如图 11-37 所示。

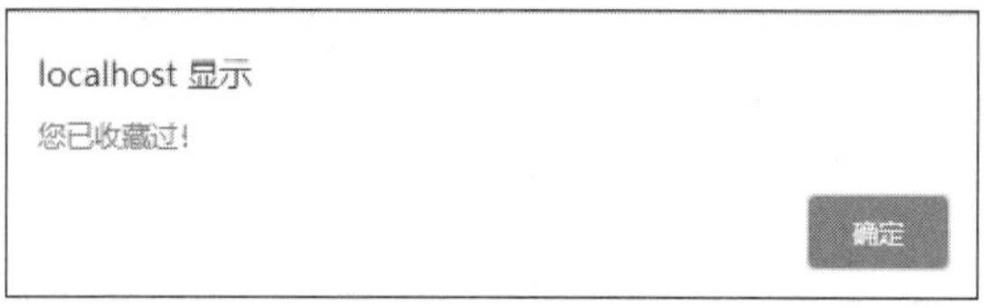

localhost 显示

您已收藏过!

确定

图 11-37　重复收藏提示

在 doCollect.php 页面中，采用如下代码来实现。

```
if($num>0){
        echo "<script language=\"javascript\">";
        echo "document.location=\"show.php?vid=$vid&flag=4\"";
        echo "</script>";
}
```

对于上述代码进行页面跳转时所传递的参数 vid 和 flag，需要在 show.php 页面接收，其中对 flag 参数的处理如下。

```
if(isset($_GET["flag"]))
  switch ($_GET["flag"]) {
    case '1':
      echo '<script>alert("您已评分了该视频，不允许重复评分！");</script>';
       break;
   case '2':
      echo '<script>alert("评分成功！");</script>';
       break;
    case '3':
       echo '<script>alert("您已收藏过！");</script>';
       break;
   case '4':
      echo '<script>alert("收藏成功！");</script>';
       break;
      }
```

11.8 留言管理子系统的实现

当管理员单击“留言管理”超链接时，将跳转到 admin/commentList.php 页面，如图 11-38 所示。

序号	动漫电影名称	留言内容	留言人	发表时间	操作
1	海洋奇缘	很好!推荐!!	王思琪	2020-02-07 11:39:54	删除
2	麦兜响当当	适合小朋友!	王思琪	2020-02-07 11:46:20	删除
3	大圣归来	推荐	test7	2020-02-07 12:20:12	删除
4	大鱼海棠	很美！！	test7	2020-02-07 12:21:25	删除
5	海洋奇缘	小朋友很喜欢!	张晓明	2020-02-07 13:08:22	删除

共6条记录 首页 上一页 第1页 第2页 下一页 尾页 第1页/共2页 页码 转到

图 11-38　留言列表页面

该页面分页显示留言信息，包括动漫电影名称、留言内容、留言人、发表时间和操作。由于 comments 表中记录的是动漫电影 ID 和用户 ID，而在留言列表中需要显示动漫电影 ID 对应的动漫电影名称，以及用户 ID 对应的用户名称，因此，commentList.php 页面读取留言记录的 SQL 语句可以采用多表联查的形式来完成，具体 commentList.php 页面代码如下。

```
<?php
//连接数据库
  $link=connect();
//编写 sql 语句
  $sql = "select * from comments join users on comments.uid=users.uid join videos on
videos.vid=comments.vid";
//获取指定的页码
//判断是否指定第几页，如果没有指定，则显示第 1 页。
  if(!isset($_GET["page"]))
  $page=1;
  else{
    $page=$_GET["page"];
  }
//获取总行数，用于计算分几页显示
  $result = mysqli_query($link,$sql);
  $totalrows = mysqli_num_rows($result);
//定义每页显示的行数
  $rowsperpage =5;
//计算从表中第几行开始输出
  $start = ($page-1) * $rowsperpage;
//查询用户，从第$start 行开始，共查询$rowsperpage 行。
  $sql .= " limit {$start}, {$rowsperpage}";
//执行 sql 语句
  $result = mysqli_query($link,$sql) or die('查询 1 失败！'.mysqli_error($link));
 ?>
<table class="table table-hover">
 <tr>
   <th>序号</th>
   <th>动漫电影名称</th>
   <th>留言内容</th>
   <th>留言人</th>
   <th>发表时间</th>
   <th>操作</th>
 </tr>
 <?php
 $i=1;
while($row=mysqli_fetch_assoc($result))
{
```

```
?>
<tr>
<td><?php echo $i++; ?>
<td><?php echo $row["videoname"]; ?></td>
<td><?php echo $row["content"]; ?></td>
<td><?php echo $row["uname"]; ?></td>
<td><?php echo $row["cdate"]; ?></td>
<td><a href="doCommentDelete.php?cid=<?php echo $row["cid"]; ?>" onclick="return confirm('
你确定删除吗？')">删除</a>
</td>
</tr>
<?php
}
?>
</table>
 <?php
 //计算总页数。如果每页显示的行数>总行数，则只有 1 页，否则，页数=总行数/每页行数，上取整。
 //echo $rowsperpage.', '.$totalrows;
  if($rowsperpage >= $totalrows)
      $totalpages = 1;
  else{
    $totalpages = ceil($totalrows / $rowsperpage);
  }
//如果不是第 1 页，则显示第 1 页和上一页的超链接，否则只显示文字
  if($page>1){
    $first = "<a href=?page=1>首页</a>";
    $pre = "<a href=?page=".($page-1).">上一页</a>";
  }else{
    $first = '首页';
    $pre = '上一页';
  }
  //如果不是最后一页，则显示下一页和最后一页的超链接，否则只显示文字
  if($page<$totalpages){
    $last = "<a href=?page=$totalpages>尾页</a>";
    $next = "<a href=?page=".($page+1).">下一页</a>";
  }else{
    $last = '尾页';
    $next = '下一页';
  }
  echo "<table align='center'><tr>";
  echo "<td>共{$totalrows}条记录  </td>";
  echo "<td>$first"."  "."$pre"."  ";
  for($i=1;$i<=$totalpages;$i++) {
```

```
        echo "<a href='?page=$i'>第{$i}页</a>  ";
    }
    echo "$next"."  "."$last  ";
    //输出第几页/共几页
    echo "<font color=red>";
    echo "  第".$page."页/共".$totalpages."页  ";
    echo "</font></td>";
    //输出转到第几页的表单
    ?>
  <td>
    <form   action="">
    <input type="text" name="page" placeholder="页码" size="2"   required>
    <input type="submit" value="转到">
    </form>
  </td>
  </tr>
  </table>
```

当管理员单击“删除”超链接时，将会传递留言 ID 给 admin/doCommentDelete.php 页面，删除指定留言记录。删除成功后，将返回 admin/commentList.php 页面。doCommentDelete.php 页面代码如下。

```
  <?php
    //连接到数据库
    $link=connect();
    $cid = $_GET['cid'];
    //删除数据库相应信息
    $sql = "delete from comments where cid={$cid}";
    $result = mysqli_query($link,$sql) or die('删除评论失败！'.mysqli_error($link));
    if(!mysqli_error($link)){
      redirect('commentList.php', '删除成功！');
    }
  ?>
```

11.9 本章小结

本章主要介绍了动漫电影信息网站的各个子系统的具体实现过程。首先使用 Bootstrap 模板框架对系统页面进行美化工作，在此基础上依次介绍了管理员端的地区管理子系统、动漫电影信息管理子系统、前台首页、列表页、详情内容页及留言子系统的实现过程。